黄土覆盖矿区
开采沉陷及其地面保护

汤伏全　夏玉成　姚顽强　著

国家自然科学基金资助项目（40472104）
陕西省自然科学基金资助项目（SJ08D01）
陕西省教委专项科研基金项目（07JK423）
陕西省自然科学基金资助项目（2006Z10）

科 学 出 版 社
北 京

内 容 简 介

本书是作者多年来从事西部黄土覆盖矿区开采沉陷研究的成果。全书共九章,主要内容为以陕西渭北矿区开采沉陷实测资料为主要依据,总结了黄土覆盖矿区开采沉陷的基本规律;通过相似材料模型实验和数值模拟,研究了黄土覆盖矿区基岩与黄土层在开采沉陷中的互馈机理;利用土力学理论和开采沉陷理论,分析了黄土层在采动过程中产生的各种附加变形与破坏机理;针对黄土沟壑区的地质地貌条件,探讨了地下开采引起斜坡滑移和诱发山体滑坡的形成机理,建立了黄土覆盖矿区开采沉陷及各种附加变形的预计模型。同时,书中还提出了相似材料模型位移监测及地表移动监测与数据处理的方法,探讨了黄土覆盖矿区开采沉陷控制与保护煤柱留设的技术途径。

本书反映的研究成果融合了开采沉陷学、土力学、采矿学、测绘学和计算机技术等多学科理论方法,并通过相关学科之间的交叉与渗透,丰富了西部矿区开采沉陷的理论与实践。

本书可作为高等院校矿山测量、采矿工程、地质工程、环境工程、土木工程等专业的高年级学生和研究生的选修课教材,也可供相关专业工程技术人员参考。

图书在版编目(CIP)数据

黄土覆盖矿区开采沉陷及其地面保护/汤伏全,夏玉成,姚顽强著.
—北京:科学出版社,2011

ISBN 978-7-03-032120-6

Ⅰ.①黄⋯ Ⅱ.①汤⋯ ②夏⋯ ③姚⋯ Ⅲ.①黄土区:矿区-矿山开采-地基沉陷-研究-陕西省 ②黄土区:矿区-矿山开采-地面维护-研究-陕西省 Ⅳ.①TD327

中国版本图书馆 CIP 数据核字(2011)第 170415 号

责任编辑:童安齐/责任校对:马英菊
责任印制:吕春珉/封面设计:耕者设计工作室

科 学 出 版 社 出版
北京东黄城根北街 16 号
邮政编码:100717
http://www.sciencep.com

双 青 印 刷 厂 印刷
科学出版社发行 各地新华书店经销

＊

2011 年 8 月第 一 版 开本:B5(720×1000)
2011 年 8 月第一次印刷 印张:15 3/4
印数:1—1 200 字数:301 000

定价:55.00 元
(如有印装质量问题,我社负责调换〈路通〉)
销售部电话 010-62134988 编辑部电话 010-62137154(BZ08)

前　言

　　我国是世界上最大的煤炭生产与消费国，煤炭占国内一次性能源消费的比重在 70％以上，煤炭生产在国民经济和社会发展中具有重要地位。西部黄土覆盖区包括陕西、甘肃、宁夏和山西、内蒙古等地，是我国重要的煤炭生产基地，煤炭资源的合理开发与利用在西部大开发中具有重大战略意义。

　　西部许多矿区地处黄土高原及其过渡地带，具有典型的黄土沟壑区地貌特征，黄土层厚度占开采深度的 30％～70％，地形起伏多变，地貌破碎，垂直节理发育，地表水和地下水资源匮乏，人居生态环境较为脆弱。多年来，因地下采煤引起的地表沉陷及其衍生灾害已成为西部煤炭资源开采和经济社会发展中迫切需要研究的重要课题。

　　现有的开采沉陷理论与实践研究的重点主要集中在中东部平原矿区和薄表土层矿区，对于西部黄土覆盖矿区开采沉陷的研究较少。自 20 世纪 60 年代以来，陕西渭北煤田各矿区先后建立了三十多个地表移动观测站，获得了黄土覆盖条件下开采沉陷的第一手资料。本书作者以这些实测资料为依据，系统地分析总结了黄土覆盖矿区开采沉陷与地表变形破坏的特殊性。

　　黄土覆盖矿区上覆基岩与黄土层属于两类不同的介质。黄土层自重对于基岩开采沉陷形成荷载效应，而基岩面的不均匀开采沉陷将导致黄土层发生弯曲变形和破坏。本书通过实验证实了黄土层对于基岩的等效荷载小于黄土层本身的自重荷载，并研究了这种等效荷载与基岩采动程度（宽深比）及黄土层厚度之间的量化关系。

　　在薄表土层平原矿区的开采沉陷中，表土层本身的变形可以忽略。而西部矿区黄土层具有较强的湿陷性和较大的天然孔隙比与压缩系数，黄土层在采动过程中将产生明显的附加变形，包括饱和黄土失水固结变形、地表土体单元体积变形、黄土层浸水湿陷变形、黄土沟壑区山坡滑移变形等，这些附加变形导致了黄土覆盖矿区开采沉陷的特殊性。同时，黄土沟壑区采动山坡产生指向下坡方向的滑移变形与开采沉陷变形将形成叠加效应。在一定的地形地质条件下，开采沉陷还将诱发山体产生滑坡。本书利用土力学理论和模拟实验手段研究了上述黄土层附加变形的形成机理，揭示了采动山坡滑移变形与山体滑坡的动态过程。

　　在现有的相似材料模型实验位移的测定方法中，经纬仪或全站仪测量法以及透镜放大测量法等都存在外业工作量大、测量精度较低的缺点；精密水准仪与百分表等只能测定模型的下沉值；而三维激光扫描技术对实体坐标的测定精度难以满足模型实验要求。本书作者针对上述现状提出了一种用普通数码照相测定模型位移的新方法。与传统观测方法相比，该方法具有使用设备简单、外业操作方便、测量精度高的优点，已获得实用新型专利（专利号：ZL200720031427.3），具有应用价值。

在黄土覆盖矿区的开采沉陷预计中，由于岩层和土层的物理力学性质存在很大的差异性，现有的随机介质理论模型在获取综合预计参数时存在不确定性。本书在现有研究成果的基础上，将黄土覆盖矿区开采沉陷问题分解为基岩面上施加黄土层等效荷载的岩层开采沉陷模型，以及基岩面不均匀沉降引起的黄土层沉陷变形模型，同时借助概率积分法的基本思路，导出了适用于黄土覆盖矿区地表沉陷预计的双层介质概率积分公式和各种采动附加变形的计算公式，并介绍了这些理论模型在实际中的应用。

黄土沟壑区地形起伏多变，其开采沉陷特征较复杂，采用传统的全站仪和水准仪进行地表移动监测在效率和精度上都存在局限性。近年来，GPS定位技术和合成孔径雷达遥感技术（InSAR）已广泛应用于工程变形监测领域。本书在已有的研究成果基础上，针对黄土覆盖矿区开采沉陷的特点，探讨了GPS和InSAR技术在开采沉陷监测中的应用，并对监测数据的处理方法进行了研究。

西部黄土覆盖矿区的建筑物下压煤严重。目前，解决建筑物下压煤开采的主要技术途径有充填开采、部分开采和覆岩离层带注浆充填等。研究表明，在开采面积较小的双向不充分采动条件下，地表沉陷量可能远小于走向长壁式开采甚至小于一般条带开采量。例如，陕西铜川等矿区布置的一些长壁工作面，因地质构造或采矿设计原因造成推进长度较小时，开采后地表破坏程度均在 I 级以下。近年来，作者在探讨一种不改变现有长壁开采工艺的非连续开采技术，通过在工作面推进方向上留设合理的间隔煤柱，并适当调整工作面开采宽度，使地表形成双向不充分采动，以达到控制或减缓地表沉陷的目的。上述方法称之为非连续长壁开采，本书从实际资料分析入手，研究了这种技术方法的可行性，为解决黄土覆盖矿区"三下"压煤开采提供了一种有效途径。同时，本书对矿区保护煤柱的留设方法进行了探讨，提出了一种基于开采影响椭圆来确定保护煤柱边界的方法。

本书是作者十几年来从事西部黄土覆盖矿区开采沉陷理论与实践研究的成果总结。在研究和写作过程中，得到了西安科技大学余学义教授、田家琦教授、侯恩科教授、梁明教授、石平五教授、柴敬教授、杜美利教授，中国矿业大学戴华阳教授、邓喀中教授，河南理工大学郭增长教授，西南交通大学李永树教授等专家的热情指导和建议，得到了西安科技大学苏普正高工、曾社教高工的热心帮助，在此作者一并表示真挚感谢。同时感谢铜川矿务局地测处惠东旭高工、孔正义高工和彬长公司大佛寺煤矿朱晓军等同志在收集资料和现场试验过程中给予的大力帮助。在实验研究和本书写作过程中，得到了孙学阳讲师、杜文军博士和研究生原涛、代巨鹏、王薇、汪桂生、李仁海、陈祖玺的帮助，在此谨向他们表示感谢。此外，书中还引用了许多学者和工程技术人员发表的文献资料，在此对上述作者表示由衷谢意。

　　由于作者水平有限，书中难免存在不足之处，恳请读者批评指正。

作　者

2011 年 4 月

于西安科技大学

目　　录

第一章 绪 论

1.1 矿山开采沉陷研究简述

1.1.1 开采沉陷机理研究

20 世纪 40 年代以来，随着采矿业的发展，人们从实地监测、机理分析、预测控制方法及治理措施等方面，对开采沉陷问题进行了大量的研究。苏联学者阿维尔申、柯洛特科夫、柯尔槟科夫以及卡查柯夫斯基等先后采用弹性力学、塑性力学及地表移动观测等方法研究开采沉陷问题，建立了岩层移动的"三带理论"；波兰学者李特维尼申于 1954 年将采动覆岩视为散粒体不连续介质，将岩层移动视为随机过程，建立了开采沉陷的随机介质理论，后由我国学者刘宝琛院士等[1]加以发展。我国学者 刘天泉 院士[2] 发展了岩层移动的"三带"理论，建立了矿山岩体采动影响与控制工程学；在采场矿山压力与覆岩破坏机理研究方面，钱鸣高院士等[3] 系统研究了采场上覆岩层结构的形态与受力条件，先后提出了砌体梁理论和关键层控制理论；宋振琪院士[4] 研究了老顶岩梁运动与支护系统之间的力学关系，提出了传递岩梁假说。近 20 年来，我国学者在开采沉陷机理研究方面取得了许多重要进展。杨伦等[5] 提出了岩层二次压缩理论，将地表下沉与岩体的物理力学性质联系起来；李增琪[6] 将采动岩体看成是多层梁板的弯曲，采用傅里叶变换导出了岩层与地表移动模式；张玉卓等[7] 提出了岩层移动的位错理论；邓喀中[8] 提出了岩体开采沉陷的结构效应；邹友峰等研究了条带开采和条带充填开采条件下的岩层与地表移动规律；吴立新、王金庄[9] 提出了条带开采覆岩破坏的托板理论；茅献彪于 1999 年研究了采动覆岩中关键层的破断规律与采动覆岩中复合关键层的断裂跨距计算方法；康建荣等[10] 研究了采动覆岩力学模型及断裂破坏条件；王悦汉建立了采动岩体动态力学模型；吴侃等[11] 对采空区上覆岩层移动破坏动态力学模型的应用进行了研究；许家林等[12] 研究了覆岩关键层位置的判别途径等。

1.1.2 开采沉陷预计研究

开采沉陷预计一直是开采沉陷研究的重要课题，国内外预计理论的发展大致经历了几何理论预计、剖面函数预计、力学与数值模拟预计等几个阶段。我国开采沉陷预计研究始于 20 世纪 50 年代，刘宝琛、马伟民、王金庄等学者在这方面取得了重要研究成果，先后发展和完善了典型曲线法、负指数函数法和概率积分法等，基本上解决了简单条件下的地表移动平面预计问题[13]；何国清、吴戈于 1981 年分别提出了地表下沉预计的"威布尔分布"法和"Γ分布"法；郝庆旺[14]发展了开采沉陷的孔隙扩散模型；余学义等[15]在克诺特理论基础上推出了岩层与地表移动变形的极坐标普适模型表达式；杨硕等[16]建立了开采沉陷力学预测模式；颜荣贵、戴华阳、郭增长、汤伏全等改进了传统的概率积分法[17~20]，使之适用于不同地质采矿条件的地表移动预计。

1.1.3　开采沉陷控制与治理研究

在开采沉陷控制方法研究中，国内外先后采用留设保护煤柱法、条带开采法、充填开采法、离层注浆法、条带充填法等技术方法，来减缓地表沉陷及其对于地面建构（筑）物的破坏影响。

离层注浆充填减缓地表沉降法是一项新兴的覆岩与地表沉降控制技术，1986~2007 年，范学理、赵德深、张玉卓、徐乃忠、苏仲杰等先后研究了采动上覆岩体离层形成的基本规律和离层注浆控制地表下沉的机制。该技术已在我国部分矿区推广应用。近年来，中国矿业大学郭广礼等学者又提出了采用条带充填法控制地层沉陷的新途径，并获得国家自然科学基金的支持。2006 年，陕西铜川矿务局和西安科技大学合作，针对大采深、薄煤层开采条件，提出了采用限制面积开采减缓地表下沉、以实现建筑物下安全开采的技术途径。经过几年的开采实践，验证了该技术方法的合理可行性。近年来，夏玉成教授等对煤矿区地质环境进行研究的基础上，提出了"矿区地质环境承载能力"的概念，认为矿区经济与环境协调发展的关键是控制开采沉陷灾害，而在当前技术经济条件下，控制采动损害唯一可行的办法是"给定损害，限制开采"。所谓"给定损害"，是指在开采之前，根据煤矿区特定的地质、水文条件、土地利用类型以及开采强度与地表移动变形的关系，预先评估煤矿地质环境可以承受的损害程度；所谓"限制开采"，就是把煤炭开采强度限制在煤矿区地质环境可以承受的范围（承载能力）之内，使地表生态环境不至于因为地下开采而出现灾变，达到既合理开发利用煤炭资源，又将开采对环境的损害减到最小的目标。上述理论观点已得到专家的认同，并已出版相关研究专著[21]。

1.1.4　开采沉陷研究的新理论与新方法

近 20 年来，国内外学者在开采沉陷机理研究方面取得了进展。主要表现为：将弹塑性理论、断裂、损伤力学和岩层控制的最新研究成果，用于覆岩变形与破坏机理的研究，取得了许多应用成果；同时，将分形几何、神经网络、协同论、突变论、人工智能等非线性科学引入开采沉陷研究中[22~24]；在研究手段上，以计算机数值分析法和相似材料模型实验为主的室内模拟技术得到进一步发展和完善。例如，谢和平于1988年提出的损伤非线性大变形有限元法；张玉卓于1987年提出的模糊内时有限元法；何满潮于1989年提出的非线性光滑有限元法；邓喀中于1993年提出的损伤有限元法；王泳嘉、张玉卓和麻凤海于1996年提出的离散单元法等，均为开采沉陷机理研究和定量预计奠定了基础。

目前，对于开采沉陷领域研究的发展动态，可概括为以下几个方面。

1. 基于岩层控制的关键层理论研究

近年来，国内外研究者更加重视岩体结构特征等对开采沉陷控制机理的研究，尤其强调煤层覆岩中一些坚硬的关键岩层对开采沉陷的控制作用，将其作为采场矿压、岩层移动及地表沉陷研究的统一基础。以钱鸣高院士为首的科研团队在这一领域取得了重要成果。许家林等重点研究了采区上覆基岩关键层破断与矿山压力显现、地下水渗流、瓦斯运移、地表沉陷等的互溃作用机理[25]，为全面深入揭示基岩移动与变形机理奠定了基础。

2. 复杂地质采矿条件下的开采沉陷机理及沉陷控制研究

目前，对于综放开采、分层开采、急倾斜煤层开采、多煤层联合开采、深部煤层开采、浅埋煤层开采、山区条件下开采、厚松散层下开采、水体下开采、承压水上开采、保水开采、存在断层或软弱夹层等特殊条件下的开采沉陷机理及地表沉陷控制技术的研究，已成为学术界和科研单位研究的重点和热点，并取得了一些有应用价值的研究成果。

3. 煤矿区构造控灾机理与煤矿地质环境承载能力研究

煤矿区构造应力、构造形态、构造界面和构造介质共同组成煤矿开采的构造环境。如果构造介质（主开采煤层上覆岩土体）、构造形态（倾角大小、背斜、向斜）、构造界面（节理、断层）、构造应力（性质、方向、大小）等任何一个构造环境要素发生改变，都会使地质环境承载能力有明显的差异，这表明构造环境的内在结构和特性是煤矿区地表环境灾害形成与发展的控制性因素[26]，夏玉成等学者将上述关系概括为"构造控灾"[27]。近年来的实践表明，这一理论观点得到了学术界的支持，显示了很好的应用前景。

4. 开采沉陷动态规律及时空统一预测模型研究

开采沉陷与变形是一个与开采时间和速度有关的动态过程，深入研究开采沉陷的动态规律对于地面沉陷控制和采动损害防护，包括"三下"安全开采、保水开采和离层注浆控制地表下沉等研究，都有重要的理论和实际意义，建立带时间参数的开采沉陷四维预测模型始终是理论界研究的重要课题[28]。

5. 开采沉陷的综合体系研究

开采沉陷预计参数是决定开采沉陷预测是否准确的关键。随着数学和计算机技术的发展，灰色系统理论、模糊数学、专家系统、人工神经网络、GIS 技术、反分析技术等，已成为开采沉陷预计参数辨识和确定的有效手段。目前，采用工程类比、计算机分析与现场监测相结合的信息互馈方法预测岩层与地表移动，已成为开采沉陷预计理论研究的方向。由于采动岩体的复杂性和各向异性，研究适用于采动岩体的本构关系和非连续变形理论及相应的数值分析方法，是深入揭示采动岩层与地表移动机理、正确预测和控制采动损害的理论基础，也是开采沉陷理论研究的必经之路[29]。

1.2　黄土覆盖矿区开采沉陷研究的现状

1.2.1　山区开采沉陷机理及预计研究

我国山区地下开采已引起了非常严重的地面采动损害，其表现形式复杂多样，除了常见的地面沉陷外，在一定的地形地质环境下还可能引起表土层整体性滑移、山体开裂（断层活化）及滑坡和崩塌等地质灾害[30]。自 20 世纪 80 年代以来，我国学者开始注意到山区采动损害远比平原矿区严重复杂的现象，在国内外率先开展这一领域的研究，取得了一定的进展。现有的研究成果表明，在地形起伏的山区条件下，地表移动变形趋于复杂，地表移动变形范围和变形集中程度远高于平原地区，在一定的地形地质环境下，地下开采还可能引起山体滑坡。20世纪 90 年代初，田家琦等学者首先提出了地下开采诱发山体滑坡的课题，并对采动滑坡的形成机理进行了初步研究；胡友健等利用相似材料模型实验研究了山区地形坡度对地表移动规律的影响关系[31]；康建荣等[32,33]利用数值分析等手段研究了具有典型特征的地形组合条件下，地表局部滑移变形的分布特征；李文秀等[34]利用模糊数学原理研究了采动山体变形破坏的统计规律；李增琪、杨硕等[35]利用弹性力学理论研究了山区开采覆岩应力场和采动山体转动的力学机理，在平顶山等矿区应用并取得了一定的效果。在国外，Ghose、Greco、Homoud 等[36~38]利用断裂力学和塑性力学理论研究了采动滑坡力学机理；Chamine、Peng 等应用计算机模拟技术研究了采动斜坡体的动态变形计算[39,40]。

在山区开采沉陷预计方面，何万龙[41]将山区地表移动分解为开采影响下平地移动和地表滑移影响下的移动之和，给出了不同影响条件下的影响函数，提出了基于山坡滑移的影响函数叠加法；伍俊鸣、田家畸于1982年根据观测资料假设山区地表移动是单纯开采作用和采动影响下的滑移作用两因素的综合影响，并将实测曲线分解为两种因素的单独影响曲线；颜荣贵[17]基于随机介质理论导出了山区地面下沉的剖面方程；余学义等[42]基于克诺特理论导出了山区地表移动变形预计式；戴华阳等于2000年基于负指数函数法提出了山区地表移动预计模型，李文秀等于2002年利用模糊数学原理建立了采动山体滑移变形预测模型。

1.2.2　黄土沟壑区开采沉陷机理及预计研究

黄土沟壑区地形地貌条件复杂，本身属于地质灾害多发区[43,44]。在开采沉陷作用下，黄土山区地面变形破坏规律具有特殊性。王金庄等[45,46]研究了厚松散地层对于基岩的荷载作用机理及其移动变形特征；余学义、王贵荣、陈祥恩、谢洪彬等[47~50]采用模拟实验、实际资料分析和数值分析等手段，总结和研究了厚表土层矿区开采沉陷的基本规律及其特殊机理。夏玉成等于2006年在"铜川矿区开采沉陷规律及水源地破坏研究"项目中，总结了典型黄土山区地表变形破坏的特征。余学义等[51]针对黄土沟壑区地貌地质条件，研究了采动巨厚湿陷性黄土地表裂缝发育与基岩顶界面的应力应变分布的关系，初步揭示了开采引起黄土层地表裂缝产生的机理。并指出，黄土层以块体运动形式向上传递而导致地表裂缝产生，给出了采动地表破坏程度的分级指标。对于黄土沟壑区地表沉陷预计方法的研究，梁明等[52]基于山区地表移动特点，对铜川矿区的地表变形预计方法进行了研究，汤伏全、李德海等[53,54]基于随机介质理论原理，将土层和岩层视为不同介质，建立了厚黄土层矿区地表移动预计的概率积分模型。

1.3　本领域需要进一步研究的问题

1.3.1　黄土覆盖矿区开采沉陷的特殊规律及其形成机理

在西部黄土覆盖区，开采引起的地表沉陷、滑移、滑坡和水资源流失、地表荒漠化等灾害都发生于黄土层内，其规律性与厚黄土层特征关系密切。实践表明，黄土覆盖矿区开采沉陷具有一定的特殊性，主要表现为地表下沉系数偏大、综合移动角偏小、开采影响传播速度快、移动周期缩短、移动变形呈不连续性和集中性、地表裂缝发育、易产生台阶状塌陷、地下水枯竭、台塬崩塌和山坡滑移与滑坡等衍生灾害。然而，目前对于上述采动损害形成的机理还不甚清楚，主要涉及以下几方面。

1) 黄土覆盖条件下基岩与黄土层在开采沉陷中的互馈机理

黄土层与基岩在物理力学性质上存在显著差别，可视为两种不同的介质。多年来学术界主要关注基岩尤其是坚硬岩层对于开采沉陷的控制影响，在理论和应用研究方面紧跟国际岩石力学的发展动态，对于表土层尤其是厚黄土层的影响研究还较少。

西部黄土覆盖矿区中的厚黄土层一方面降低了上覆地层综合硬度，另一方面作为软弱地层对基岩层具有荷载作用，对于基岩开采沉陷变形产生影响[55]。但是，黄土层相对于东部矿区的黏土层而言，具有较高的凝聚力和抗剪强度，存在一定的结构强度，对于这种介质如何影响基岩开采沉陷变形的特征？其对基岩沉陷的荷载作用与松散沙土层是否相同？目前学术界的研究还不充分。同时，基岩的不均匀沉降变形将在土体中传播，使土体产生沉陷变形并产生附加应力场[56,57]，在这种附加应力作用下，黄土层势必产生体积变化。目前，对于基岩沉陷如何在黄土层中传播扩散以及这种附加应力如何引起黄土层本身的变形等问题，学术界的研究成果还很少。

2) 地下水位和渗透特性变化引起的黄土层变形机理

根据我国东部黄河和淮河流域矿区深厚饱和黏土层下开采时，多次出现地表下沉大于开采厚度、开采影响范围很大等特殊的沉陷现象，陈祥恩、李文平、高明中等[49,58,59]的研究表明，厚含水表土层失水对地表移动造成明显的影响，Dial、Ferrari、James、Poul 等[60~63]研究了含水层失水引起的地表沉陷，给出了失水条件下岩层及地表移动图式；北京开采研究所、淮北矿务局等对失水土体的物理力学特性进行了专门研究，得到了失水后土体孔隙度的变化规律；郭唯嘉、林在贯等[64,65]利用土力学、弹塑性力学方法，研究了饱和黏土压缩变形机理；许延春、李文平等[66,67]较系统地研究了东部矿区深厚含水黏土层的工程力学特性及竖井变形的土力学机理。上述针对东部矿区饱和黏土采动变形机理的研究成果，对于黄土层变形机理的研究具有指导意义。但是，西部黄土层物理力学特性和水文地质条件与东部饱和黏土层存在明显差别[68,69]。西部黄土地区地下水位普遍较低，地表一定深度内土层一般呈非饱和状态，其本构关系与东部饱和黏土不同[70~73]。因此，对于因地下水位变化引起的黄土层渗透固结变形以及非饱和黄土采动引起的体积变形等的研究，是揭示黄土覆盖矿区开采沉陷机理的重要课题。

3) 黄土沟壑区特殊的地貌地质条件对地表沉陷变形的影响机理

西部黄土覆盖区普遍具有地形起伏、沟壑纵横、节理发育的地貌地质特征。长期以来，国内外对于复杂地貌条件下开采引起的地面开裂、斜坡滑移、滑坡等灾害发生机理的研究较少。同时，黄土湿陷变形是西部矿区有别于其他矿区的特殊现象。国内外对于湿陷性黄土变形机理的研究，已提出了多种假说或理论，包括欠压密理论、溶盐假说和结构学说等[74]。各种理论观点对黄土湿陷现象的解释不尽相同，其中黄土的欠压密理论认为，黄土在沉积过程中水分不断蒸发，土粒间的胶体凝固形成黏聚力，阻止了上层土对下层土的压密作用而处于欠压密状态。一旦水浸入较深，将导致土中的固化黏聚力消失而产生湿陷；结构学说则认为，黄土湿陷的根本原因在于湿陷性黄土中含有大量架空孔隙。该结构体系在水和外荷载共同作用下，必然导致土的连接强度降低，使整个结构体系失去稳定[75]。对于开采沉陷如何影响地表黄土层产生湿陷变形的研究，现有的成果还很少。

1.3.2 黄土覆盖矿区开采沉陷预计与地面保护

现有的开采沉陷预计理论方法大多是针对表土层较薄的平原矿区条件建立的。对于地形起伏的山区开采沉陷预计，何万龙、康建荣等基于概率积分法建立了影响函数叠加模型，将上覆岩土综合简化为单一介质，通过调整预计参数来预计地表沉陷变形，具有一定的实用性。在黄土覆盖矿区开采沉陷预计中，须考虑饱和黄土层失水引起的固结变形、黄土层本身的体积变形以及黄土层湿陷等附加变形的影响，才能充分反映开采沉陷的真实状态。因此，有待进一步研究建立适用于上述条件的开采沉陷预计模型。

多年来，刘宝琛等学者[76]利用随机介质理论原理导出了地下水（石油）开采的地表沉陷预计模型、边坡开挖引起的地表变形计算模型、隧道开挖引起的地面沉降模型等，这为研究黄土覆盖矿区开采沉陷的理论模型提供了借鉴。在西部黄土覆盖矿区，将地下开采对黄土层的影响简化为基岩面上动态不均匀沉降引起的黄土层下沉弯曲变形，基岩沉降曲面可根据开采沉陷的不同状态，按现有的岩层控制理论和随机介质理论来预测确定。由于土层弯曲附加应力导致土体产生各种附加变形，将基岩沉降曲面和土体附加变形视为"开采空源"，根据空源扩散的随机介质理论原理建立概率积分方程，根据地表移动边界条件导出地表下沉、水平移动及其变形预计的数学模型，包括开采沉陷变形模型、饱和黄土失水固结引起的地表沉陷变形模型、山坡滑移变形模型和采动黄土层湿陷变形模型等。

黄土覆盖矿区开采沉陷控制与地面保护的研究起步较晚。由于西北农村地区广泛分布的窑洞建筑对地表变形敏感，使得开采沉陷区地面保护的难度增大。多年来，如何控制地表沉陷及合理地处理这些建筑下的压煤问题，已成为西部煤炭基地建设中有待解决的技术难题。20世纪80年代以来，渭北黄土覆盖矿区采用抗变形建筑技术和条带开采技术成功地实现了一些矿区的"三下"压煤安全开采。近年来，铜川矿务局在解决老矿井建筑物下压煤问题时，尝试采用一种留设间隔煤柱的非连续长壁开采技术，以达到控制或减缓地表沉陷的目的。本书将探讨这种技术方法对于地表沉陷的控制机理。

　　本书从分析黄土覆盖矿区开采沉陷的特殊性出发，以基岩开采沉陷模式与黄土层等效荷载作用关系以及采动黄土层变形破坏机理研究为突破口，将黄土覆盖矿区开采沉陷问题分解为基岩面在黄土层等效荷载作用下的岩层开采沉陷，以及基岩面不均匀沉陷引起的黄土层沉陷变形问题。将地表沉陷变形视为基岩面的不均匀沉陷在土层中的影响传播以及采动土体附加变形两者叠加的结果，从而构建黄土覆盖矿区开采沉陷理论模型。在此基础上，对黄土覆盖矿区开采沉陷的监测与数据处理及地表沉陷控制的技术方法进行试验研究，为建立西部黄土覆盖矿区开采沉陷及其地面保护理论体系奠定基础。

第二章　黄土覆盖矿区开采沉陷的基本规律

西部黄土覆盖矿区地貌复杂，黄土层覆盖厚度大，黄土层特性对开采沉陷产生显著影响。本章从黄土沟壑区地貌特征与开采沉陷实例分析入手，通过实际资料分析和相似材料模拟实验，总结黄土覆盖矿区开采沉陷及其损害的规律性。

2.1　黄土覆盖矿区地质地貌特征

2.1.1　黄土地层分布

1. 黄土地层的划分

我国黄土地层自下而上划分为[77]：

1) 早更新世黄土

早更新世黄土简称 Q_1 黄土，又称为午城黄土，形成于距今 120 万～70 万年。其粒度成分以粉粒为主，粉粒和黏粒含量较后期黄土为高。夹密集钙质结核层，是古土壤钙化的遗物。底部常有砾石层和砂层，与较老地层呈不整合接触。其质地较均匀，致密坚实，压缩性低，无湿陷性。

2) 中更新世黄土

中更新世黄土简称 Q_2 黄土，又称为离石黄土，形成于距今 70 万～10 万年。其粒度成分以粉粒为主，粉粒和黏粒含量较马兰黄土为高。其质地较均匀、致密，分上、下两部分：下部黄土灰褐色，较坚实，夹多层红褐色古土壤。上部黄土呈浅灰褐色，无湿陷性或有轻微湿陷性，厚度为 50～70m。

3) 晚更新世黄土

晚更新世黄土简称 Q_3 黄土，又称为马兰黄土，形成于距今 10 万～5 万年。其粒度成分以粉粒为主，粉粒和黏粒含量较早期黄土为少，质地较均匀疏松，有肉眼可见的大孔隙，具有湿陷性或强烈的湿陷性，有些地区还有黄土溶洞，在西北地区普遍存在。

4) 全新世黄土

全新世黄土简称 Q_4 黄土，形成于距今 50000 年内。一般土质疏松，具有湿陷性。底部有厚 0.7～1.3m 的黑垆土，其厚度较薄，但在塬、梁、峁、坡脚、山洞沟谷、狭窄河流的低级阶地上覆盖较厚。其分两个亚层：全新世早期堆积黄土，简称 Q_4^1 黄土；全新世近期堆积黄土，简称 Q_4^2 黄土，由于形成年代短，成岩作用差，很疏松，往往压缩性高,强度低,并具有湿陷性。厚度一般为 3~8m,最厚可达 15~20m。

地质学界将午城黄土和离石黄土统称为老黄土,而将马兰黄土和全新世形成的黄土统称为新黄土。由于古气候和古地形不尽相同,上述 $Q_1 \sim Q_4$ 黄土并非完全按形成年代顺序整合接触。我国黄土地层的划分见表 2.1。

表 2.1 黄土地层的划分[77]

地质年代	代 号	地层名称		说 明
全新世	Q_4	新黄土	黄土状土	具湿陷性
晚更新世	Q_3		马兰黄土	
中更新世	Q_2	老黄土	离石黄土	上部部分土层具湿陷性
早更新世	Q_1		午城黄土	不具湿陷性

2. 渭北主要矿区黄土层的分布

渭北煤田地处黄土高原与关中平原的过渡地带,主要开采石炭二叠系煤层,地层自下而上为古生界寒武系、奥陶系、石炭系、新生界第三系和第四系黄土层。各矿区黄土层厚度在 30~200m,占采深的比例(称为黄土层占比)一般在 30%~70%,主要为离石黄土(Q_2)和马兰黄土(Q_3),少数矿区地表分布午城黄土(Q_1)和全新世黄土(Q_4)。其中,澄合矿区和蒲白矿区以离石黄土和马兰黄土为主,澄合矿区黄土层厚度一般在 100~200m,蒲白矿区一般在 80~100m,最大厚度达 170m;韩城矿区以马兰黄土和第四系黄土为主,其厚度为 50~80m;铜川矿区和黄陵矿区以午城黄土和离石黄土为主,马兰黄土和第四系黄土分布较少,铜川东部黄土覆盖厚度达 160m 以上,西部和北部厚度较小;彬长矿区黄土层主要为午城黄土,厚度约 40m,离石黄土,厚度约 70m,马兰黄土,厚度约 8m。在河床两岸及塬边坡附近堆积第四系新黄土,厚度 4~12m,矿区黄土层最大厚度达 150m。

2.1.2 黄土成因特征

黄土是一种产生于第四纪历史时期干旱条件下的沉积物,在我国主要分布在北纬 33°~47°。该区域气候干燥、降雨量较少,蒸发量大,属于干旱半干旱气候类型。黄土分布地区的年平均降雨量在 250~500mm。降雨量大于 750mm 和小于 200mm 的地区基本上没有黄土分布。

黄土按其成因分为原生黄土和次生黄土。前者为不具层理的风成黄土,后者是经过流水冲刷、搬运和重新沉积而形成的次生土,具有层理并含有较多的沙粒或细砾。次生黄土不一定具备原生黄土的全部特征,其结构强度一般低于原生黄土。因此,通常将次生黄土称之为黄土状土。大多数黄土具有在一定压力下遇水发生结构破坏而产生附加沉降的现象，称为黄土的湿陷性。

黄土具有一系列内部物质成分和外部特征，不同于同一地质年代的其他沉积物，其主要成因特征为[78~80]：

(1) 颜色以黄色、褐黄色为主，有时呈灰黄色。

(2) 颗粒组成以粉粒为主（粒径 0.05~0.005mm），含量一般在 60％以上。

(3) 大孔隙发育，孔隙比在 1.0 左右。

(4) 富含碳酸钙盐类，极易发生溶蚀。

(5) 垂直节理发育。

(6) 大多数黄土具有在一定压力下遇水发生结构破坏而产生附加沉降现象，称为黄土的湿陷性。

黄土相对于岩石或其他工程材料而言，具有两个基本特性[81,82]：压硬性和剪胀性。前者指土体强度和刚度随压力的增大而增大及随压力的降低而降低，黄土的压缩性可用压缩模量来描述。后者指土体在剪切时产生体积膨胀或收缩的特性。相对于其他类土体而言，黄土层具有以下几个重要物理特性[72,75]。

1. 各向异性

黄土在形成过程中产生的垂直节理和层理，使黄土具有显著的各向异性特征。黄土结构疏松，抗拉、抗压等力学强度均很低，尤其是抗拉伸变形能力很小，当地表拉伸变形超过 2~3mm/m 时，就会出现破坏裂缝。同时，黄土中的垂直节理发育，受开采扰动后极易形成垂直地表的裂缝。

2. 软化特性

黄土属于结构性土，其屈服极限随应变增大而降低，具有脆性材料特征，需用脆性破坏模型来描述。同时，黄土浸水易产生软化，黄土与其他结构性黏土一样，为干燥条件下形成的欠固结土，具有较高的结构性强度，在遇水浸泡后其强度显著降低，产生明显的体积收缩，即黄土湿陷变形。

西部矿区湿陷性黄土具有大孔隙和垂直节理，在天然湿度下其压缩性较低，强度较高，但遇水侵蚀后强度急剧降低。在附加压力或上覆土层自重压力作用下，受水侵蚀后发生显著的失稳性变形，其引起的附加下沉量大且下沉速度快。黄土中富含 $CaCO_3$，极易发生溶蚀。黄土渗水后，部分 $CaCO_3$ 被水溶解，部分黄土颗粒被水带走，改变了土层原始结构，使黄土空隙扩大形成空洞，导致地表塌陷。同时，开采引起的地表沉陷和裂隙使黄土层能接受和下渗更多的大气降水，从而产生一定湿陷，引起地面沉降。

3. 非饱和与饱和特性

黄土层按其含水量状态即饱和度可分为饱和土和非饱和土。当饱和度 S 小于

100%时，黄土层处于非饱和状态，饱和度达到 100%时过渡到饱和状态。西部矿区地处干旱半干旱山区，地下水位通常较深，位于地下水位以上的黄土层具有负的孔隙水压力[83]，由于长期大量的蒸发和蒸腾作用而处于非饱和状态。非饱和黄土具有气相（空气），一些文献认为非饱和土还存在第四相，即水气分界面（一般定义为收缩膜）。非饱和黄土中的空气可能以气泡的形式存在，使土体中的流体（液相和气相）具有压缩性[84]。

对于近地表的非饱和黄土层，由于空气在土体中形成连续的气相，使土中的孔隙气压力和（负）孔隙水压力出现显著差别，其特性与深部黄土层明显不同。

当降雨或气候等因素发生变化时，黄土层中含水量和孔隙水压力发生改变，土体的饱和度产生变化，黄土层在非饱和与饱和状态之间转换，而饱和黄土的孔隙水压力大于零，可视为是非饱和黄土的特殊状态。

2.1.3　黄土沟壑区地貌特征

西部矿区地表多为黄土丘陵和沟壑地貌。按地表切割程度、地貌形态等因素可划分为沟谷和沟间地。前者主要是现代流水侵蚀作用所成，后者则明显受古地形的影响，即古地形基础上由黄土风成堆积叠加而成[85]。

1. 黄土沟谷地貌

黄土沟谷分为细沟、切沟、冲沟和坳沟等几种。黄土沟谷的发展具继承性，大部分现代黄土沟谷重叠发育在老沟谷之上。黄土沟谷的发育程度用单位面积上的沟道长度，即沟谷密度来表示，西部黄土山区的沟谷密度居于全国之首。

2. 黄土沟间地地貌

沟间地是指沟谷之间的地面。沟间地的地貌形态包括塬、梁、峁，这是西部黄土覆盖矿区的地貌主体。

1）黄土塬

塬是面积广阔且顶面平坦的黄土高地。塬面中央部分坡度一般小于 1°，边缘部分为 3°～5°，例如陕北的洛川塬长达 80km、宽达 40km、面积两千多平方千米。

黄土塬由于受单向或双向沟谷切割作用，貌似平坦的塬区大都各自呈狭条型的独立体，随着不断侵蚀，塬面已愈来愈狭窄，塬区愈来愈破碎，故而又称破碎塬，如陕西澄合矿区等地的一些小型塬，宽度一般 0.5～2.0km，最宽可达 4km以上，长度一般可达几公里至十几公里。

2）黄土梁

梁是长条形的黄土高地。它主要是由黄土覆盖在古代山岭上而形成的，也有些梁是塬受现代流水切割产生的。根据梁的形态，可分为平顶梁和斜梁两种。平顶梁顶部比较平坦，宽度有限，长达几千米。其横剖面略呈穹形，坡度在 1°～5°；沿分水线的纵向坡度不过 1°～3°，梁顶以下是坡长很短的梁坡，坡度较大，多在 10°以上，两者之间有明显的坡折。在折梁坡以下即为沟坡，其坡度更大。斜梁是黄土高原最常见的沟间地，斜梁顶宽度较小，呈明显的穹形，沿分水线有较大起伏，梁顶横向和纵向坡度由 3°～5°到 8°～10°。梁顶坡折以下直到谷缘的梁坡很长，坡度变化在 15°～35°。梁坡的坡形随其所在部位而有不同，在沟头的谷缘上方为凹斜形坡，在梁尾为凸斜形坡。

3）黄土峁

峁是一种孤立的黄土丘，呈圆穹形。峁顶坡度为 3°～10°，四周峁坡均为凸形斜坡，坡度 10°～35°。两峁之间有地势显著凹下的分水鞍，称为墕。若干连在一起的峁，称为峁梁，有时峁成为黄土梁顶的局部组成体，称为梁峁。

峁大多是由梁进一步被切割而成，少数为晚期黄土覆盖在古丘陵上而成。黄土峁和梁经常同时并存，组成黄土丘陵。

3. 黄土潜蚀地貌

黄土潜蚀是流水沿着黄土中的裂隙和孔隙下渗，导致土粒流失而产生洞穴，引起地面崩塌形成的黄土特有地貌，包括黄土碟、黄土陷穴、黄土柱等独有地貌。

渭北黄土高原过渡地带由于地表水的长期侵蚀、切割，形成沟壑纵横、支离破碎的地貌，表现为黄土塬、梁、峁和沟谷交错的地貌特征，其中澄合矿区和蒲白矿区地势较为平坦开阔，在河流两侧黄土沟谷较发育，部分河床和深切沟谷底部有基岩出露，大部分区域属于厚黄土塬区。韩城矿区为黄土斜梁沟谷地貌，其中桑树坪矿区为黄土梁峁地形，沟深坡陡，冲沟十分发育，黄土覆盖于二叠系基岩之上。马沟渠矿和象山矿属于黄土丘陵地貌，区内第四纪黄土层中构造节理发育，小型滑坡和崩塌现象普遍。铜川矿区、黄陵矿区和彬长矿区主要以黄土残塬及梁、峁、沟谷地形为主。铜川矿区东部的鸭口矿、东坡矿、徐家沟矿的地形较为平坦，为波状黄土梁峁区，属特厚黄土覆盖区；中部王石凹矿和金华山矿的地势较高，坡陡沟深，地面黄土坡的自然崩塌和滑坡现象较为普遍；西部三里洞矿和桃园矿的河谷发育，坡地建筑物分布密集，滑坡和崩塌时有发生。彬长矿区大佛寺矿和亭南煤矿为梁、峁或丘陵、沟谷交错地形，沟谷切割深度一般为 50～100m，黄土层厚度达 100～150m，属典型的厚黄土沟壑区地貌特征，如图 2.1 所示。这种独特的地质地貌条件将导致黄土沟壑区开采沉陷规律的特殊性。

图2.1　黄土沟壑区地貌

2.2　黄土覆盖矿区开采沉陷及其衍生灾害实例分析

通过几个实例分析黄土覆盖区采煤引起的地表变形破坏特征。

2.2.1　B40301工作面

1. 地质采矿条件

B40301工作面是彬长矿区某矿首采工作面，地表为黄土台塬及沟壑地形，最大标高为1046m，最小标高为927m，中部和东边界地表为沟壑区，其余部分较为平坦。该工作面开采4号煤层，采用综合机械化放顶煤开采法，开采宽度150m，沿走向推进800m，平均采厚8.0m。煤层底板的平均标高约630m，倾角3°～5°、埋深300～400m。为了获得该矿区首采工作面开采沉陷规律，在工作面走向布设了地表移动观测线。观测站地貌及测线布设如图2.2所示。

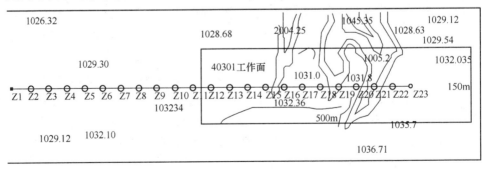

图2.2　B40301工作面地形及观测站布设（余学义，2007，已修改）

根据钻孔资料揭露，工作面上覆地层由老至新为：三叠系上统胡家村组；侏罗系下统富县组、中下统延安组，中统直罗组、中统安定组；下白垩统宜君组、洛河组、华池环河组；新近系上中新统小章沟组；第四系更新统及全新统，各地层岩性及厚度如表2.2所示。

表 2.2　B40301 工作面上覆地层岩性及厚度

编号	上覆岩层名称	层厚/m	编号	上覆岩层名称	层厚/m
28	黄土层	125	14	4 上^{1}煤	1.64
27	石英砂岩	59.5	13	细粒砂岩	0.6
26	粗砾岩	29.6	12	4 上^{2}煤	1.23
25	砂质泥岩	24.95	11	细粒砂岩	0.81
24	石英砂岩	4.4	10	4 上煤	1.19
23	砂质泥岩	43.65	9	泥岩	3.47
22	铝土质泥岩	9.36	8	粗粒砂岩	7.51
21	石英砂岩	4.58	7	砂质泥岩	4.7
20	砂质泥岩	3.46	6	砂质泥岩	5.71
19	石英砂岩	6.5	5	泥岩层状	4.85
18	砂质泥岩	8.4	4	中粒砂岩	4.97
17	石英砂岩	9.1	3	泥岩层状	3.26
16	煤与泥岩混合层	9.48	2	4 煤	17.22
15	细粒砂岩	7.87			

煤层上覆岩层 22 层，总厚度 267m，黄土层平均厚度 125m。基岩主要由粗粒砂岩、中粒砂岩、细粒砂岩、粉砂岩，砂质泥岩、泥质和铝土质泥岩组成。其中厚度较大的有 27 号石英砂岩层，59.50m；25 号砂质泥岩层，24.95m；23 号砂质泥岩层，43.65m；17 号石英砂岩层，9.1m；6 号砂质泥岩层，5.71m（表 2.2）。这 5 层砂岩的抗压、抗拉、抗剪切强度大，岩性较坚硬，在一定开采条件下这些坚硬岩层将控制地表的移动变形状态，其中最上部的 27 号石英砂岩厚度近 60m，属于基岩关键层，控制着上覆黄土层的沉陷和变形。在采动过程中，如果该岩层发生断裂失稳，将导致其上覆黄土层出现较大的变形破坏。

2. 开采过程中的地表破坏

当工作面推进至 300m 时，实测地表最大下沉量为 0.57m，地表开始出现开裂，裂缝宽度为 2～3cm。随着工作面的推进，在超前开采工作面外边缘 140m 范围内形成多条采动裂缝，而采空区上方的一些裂缝则有所闭合。当工作面推进至停采线附近时，地表最大下沉量接近 2.0m，移动盆地内地下水位明显下降。在停采边界外形成宽度大于 10cm 的开采裂缝（图 2.3），同时附近砖瓦结构的民房也遭受较严重的变形和破坏（图 2.4）。

图 2.3　工作面上方的地表裂缝　　　　图 2.4　采动引起的房屋破坏

3. 地表沉陷分布特征

工作面推进至停采边界（位于 Z12 号测点上方）两个月后，实测地表走向主断面上下沉量如表 2.3 所示，其分布曲线如图 2.5 所示。

表 2.3　实测地表下沉量

测点号	Z7	Z9	Z12	Z13	Z14	Z16	Z18	Z20	Z22	Z23
距停采线位置/m	−150	−90	0	30	60	120	180	240	325	355
下沉量/m	0.071	0.209	0.5	0.726	0.979	1.705	2.011	2.205	2.046	1.804

地表最大下沉点位于 Z20 号点附近，距采空区边界 240m。停采边界上方地表 Z12 号点的下沉量仅为 0.5m，远小于最大下沉量的一半，说明下沉拐点偏向采空区一侧，且采空区一侧和煤柱一侧的下沉影响范围不相等。由于走向开采长度达 800m，可视为达到充分采动。根据实测数据确定下沉边界距离停采边界 160m，则该工作面开采综合边界角为 $\delta_0 = \arctan(392/160) = 67.8°$，充分采动角 $\varphi_0 = \arctan(392/240) = 58.5°$（图 2.5）。

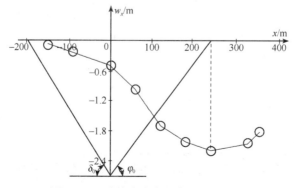

图 2.5　地表走向主断面实测下沉曲线

该工作面开采厚度为 8m，最大下沉量为 2.205m，实测下沉系数为 0.276，移动半盆地长度为 400m，地表下沉与变形较为严重。可以判定，基岩上部的石英砂岩控制层已产生断裂破坏，导致上覆黄土层失去下卧支撑而沉陷。而在临近地质条件相似的亭南矿区，开采工作面宽度为 115m，地表沉陷量很小，未产生明显的破坏。这说明当工作面宽度由 115m 增加到 150m 时，基岩控制层的变形状态已发生改变，使上覆黄土层产生显著的地表沉陷破坏，反映出厚黄土层矿区基岩开采沉陷状态（模式）对地表变形破坏起着控制作用。

2.2.2 D508 工作面与 W291 工作面

1. D508 工作面

铜川矿区某矿 D508 工作面开采上石炭统太原组 5-2# 煤层，厚度为 2.4m，倾角为 7°。煤层直接顶为泥岩、砂质泥岩及 5-1# 煤层，老顶为山西组底部的中粗粒砂岩；老顶以上为山西组中上部和下石盒子组地层，以粉砂岩和砂质泥岩为主，夹有中粒砂岩。基岩层总厚 77m，以软弱岩层居多，地表为第四纪黄土层，厚度达 103m。煤层上覆地层结构见图 2.6。

地 层		地层柱状	平均厚度/m	岩 性 描 述
系	组			
第四系			103.0	黄土，富含钙质结核
下二叠统	下石盒子组		18.5	上部为砂质页岩夹薄层砂岩；中部为石英砂岩；下部为中粒砂岩(K3标志层)，坚硬
	山西组		53.2	粉砂岩夹砂质页岩，含碳屑，松散易碎
上石炭统	太原组		2.6	泥岩与薄煤互层
			0.8	薄煤层
			1.55	泥岩
			2.4	主采煤层
			2.9	细砂岩

图 2.6 D508 工作面上覆地层柱状图

采煤方法为走向长壁式，采煤机组落煤，全部陷落法管理顶板，最大控顶距 3.85m，最小控顶距 3.25m。工作面沿倾向布置，宽 136m，沿走向推进，从开切眼至停采线最大距离 645m，煤层开采厚度 2.4m。

随着由东向西的走向长壁后退式开采，地表先后出现五条大体上呈等间距展布的弧形裂缝（L1～L5），形成台阶状断裂塌陷（图 2.7）。其中，L1 出现于坡度和比高很大的山梁东侧沟边，裂缝宽 400～1000mm，落差 1900mm，深不见底（图 2.8）。

图 2.7　D508 工作面开采引起的地表台阶状断陷

图 2.8　D508 工作面开采引起的地表裂缝（L1）

地表开始移动后迅速进入活跃期，初始期 20 天，活跃期 150 天，移动量占总移动量的 95%，衰退期 105 天。地表移动稳定后，实测最大下沉值达到 2420mm（L1—L2 之间的 21 号测点），大于煤层开采厚度，即地表下沉系数大于 1，这是不符合开采沉陷一般规律的。出现这种现象的主要原因分析如下：

（1）从 D508 工作面的覆岩结构来看，黄土在覆岩中所占比例达 56.6%，而基岩厚度不足 77m，且软硬相间，以软岩层为主，属于典型的厚黄土覆盖区。所以，在开采过程中，煤层直接顶板随采随冒，失去支撑的老顶及其以上覆岩在极大的重力作用下发生切冒，断裂带直达地表。地表裂缝产生的突然性和等距性特征可以作为其旁证。下沉岩体基本上保持着整体性，因而碎胀性较小。

（2）破裂、沉降的黄土层有利于接受、下渗更多的大气降水，从而产生一定程度的湿陷，使地表标高有所下降。

（3）本区在大地构造上位于伸展构造带，在覆岩破坏和移动工程中，除产生垂直岩层面的裂缝外，还产生顺层滑动，并导致山梁局部出现了滑移变形。

2. W291 工作面

铜川矿区某矿 W291 工作面开采上石炭统太原组 5-2#煤层，煤层厚度 3.0～3.6m，平均 3.3m；平均倾角 5°。5-2#煤层的伪顶是 0.1～0.4m 厚的泥岩，直接顶为泥岩和砂岩互层，老顶为山西组粗粒石英砂岩（K4 标志层）；老顶以上的下石盒子组和上石盒子组是以坚硬的石英砂岩为主的砂、页岩互层，石千峰组是较坚硬的中粒砂岩夹少量泥岩层。基岩覆盖层总厚 395m，总体来看比较坚硬，其上有第四纪黄土层 60m。煤层上覆地层结构如图 2.9 所示。

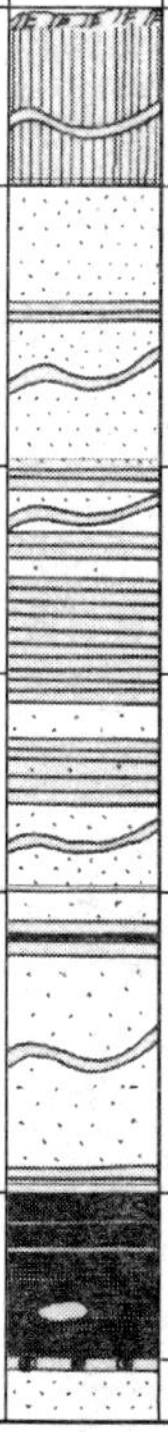

地　层		地层柱状	平均厚度/m	岩　性　描　述
系	组			
第四系			60	黄土，富含钙质结核
二	石千峰组		158.5	中粒砂岩间夹泥岩,砂岩一般泥质或钙质胶结，较坚硬
	上石盒子组		97.0	石英砂岩与页岩互层，砂岩坚硬，裂隙较发育
叠	下石盒子组		71.1	砂岩与页岩互层，砂岩性脆，坚硬
系	山西组		68.7	砂岩坚硬，为 K4 标志层，底部为页岩
	太原组		3.3	主采煤层
				中粒石英砂岩(K3)，坚硬

图 2.9　W291 工作面地层柱状图

采煤方法为走向长壁式，采煤机组落煤，全部陷落法管理顶板，最大控顶距 3.3m，最小控顶距 2.5m。工作面沿倾向布置，长 150m，沿走向最大推进距离

680m，煤层开采厚度 2.0m。

W291 工作面开采过程中，表现出与 D508 工作面不同的地表变形特点：

（1）在工作面推进过程中，超前影响角较大，达 $81°40'\sim90°$；达到充分采动后，地表最大下沉速度点总是滞后于工作面一个固定距离，最大下沉速度滞后角为 $64°$。

（2）地表移动盆地中心点自开始移动至移动停止，持续时间达 47 个月以上。初始期 700 天，活跃期 75 天，衰退期 625 天。活跃期移动量仅占总移动量的 12%。

上述两个特征说明，由于覆岩中存在多层比较坚硬且厚度较大的石英砂岩，覆岩的采动变形是自下向上逐步发展的，开采影响传递到地表需要较长的时间，对地表的影响也要延续较长的时间。

（3）开采对地表的影响表现为缓慢的连续变形，地表移动稳定后实测移动变形最大值达 1262mm，但未出现裂缝、山体滑移、崩塌等非连续变形现象。

这说明在覆岩厚度和硬度都比较大的情况下，地下开采对地表的影响可以被缓慢地扩散到更大的范围内，从而使小区域内的相对变形量减小。

以上两个观测站的有关数据对比见表 2.4。可以发现，D508 工作面和 W291 工作面的采空区面积大体相当，但由于采深及土岩比和覆岩综合硬度相差很大，地表开采沉陷表现出完全不同的特征。假设煤系地层及其上覆基岩层的普氏硬度系数均为 4.80，由于 W291 观测站黄土基岩比仅为 0.15，覆岩综合硬度系数为 4.30，实测地表最大下沉值为 1262mm，下沉系数为 0.63；D508 观测站黄土基岩比为 1.34，覆岩综合硬度系数降低到 2.63，实测地表最大下沉值为 2420mm，下沉系数大于 1。这说明，在其他条件基本相同的情况下，覆岩的土岩比愈大（松散层占比大），会使得覆岩的综合硬度系数变小，导致煤层开采后地表下沉系数增大。同时，采深越小时，地表最大变形值也越大。

表 2.4　D508 工作面与 W291 工作面地质采矿条件及地表移动变形特征对比

观测站名称	煤层倾角/(°)	开采厚度/m	覆岩厚度/m				综合普氏硬度		工作面长度/m		推进速度/(m/d)
			采深	黄土	基岩	土岩比	基岩	覆岩	走向	倾向	
D508	7	2.4	180	103	77	1.34	4.80	2.63	645	136	1.4
W291	5	2.0	455	60	395	0.15	4.80	4.30	680	150	0.8

观测站-点号	下沉速度/(mm/月)	地表移动延续时间/d				实测地表移动与变形最大值					
		初始期	活跃期	衰退期	总时间	下沉/mm		水平移动/mm		倾斜/(mm/m)	
						走向线	倾向线	走向线	倾向线	倾向线	走向线
D508-21	50	20	150	105	275	2420	2269	1022	635	46.8	47.3
W291-18	1.9	150	190	785	1125	1162	1262	420	657	3.39	6.03

2.2.3 Y905 工作面

1. 地形地质与采矿条件

Y905 工作面位于铜川某矿东北方向约 3km。该处地貌梁峁纵横，沟谷深切，南高北低，东西两端向中间倾斜，顺工作倾斜方向地表坡度略缓，走向方向中间位置有一宽约 60m、深约 40m 的冲沟通过，地表平均坡度为 15°，最大坡度为 28°。地貌及观测站布设如图 2.10 所示。

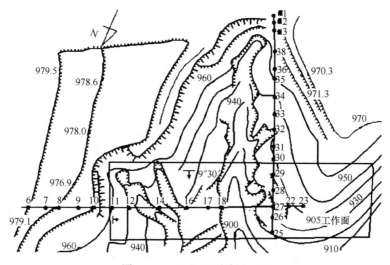

图 2.10 Y905 观测站平面图

工作面开采煤层厚度为 1.94m，倾角为 9°。上覆岩层为砂泥岩互层，直接顶为炭质泥岩及砂岩，岩层平均厚度为 72m，黄土层平均厚度为 110m。工作面走向长 300m，倾斜宽 102m，下部边界采深 189m，上部边界采深 178m，平均采深 182m。采区上覆地层岩性及厚度如表 2.5 所示。

表 2.5 Y905 工作面上覆地层岩性及厚度

上覆岩层名称	层厚/m	各岩层占上覆地层总厚的比例/%	备 注
黄土	110 (98.3～126.7)	60.67	黄土：110.0m
泥砂	4.28 (0～5.5)	2.36	
砂岩	23.75 (13.6～31.60)	13.1	泥岩：9.75m
泥岩	2.09 (0～3.30)	1.15	
砂岩	6.2 (5.0～6.2)	3.42	炭质泥岩：0.54m
砂岩	9.84 (3.5～11.20)	5.43	
砂岩	13.46 (10.8～15.00)	7.43	砂岩均为含水层

上覆岩层名称	层厚/m	各岩层占上覆岩层总厚的比例/%	备　注
砂质泥岩	1.54（0~3.0）	0.85	上覆岩层为"中硬"
泥岩及 3 号煤	1.84（0~3.50）	1.01	
砂岩	7.76（4.8~10.10）	4.28	
炭质泥岩	0.54（0.35~0.70）	0.3	
5 号煤	1.94（1.9~2.3）		

2. 地表最大下沉点移动持续时间

地表移动持续时间由最大下沉点的移动过程确定。该工作面地表最大下沉点 18 号点下沉三个阶段的持续时间如表 2.6 所示。

表 2.6　最大下沉点的下沉持续时间

最大下沉点	总下沉量/mm	最大下沉速度/(mm/日)	初始阶段			活跃阶段			衰退阶段		
			天数	下沉量/mm	百分比	天数	下沉量/mm	%	天数	下沉量	百分比
18	1326	13.1	81	36	3	176	1211	91	168	79	6

地表最大下沉点自开始移动至稳定持续时间为 14 个月，各阶段所占时间和下沉比例见表 2.6。与浅表土层矿区相比，该工作面黄土层厚度占采深的 61%，活跃阶段占移动总时间的 42%，但下沉量占其总下沉量的 91%，表明开采沉陷在厚黄土层中传播速度较快，地表下沉可迅速达到活跃阶段。

3. 地表移动变形特征

该观测站走向剖面地表移动变形分布出现异常。采空区中央上方地表最大下沉量 1305mm，其水平移动不等于零。最大水平移动量 652mm，为最大下沉值的 0.5 倍（$U_0 = 0.5W_0$），而不是一般规律的 0.3 倍，水平位移量明显较大，分析其原因与地表山坡滑移有关：沿走向地表坡角在 0~20° 范围内变化，在其东翼（位于地表移动移动盆地中央）有一条深约 40m 的冲沟，坡向和下沉盆地（开切眼一侧）倾向一致，沟坡向下坡滑移产生的水平移动和开采引起的水平移动方向一致，使地表水平移动量增大。在滑移影响下，地表下沉随地形起伏发生明显变化，特别是地表出现裂缝时，位于裂缝下盘个别点往往发生突然下沉，如 10 号点和 18 号点。

地表变形最大值基本出现在地表坡角较大的采空区上方，而一般浅表土层平原矿区地表变形集中在开采边界上方，这反映了坡度变化对地表变形分布特征的显著影响，开采引起的山坡侧向滑移是导致黄土沟壑区地表移动异常的主要原因。

通过上述四个实例分析表明，黄土沟壑区开采沉陷主要表现为厚黄土层中开采影响传播速度快、移动活跃期短、地表移动变形量大的特点。黄土层的湿陷特性、基岩沉陷状态（模式）和山坡滑移是影响黄土沟壑区地表沉陷特征的主要因素。

2.2.4　黄土山区开采引起的地面滑坡

山区地下采煤引起的滑坡（亦称为采动滑坡）是山区开采沉陷的主要衍生灾害[86~87]。20 世纪 80 年代以来，此类滑坡在我国黄土山区采矿中多次发生。下面列举两个较为典型的实例。

1. 荆家掌中央风井滑坡

该滑坡发生在山西某矿荆家掌中央风井附近。地形上部较陡（倾角约 30°），下部较缓（倾角 7°~17°）。表土层厚度为 10~30m，斜坡两侧均被深沟切割，地形剖面见图 2.11。

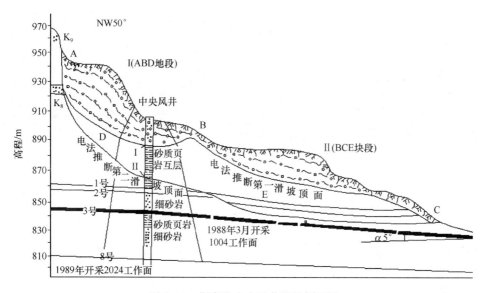

图 2.11　荆家掌中央风井滑坡剖面图

自 1988 年 3 月开始回采中央风井煤柱外侧 3 号煤层后，4 月地表发生塌陷和裂缝，进而形成错动。自 1988 年 2 月至 1989 年 2 月，回采中央风井煤柱外西侧 3 号和 8 号煤层，于 1989 年 3 月发现风井井口向下 42.75m 处也产生了明显的错动，并有泉水不断流出。

根据 1988 年以后对井筒的观测表明，直到 1992 年底该滑坡仍未停止。通过物探（对称四极电测法）测定，该滑坡有上、下两个滑动面（图 2.11）。第一滑动面由两个弧形面组成，总面积为 23 万 m²，平均厚度为 13.5m，体积约为 310 万 m³，属于表土层滑坡。第二滑动面后缘呈圆弧形，前缘基本上沿煤层附近的软弱面发育，上部为切层滑坡，下部为顺层滑坡。该滑坡致使中央风井报废。

2. 韩城象山滑坡

1）地质采矿条件

象山滑坡位于陕西省韩城西南的象山斜坡，其地下为象山煤矿开采区。坡脚是该矿铁路专用线以及象山矿工业广场与韩城电厂。

象山斜坡总长度约为 1000m，相对高差约为 230m，斜坡下部坡度近 30°，上部坡度较缓，平均坡度近 20°。斜坡下埋藏煤层三层，其中已回采的 3 号煤层平均采厚 2m，采深 181～295m，倾角自上而下呈 23°～6°，采煤方法为走向长壁后退式回采，全陷法管理顶板。自上而下共布设了 7 个工作面，最近的 4 个工作面编号为 308th～314th，如图 2.12 所示。

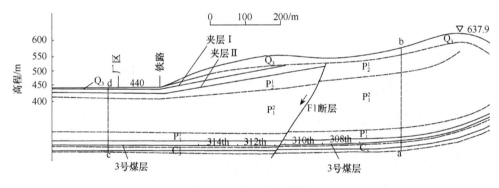

图 2.12　象山斜坡剖面

图 2.12 中上覆岩层由地层符号表示。象山斜坡范围内的岩层产状 N10°～20°E，呈与斜坡方向一致的单斜构造，为一顺倾山坡。岩层上部倾角较陡（23°），下部倾角较缓（6°）。除了发育近东西向和近南北向的两组陡倾角节理和斜坡中部有一正断层 F₁（断层倾角近 60°，落差近 2m）外，构造较简单。其软弱夹层和层间剪切带非常发育。根据勘测资料分析，在韩城电厂区地下存在三层较完整的软弱层和层间剪切带：

（1）铁路专用线一带，夹层为灰白-灰黄色泥质及少量黑色塑性泥岩，两侧为灰白-灰黄色质页岩、砂质页岩及砂质泥岩、泥岩中弧形节理发育，呈泥质构造。页岩中层理发育，夹层厚度为 1～15cm。

（2）电厂地面以下 3.5m 处，依附于层间错动带，夹泥性质同上，厚度 1～17cm，为斜坡滑移变形的控制层之一，如图 2.12 中的夹层 I。

（3）电厂地面以下 13.5m 处的泥化夹层。其厚度 10cm，是由一组倾角为

10°～20°的劈理面或压性结构面在水浸软化作用下转变生成的，如图2.12'中的夹层Ⅱ。该夹层对边坡的长期稳定性有重要影响。

2）地面变形破坏分析

象山矿在开采3号煤层时，已根据《地面建筑物及主要井巷保护暂行规程》对斜坡坡脚处的铁路专用线、象山矿工业广场及韩城电厂留设了保护煤柱。留设煤柱的角量参数采用类比法求得，围护带宽度取15m。但是，自1981年开采了3号煤层以来，象山矿工业广场的建筑物墙壁产生1～5mm宽的裂缝，其中最严重的是运输皮带走廊错位达60mm，副井井筒从井口以下40m处裂缝宽达40mm。

电厂建筑物自1981年以来也发生了严重的变形破坏。据1982年12月～1985年4月间的多次观测结果，由4号冷却塔西侧经主厂房、化学处理室至干煤棚南端存在一"0"沉降线，如图2.13所示。

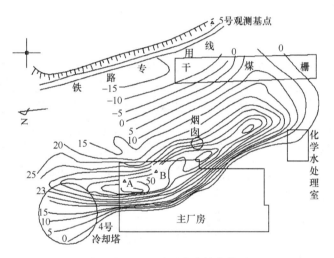

图2.13　电厂地面升降等值线图

在"0"沉降线以东的建筑物抬升，最大抬升量为51.8mm，此线以西为受建筑物自重作用的正常区域。此外，位于铁路专用线东侧边坡基岩上的5号观测点，从1982年12月～1985年4月，向S62.5W方向位移了755mm。这与主厂房观测点的抬升量变化趋势是一致的，如图2.14所示。

从电厂区测点的位移、抬升量观测曲线分析，电厂地面变形破坏是由于地基受到由东向西的推力作用，发生压缩位移拱起形成的，即由东缘象山斜坡岩土体的滑移推动作用造成的。因此，电厂及象山矿工业广场建筑物破坏不是开采移动变形直接造成的。

根据物探结果，象山滑坡主滑裂面的最低高程在425m附近，在黄土与砾石层，或者砾石层与基岩之间。滑坡体剪切出口的位置在"0"升降线附近。

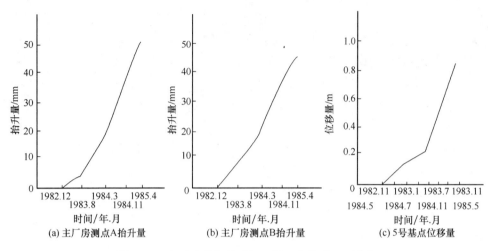

图 2.14　　电厂建筑物抬升与 5 号基点位移观测曲线

3）滑坡成因分析

象山滑坡的成因，除了存在临空面和软弱夹层等产生滑坡的条件外，主要存在地下开采、渗水、高削坡等外在因素。但无论是渗水还是高削坡，在时间上都经历了十几年，斜坡从未发生过滑移现象，而在象山矿开采斜坡下的 3 号煤层时，斜坡却产生了滑动。3 号煤层的回采进度与电厂及象山矿工业广场变形破坏的时间存在对应关系：从 1982 年初~1983 年初回采 310 工作面时，电厂及工业广场已开始变形。从 1984 年初~1985 年 4 月，电厂及工业广场地面变形加剧，这段时间正是 312 和 314 两个工作面回采的时间。电厂地面变形的大小与采空区范围的扩大有密切关系。但是，这种变形破坏不是地下开采直接造成的，而是由于象山矿开采电厂保护煤柱以外的 3 号煤层及其他因素诱发象山斜坡滑坡造成的，诱发滑坡的直接原因是地下采煤。该滑坡使韩城电厂的安全受到严重威胁，被迫采取紧急治理措施和停止 5 号煤层的开采，直接经济损失数千万元。

2.3　黄土覆盖矿区开采沉陷的模拟实验

开采沉陷相似材料模拟实验是物理模拟的重要形式，具有研究周期短、成本低、成果形象直观等特点，已被广泛用于矿山开采沉陷研究中[88~90]。

2.3.1　实验模型

本实验目的是研究厚黄土覆盖条件下，煤层开采、基岩控制层破断和黄土层地表沉陷之间的相互关系，揭示该条件下黄土层的移动变形与破坏特征。

1. 地质采矿条件

模拟实验以陕西某矿上山采区为模型，地表为厚黄土层覆盖，工作面宽度220m，推进长度2000m，开采 2 号煤层，平均采厚 3m。煤层覆岩厚度47m，黄土层厚度38m，平均采深为85m。煤层直接顶板主要为粉砂岩，次为泥岩，层理发育，强度较低，厚度6m左右。老顶岩层多为砂岩，泥质胶结，遇水后强度显著降低，工作面回采一定距离后老顶断裂垮落，造成工作面的周期来压现象。据钻孔资料揭露，该工作面上覆岩层岩性及其物理力学性质如表 2.7所示。

表 2.7　覆岩岩性及其物理力学性质

序号	岩　层	厚度/m	容重/(kN/m³)	抗压强度/MPa	抗拉强度/MPa	弹性模量/×1000MPa	泊松比
14	第四系黄土	38	16	0.01	0.002	0.01	0.3
13	中更新统离石组	10	20	7.54	1.18	0.76	0.174
12	第三系上新统	10	22	14.5	1.35	0.912	0.174
11	中侏罗统直罗组	16	23.4	31	2.7	1.135	0.22
10	粉砂岩	5	25	39.04	3.83	1.43	0.22
9	1^{-2}煤层	1	15	20.52	0.749	1.51	1.4
8	粉砂岩、泥岩互层	5	24.5	31.82	3.2	1.22	0.18
7	粉砂岩	4	25	39.04	3.83	1.43	0.22
6	砂质泥岩	4	2.47	36.16	1.53	1.17	0.247
5	中粒砂岩	4	26	38.38	3.03	2.38	2.6
4	粉砂岩	5	25	39.04	3.83	1.43	0.22
3	砂质泥岩	3	25	28.87	3.18	1.028	0.174
2	2 号煤层	3	14	20.85	0.993	1.51	1.4
1	粉砂岩	10	25	39.04	3.83	1.43	0.22

2. 模型材料配比

模拟区基岩中有些岩层厚度较小或与相邻岩层岩性相近时按同一岩层处理，从地表至煤层底板最后共折合了10层岩层、2层松散层以及2层煤层。根据相似模拟实验要求，采用长 210cm、高 150cm、宽 20cm 的模型架。模型比例 1：100，模型装架高度为118cm。

根据相似材料模拟配比计算公式和各岩层的物理力学性质（表 2.7）进行相似材料配比。为了得到准确的材料配比，首先按材料配比做成试件，根据试件的压破坏实验和模型尺寸确定模拟工作面各岩层的相似材料配比及用量。

3. 模型制作

模型制作过程如下:

(1) 按照材料配比单进行干料配比;

(2) 原料搅拌好以后就开始进行模型制作,首先将材料放入模子(每 2cm 厚为一小层),然后将其整平,再用重锤轻压(要保持用力均匀,使得材料的厚度一致),压实后撒上云母粉;

(3) 每层压实后用钢锯片每隔 10cm 划一下(划痕深约为 1cm),让划痕充当岩层裂隙;

(4) 按照上面的工序逐层往上加料,直到模型最后一层制好为止。

图 2.15　实验模型全景

在装模两天后,拆除模型两边的"槽钢"挡板,使其尽快干燥。为了方便地设置观测标志,在模型适当位置固定玻璃横梁。横梁尺寸为 2.4m×120mm×10mm,既具有良好的透光效果,又不会弯曲、变形,可保证实验效果的真实、可靠。在模型的中、下部各设置一块玻璃横梁。实验模型如图 2.15 所示。

4. 模拟开挖

模型铺设后应干燥数天,布设观测装置,模型的开采按时间比例进行。本次实验采用锯条正、反面同时同步开采,顶板管理采用全部垮落法。模型尺寸及开采参数见表 2.8。从模型左端 50cm 处开始,向右开采,第一次开采切眼宽度 20cm,以后每半小时开采一次,每次 2cm,采至煤层 200cm 处结束,总开挖宽度 150cm。

表 2.8　模型尺寸及开采参数

实验区	横向长度	垂直高度	覆岩厚度	煤层采高	煤层底板	开采宽度	开采速度/(m/次)
实地/m	210	98	85	3	10	150	2
模型/cm	210	98	85	3	10	150	2

2.3.2　模型位移监测

1. 测点布置

模型位移测定的常用方法包括经纬仪法、水准仪法、全站仪法和百分表法等,近景摄影测量方法[91]已成功应用于相似材料模型实验数据的采集。这些方法有的在测量精度方面较差，有的要求采用大型专用精密设备。鉴于此，作者研制了实用新型专利技术"测定相似材料模型位移的方法与装置"（专利号：ZL200720031427.3），用于模型位移的高精度监测[92]。

在模型开挖前，分别在地表设置位移传感器和模型侧面设置位移监测标志。地表设置 6 个位移传感器，它直接与计算机连接，在专用软件中自动存储和读取。在岩层内部、基岩与土层分界面和近地表各设置两排测量标志，点间距为100mm，相邻两排测点的排距为100mm。模型测点布置如图 2.16 所示。

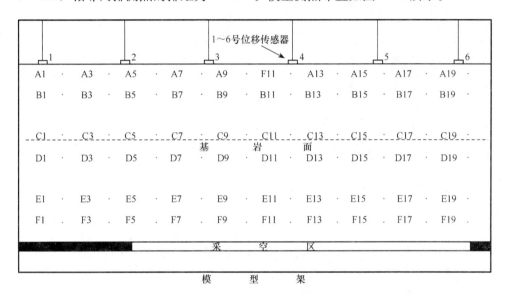

图 2.16　传感器与模型测点布置示意图

2. 单点数码照相法测量原理

由于模型剖面长度一般在 2000mm 以上，若采用大致 3K×3K 阵列的数码相机进行全剖面摄影时，因像点量测引起的模型点位误差可达 0.5mm 左右，加上其他因素影响误差将更大。另一方面，由于数码相机的光学畸变差与像点相对于影像中心的径向距离有关，影像边缘的畸变差和纠正后的残余畸变差都远大于影像中心附近，而实验模型边界附近的绝对位移量一般较小，量测相对精度要求更高。因此，在目前常规数码相机分辨率（不超过 1000 万像素）条件下，采用模型全剖面一次摄影的量测精度难以达到模型实验要求。为此，作者提出了单点数码照相方法测定模型测点的微小位移值，其原理与过程如下：

在每个测点周围设置独立的控制格网，对每个测点标志进行近距离数码照相。在常规数字成图软件中对数码照片进行图像处理，获取控制格网角点和测点标志的图像坐标，通过坐标变换和影像畸变纠正后，解算出各测点在独立控制格网中的实际坐标值。

3. 控制格网与测点标志

独立控制格网尺寸为 10mm、20mm、40mm、60mm 等。测点标志为"十"字形，规格为 2mm×2mm。控制格网和测点标志均采用普通相纸打印，线型宽度为 0.09mm。将控制格网中心边长 10mm 的正方形相纸剪掉，形成空心格网标

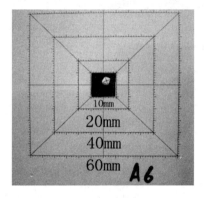

图 2.17 控制格网与测点标志

志，使测点可在格网内自由移动。将空心控制格网相纸按测点编号固定在专门制作的玻璃横梁上。固定控制格网时，使空心正方形的上部靠近测点标志，以保证测点有足够的下沉空间。将一端粘贴有"十"字形标志的长针从玻璃横梁间垂直插入模型侧面的设计位置，测点标志顶面露出模型表面，与固定在梁上的控制格网纸处在同一平面内。控制格网及测点标志见图 2.17。图 2.17 中正方形最小控制格网边长为 10mm，最小刻度为 0.5mm。

4. 外业照相

采用普通数码相机在近距离拍摄模式下，针对单个测点进行拍照。在保证图像清晰的条件下，尽可能靠近被拍摄测点，拍摄距离为 250～300mm，尽量使控制格网布满整个影像。拍照时将镜头取景框中心大致对准测点标志，以减小影像畸变改正后的残余误差。在开采前和各次开采后均对所有测点进行照相。

5. 数据处理

1) 像平面坐标与屏幕量测坐标的变换模型

将所拍摄的数码照片调入计算机图像软件中，在计算机上量测数码影像中控制格网角点和测点标志的屏幕坐标 x'、y'，采用仿射变换将 x'、y' 转化为像平面坐标 x、y，即

$$\begin{cases} x = d_1 + d_2 \cdot x' + d_3 \cdot y' \\ y = d_4 + d_5 \cdot x' + d_6 \cdot y' \end{cases} \tag{2.1}$$

变换参数 d_i（$i=1\sim6$）通过影像四个角点的框标理论坐标及其相应的屏幕坐标解算。数码相机的理论框标距可在立体量测仪中量测。由于框标距误差引起的像平面坐标误差属于比例误差，可在物方坐标解算中得以消除。像平面坐标和物方坐标系原点设在控制格网对角线交点 O，如图 2.18 所示。

2）畸变差改正与内、外方位元素解算的数学模型

数码相机的畸变差可表示为[93]

$$\begin{cases} \delta x = x \cdot (k_1 \cdot r^2 + k_2 \cdot r^4 + k_3 \cdot r^6) \\ \qquad + p_1 \cdot (r^2 + 2x^2) + 2p_2 x \cdot y \\ \delta y = y \cdot (k_1 \cdot r^2 + k_2 \cdot r^4 + k_3 \cdot r^6) \\ \qquad + p_2 \cdot (r^2 + 2y^2) + 2p_1 x \cdot y \end{cases} \quad (2.2)$$

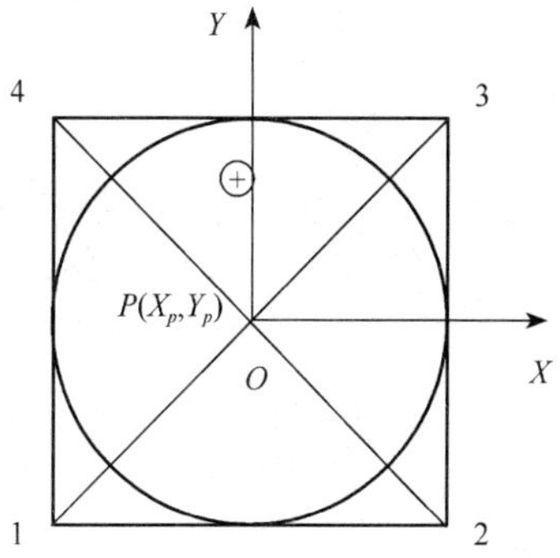

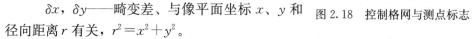

式中：k_i——径向畸变参数；

$\qquad p_i$——偏心畸变参数；

$\qquad \delta x$、δy——畸变差、与像平面坐标 x、y 和
径向距离 r 有关，$r^2 = x^2 + y^2$。

图 2.18　控制格网与测点标志

将式（2.2）代入单像空间后方交会的共线方程，建立考虑畸变差 δx、δy 的
数码相机畸变检测与内、外方位元素解算的数学模型[94]

$$\begin{cases} x - x_0 - \delta x = -f \cdot \dfrac{a_1(X - X_s) + b_1(Y - Y_s) + c_1(Z - Z_s)}{a_3(X - X_s) + b_3(Y - Y_s) + c_3(Z - Z_s)} \\ y - y_0 - \delta y = -f \cdot \dfrac{a_2(X - X_s) + b_2(Y - Y_s) + c_2(Z - Z_s)}{a_3(X - X_s) + b_3(Y - Y_s) + c_3(Z - Z_s)} \end{cases} \quad (2.3)$$

式中：x_0、y_0、f——影像的内方位元素；

$\qquad (X、Y、Z)$——物方点的物方空间坐标；

$\qquad (X_s、Y_s、Z_s)$——摄站的物方空间坐标，即外方位线元素；

$\qquad a_i$、b_i、c_i（$i = 1 \sim 3$）——影像的三个外方位角元素 ω、φ、k 组成的 9 个
　　　　　　　　　　　　方向余弦。

考虑模型实验中物方坐标 $Z = 0$，可将式（2.3）转化为直接线性变换方程

$$\begin{cases} x - x_0 - \delta x = \dfrac{A_1 \cdot X + A_2 \cdot Y + A_3}{C_1 \cdot X + C_2 \cdot Y + 1} \\ y - y_0 - \delta y = \dfrac{B_1 \cdot X + B_2 \cdot Y + B_3}{C_1 \cdot X + C_2 \cdot Y + 1} \end{cases} \quad (2.4)$$

在解出上述变换参数后，可由式（2.4）反演直接进行像平面坐标和物方坐
标之间的转换。

3）数学模型的解算方法

由于式（2.4）中的变换参数 A_i、B_i、C_i 和式（2.2）中的畸变参数之间存
在相关性，若将两式联合直接解算，所组成的法方程很可能因出现病态而无法求
解。为此，采用序贯法[95]求解上述两组方程。先将式（2.4）变换为

$$\begin{cases} x - A/C = x_0 + \delta x \\ y - B/C = y_0 + \delta y \end{cases} \quad (2.5)$$

式中：$A=A_1 \cdot X+A_2 \cdot Y+A_3$，$B=B_1 \cdot X+B_2 \cdot Y+B_3$，$C=C_1 \cdot X+C_2 \cdot Y+1$。将式（2.4）中 x_0、y_0、δx、δy 视为已知量，A_i、B_i、C_i 为未知量，对式（2.4）线性化组成第一组误差方程；将式（2.2）中 x_0、y_0、k_1、k_2、k_3、p_1、p_2 视为未知量，A_i、B_i、C_i 为已知量，对式（2.2）线性化组成第二组误差方程；将第一组方程解算的初步解作为第二组方程求解的基础，再将第二组方程解算结果代入第一组方程，反复迭代计算直至两组未知变量收敛到限差内，即得坐标转换参数和畸变参数的正确解。

根据上述数学模型编制 C^{++} 解算程序，计算出各测点的物方坐标。

6. 物方坐标的测定精度分析

采用 700 万像素的奥林巴斯 FE-280 型普通数码相机，变换一定的拍摄角度、拍摄距离和分辨率对同一控制格网及测点拍摄 50 张照片，格网最小尺寸为 20mm×20mm。以正方形格网角点为物方控制点；以测点标志作为检测点。利用所编制的计算机解算程序，计算出测点的各次物方坐标。根据测点解算坐标的离散程度计算物方坐标测定中误差，结果为 ±0.04mm，相当于实地 ±4mm，高于全站仪测量法和透镜测量法等常规模型位移测量方法。

根据上述方法获得的各测点在独立控制格网坐标系中的坐标，根据测点的各次测定坐标之差计算出下沉和水平移动值。

2.3.3 覆岩与地表变形破坏特征

1. 覆岩垮落规律

在距离模型架左边界 50cm（即原型值 50m）处开切眼，当工作面推进 28cm 时，煤层直接顶中开始出现小裂纹现象；当工作面推进 32cm 时，工作面顶板初次垮落，垮落角 60°，垮落高度 2.0cm（以煤层顶板为基准），垮落区上边缘长度为 29cm，此时在离垮落区上界面 2.0cm 处，出现离层裂缝。

随着工作面继续向前推进到 48cm 时，煤层顶板发生第二次垮落，垮落角 50°，垮落高度 6cm（以煤层顶板为准），悬露岩层跨距为 37cm，如图 2.19 所示。随着工作面的继续向前推进，岩层的离层裂缝继续向地表方向发展。当工作面推进到 62cm 时，工作面顶板发生第三次垮落，垮落高度 15cm，垮落角 55°，悬露岩层跨距为 37cm。当工作面推进到 80cm 时，工作面顶板第四次垮落，垮落高度 28cm，垮落角 55°，悬露岩层跨

图 2.19 工作面顶板第二次垮落

距为 38cm，如图 2.20 所示。

此后，当工作面推进至 96cm、108cm、125cm 时，分别发生了第五次、第六次、第七次垮落。此时，垮落带高度达 47cm，达到土岩界面。图 2.21 为工作面推进至 125cm 第七次垮落时的照片。当开挖长度达到 145cm 时，工作面

图 2.20　工作面顶板第四次垮落

顶板第八次垮落，直达松散层，垮落角 55°。当开挖长度达到 150cm，停止开采，但变形仍在继续。放置 12 小时后，工作面开挖稳定后覆岩破坏状况如图 2.22 所示。

图 2.21　工作面顶板第七次垮落

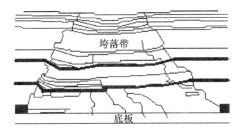

图 2.22　工作面开挖稳定后覆岩破坏状况

从实验结果可知，顶板基岩初次垮落距为 32cm（换算为实地 32m），周期垮落距为 14～19cm，平均为 16cm（换算为实地 16m），这一实验结果与工作面实地观测到的周期来压距离基本一致。同时，当工作面推进到 125cm 时，冒落裂隙带顶部已发展至黄土层。由于上覆黄土层的强度很低，在实际开采条件下，这表明上覆黄土层已经完全失去下覆岩层的支撑，其整体结构发生破坏，导致地表产生显著的非连续变形破坏。

2. 覆岩与地表动态移动特征

当工作面推进至 20cm（相当于实地 20m）时，基岩中最下部 F 排测线中的测点 F6 最先监测到下沉值达 0.1mm（相当于实地 10mm）；当工作面推进至 26cm 时，基岩中 E 排测线中的测点 E7 下沉值达 0.1mm；当工作面推进至 46cm 时，基岩中 D 排测线中的测点 D7 和土层中 C 排测线中的测点 C8 下沉值同时达到 0.1mm；当工作面推进至 50cm 时，土层中 B 排测线中的测点 B8 和土层中 A 排测线中的测点 A8 下沉值同时达 0.1mm。上述结果表明，随着采空区尺寸的逐步增大，岩层移动影响由下部基岩逐步向上传递至土层，最后至地表。从推进距离与向上传播进程的关系来分析，开采影响一旦达到基岩顶面，就很快影响至地表，这说明在黄土层中开采影响传播速度要明显快于岩层。

　　当工作面推进125cm时，地表最大下沉值达到18.56mm（实地1856mm），地表受采动影响的范围也变大，此时已影响到工作面前方的整个区域。根据地表位移传感器测得的下沉值所绘制的地表下沉曲线如图2.23所示。当工作面推进150cm，停采并等待岩层移动稳定后，得到地表最终下沉曲线（图2.23）。地表最大下沉值达到24.52mm（相当于实地2452mm），采动影响范围已波及整个模型。

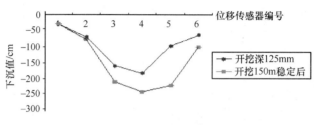

图2.23　地表下沉曲线

3. 覆岩与地表稳态下沉特征

　　开挖150cm停采稳定后，根据黄土层中的位移监测线A、C以及基岩中测线E的下沉监测结果，绘制出各测线的下沉曲线，如图2.24所示。

图2.24　土层与基岩下沉曲线

　　从图2.24可知，下沉曲线在开采边界上方6～9号测点附近明显"陡峭"，在采空区上的冒落裂隙带上方为最大下沉区域，处于采空区正上方的13号测点的下沉量最大。进一步分析，基岩测线E的下沉量明显大于土层中测线A、C的下沉量，其中在采空区上方差别最明显，这表明基岩由于强度高而发育竖向离层，使下沉衰减较快，而土层中两测线A、C的下沉差异明显较小，说明土层中的下沉衰减较小，因而土层下沉系数大于基岩中的下沉系数，这与实际资料的分析结果是一致的。

　　模拟实验表明，在薄基岩厚黄土层开采条件下，黄土层的沉陷变形与基岩沉陷保持同步移动。基岩层的断裂沉陷直接引起黄土层整体结构发生破坏，形成全厚贯通裂缝。与基岩层相比，黄土层中的移动影响传播速度较快，下沉衰减和竖向离层发育较低，在煤柱上方和采空区上方地表移动分布呈非对称特征。

2.4　黄土覆盖矿区覆岩与地表采动破坏类型

2.4.1　覆岩采动变形破坏类型

地下煤层被采出后，覆岩原有的应力平衡状态被打破，采空区周围和上覆岩层将发生复杂的动态移动与变形，引起应力重新分布，直至达到新的平衡，这种开采引起的覆岩移动，将由下往上逐层影响传递，导致地表产生沉降与变形破坏。煤层开采引起覆岩的变形破坏在时间和空间上是一个复杂的过程。采空区上方覆岩变形破坏形态可归结为三种类型："三带"型、断裂沉陷型（简称"断陷"型）、"切冒"型。下面根据黄土覆盖矿区实际资料来分析上述三种类型。

1. 覆岩"三带"型

在正常开采条件下，开采影响区覆岩由下向上大致可分为三个不同的开采影响带：冒落带、裂缝带（或称断裂带）和弯曲带，通称为"三带"。这是常规开采条件下采动覆岩变形破坏的一般特征。冒落裂隙带高度主要取决于覆岩的岩性、开采高度、顶板管理方法以及开采方法等因素。当基岩厚度较大以及开采厚度较小时，在"裂隙带"上方直至地表仍存在一部分岩层及表土层呈整体移动，形成弯曲下沉带，地表出现连续变形。

现有的开采沉陷理论和实践表明，当基岩厚度 H_j 与开采厚度 m 之比 $H_j/m \geqslant$ 20 时，一般存在典型的"三带"。若覆岩存在"三带"特征时，地表通常为连续移动变形；反之，若地表出现连续移动变形，则覆岩存在"三带"特征。在铜川等厚黄土层覆盖的矿区开采条件下，采深一般在 200m 以上，基岩厚度在 100m 以上，开采厚度一般小于 2.5m，其基岩厚度与开采厚度之比一般大于 40～60 倍以上，可形成比较明显的"三带"特征。在该地质采矿条件下，地表移动通常表现为较平缓的沉陷盆地，只有在地质构造或其他因素影响下，才会产生局部地表裂缝和台阶。因此，在一般黄土覆盖矿区条件下，地表变形可视为连续且能近似地用数学模型来描述其分布特征。

2. 覆岩"断陷"型

当煤层上覆基岩厚度 H_j 与开采厚度 m 之比很小，基岩强度较低且不存在关键层时，在煤层开采后，工作面前方将会出现拉伸裂缝，局部出现台阶状下沉等非连续破坏，这种过渡状态称为覆岩"断陷"型。

例如，在榆神府矿区厚松散层薄基岩采煤条件下，许多工作面开采覆岩变形都具有这种"断陷"型特征，地表沉陷则介于连续平缓移动盆地和塌陷坑两者之间。这种"过渡"形态在地表显现为：地表移动盆地内出现台阶状裂缝，尤其在采空区边界上方附近地表台阶状错裂破坏非常严重，采空区以外地表沉陷变形急剧缩小，地表移动盆地十分"陡峭"，盆地中央较平缓且发育裂缝，但趋于闭合。

在厚松散层薄基岩开采条件下，如何根据基岩厚度、开采高度、松散层厚度、关键层特征，来判定这种条件下覆岩变形破坏的具体形态，主要取决于对关键层位置与强度、关键层下部岩层特性以及下部岩层的碎胀系数等的准确判定，这涉及到复杂的岩层控制理论，本书未做深入讨论。

3. 覆岩"切冒"型

当基岩厚度 H_j 与开采厚度 m 之比很小且属于浅埋煤层开采时，全部基岩都处于冒落断裂带内，整个基岩层将随着主关键层的垮落而产生周期性全厚切落式断裂下沉。同时，地表松散层将随基岩的切落式断裂而同步产生"地堑"式塌陷，这种状态称为覆岩"切冒"型。在此模式下，覆岩不存在"三带"特征，往往发生切冒，地表沉陷以突然形成的不规则塌陷坑为主。

实际资料表明，在榆神府矿区许多薄基岩浅埋煤层综放开采条件下，由于基岩厚度很小，煤层开采后覆岩在开切眼和工作面前方出现切落，直接发展到地表，地表出现大的裂缝，随着工作面的向前推进，在采空区一侧的水平移动和地表下沉也会逐渐增加，从而在地表形成台阶，出现塌陷坑。在这种条件下，地表移动范围和动态下沉过程与顶板周期来压步距及发生时间有着直接的关系，老顶岩层的周期性断裂可迅速影响到地面，使地表产生下沉及台阶状塌陷。例如，神府大柳塔1203综采工作面采深60m，基岩厚度25m，其中两层砂岩被判别为关键层，主关键层为厚度2.2m的粉砂岩，位于亚关键层下面，距煤层顶板不足5m，处于采煤冒落带内。当工作面推进至23m时，顶板初次来压，主关键层破断，发生切落式冒顶，次日地表形成塌陷坑，深达6~7m。随着采空区扩大，地表形成大范围的不规则地堑式塌陷盆地。

2.4.2　地表采动变形破坏类型

西部黄土覆盖矿区地形起伏多变，地质地貌条件复杂，本身属于自然地质灾害易发区。在地下采煤作用下，不仅产生大面积的地表沉陷或塌陷，并伴随地表裂缝和台阶等非连续破坏，在一定的条件下还可能引起山体滑移与滑坡。

1. 地表沉陷与变形

地表沉陷变形是煤层开采影响在地面的主要表现形式。由2.4.1节分析可知，黄土覆盖矿区地表移动形态包括连续性变形的沉陷盆地、台阶状塌陷坑以及介于两者之间的"过渡"类型。具体而言，其地表移动变形可划分为连续变形、裂缝与台阶。

实测资料表明，地表移动盆地内的变形破坏特征取决于下沉盆地的纵向与横向发育程度。由于地表最大下沉值 W_0 控制了地表移动盆地在垂直方向上的移动强度，而地表最大下沉值至移动边界的距离（称为移动半盆地长度 L），则直接反映了移动盆地在横向上的发育程度，因而其比值 K_0（$K_0 = W_0/L$）可近似地描述地表下沉盆地的"平缓"程度，将 K_0 称为下沉分布特征参数。表 2.9 是根据黄土覆盖矿区部分地表移动实测资料计算的下沉分布特征参数值。

表 2.9　部分工作面开采地表下沉分布特征参数

观测站	采深量/m	下沉值/mm	倾向		走向	
	H_0	W_0	L_1/m	W_0/L_1	L_3/m	W_0/L_3
Y905	181.8	1326	175	7.58	198	6.69
W291	455	1262	338	3.73	526	2.40
D508	180	1645	196	8.39	209	7.87
S262	284	451	186	2.42	209	2.16
L2157	314	780	150	5.20	285	2.74
S204	79	5620	105	53.5	110	51.1
H102	135	700	183	3.83		
H103	134	567	223	2.54		

对比实际资料分析，地表下沉分布越平缓时，其值 K_0 越小，反之则越大。因此，可根据 K_0 的大小将各地表下沉分布划分为三种类型：

第 Ⅰ 类型：$K_0 < 4.0$，包括最大下沉值很小的下沉盆地，以及下沉量较大但移动盆地范围很大、整体移动变形很平缓、最大变形值较小的地表下沉盆地。如表 2.9 中 H102 和 H103 观测站即为此类型。实测资料表明，随着采深的增加，地表下沉分布曲线趋于平缓，尤其对于 $H_0 > 350m$ 的深部开采，地表下沉盆地显著变缓，移动范围增大，各种变形值减小，地表破坏程度明显降低，如 W291 站即是如此。

第 Ⅱ 类型：$4.0 \leqslant K_0 \leqslant 7.0$，包括常规开采深度，符合地表移动变形一般规律的下沉盆地。

第 Ⅲ 类型：$K_0 > 7.0$，包括地表最大下沉量较大而移动盆地范围较小，地表变形值大并产生明显的台阶状下沉的下沉盆地。其地表下沉曲线在采空区边界上方附近"陡峭"。如表 2.9 中 Y905、D508 和 S204 工作面开采可视为此类型，其中 S204 采深不足 100m，K_0 值超过 50，地表破坏程度最为剧烈。

2. 地表采动裂缝与台阶

地表下沉变形越大，地表裂缝和台阶状破坏越剧烈。在黄土覆盖矿区，采动地表裂缝在采空区上方移动盆地中央时多为闭合型裂缝，在盆地边缘时多为张开型裂缝。

闭合裂缝随工作面推进按一定步距在工作面前方地表产生和发展。其发展过程由地表动态水平变形所控制，在推进工作面前方的地表动态拉伸变形带，地表开始产生小的裂缝并逐步增大，当工作面推过该裂缝后，地表动态变形转化为水平压缩变形，使裂缝变小甚至闭合。闭合裂缝形状一般呈"C"形分布，如图 2.25 所示。裂缝在边缘段分叉发育，具有高度的分形特性。例如，彬长矿区 B40303 工作面由于采厚大与地表坡度大，地表变形剧烈，地表形成台阶状断裂坍塌，断裂坍塌形成的裂缝较宽且深，最大裂宽 500mm、落差 1100mm，如图2.26 所示。

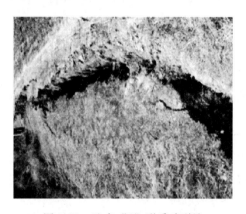 

　　图 2.25　地表"C"形采动裂缝　　　　　　图 2.26　地表台阶状采动裂缝

采动裂缝与台阶的发育宽度、闭合程度、发育深度均与开采强度、开采深度及覆岩特性有关，地表裂缝有时可能与采空区断裂带连通。例如，铜川 Y905 地表观测站裂缝首先产生于开切眼上方，地表移动进入活跃期后，切眼上方裂缝与上下顺槽裂缝连通，构成井上下连续的宽度 30～60mm、落差 30～100mm 的贯通裂缝，随着采空区的不断扩大，地表移动速度加大，地表裂缝沿煤层走向方向伸展，宽 200mm、落差 400mm，该观测站地表裂缝分布情况如图 2.27 所示。

张口裂缝一般在切眼外侧的地表拉伸带首先形成。随着工作面的推进，裂缝在工作面外侧平行于上下顺槽向前延展。回采结束后，在采空区外围地表拉伸变形区形成椭圆形张口裂缝带，其范围由裂缝角确定。实际资料表明，张口裂缝的大小取决于开采强度、采深及土岩比。裂缝步距大小与采深、覆岩强度和老顶周

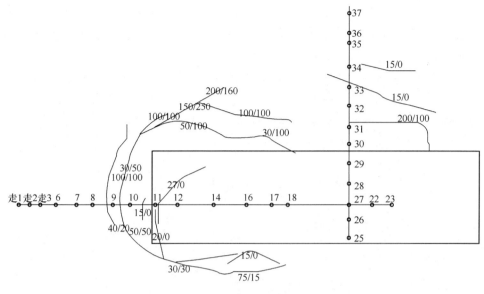

图 2.27 地表采动裂缝分布

期来压步距三者之值呈正相关。但是，若采动区内有发育完整的活动断层时，很可能在断层露头处产生开裂并沿断层面滑移。

实测资料表明，在铜川、彬长和神府等矿区，位于采空区外侧的张口裂缝发育呈以下特征：

（1）采动程度较大的综采工作面地表裂缝较多且较大。如大柳塔矿和王石凹矿等综采工作面开采后，地表裂缝遍及采空区地表的各个区域，且裂缝落差、裂宽均较大。

（2）采深小于200m的单工作面采后地表出现张口裂缝；地形复杂的山区地表裂缝更加发育。

（3）采深大于200m的对拉面及常规布置的多工作面开采后，在煤柱上方地表易出现裂缝。

3. 采动山坡滑移与山体滑坡

开采沉陷引起的山坡滑移是指表土层受采动附加应力作用产生指向下坡方向的塑性变形，这是西部黄土山区采煤地表变形的重要特征。山坡滑移的大小和边界一般受地表倾角、表土层特性和裂缝分布及开采影响所控制；表土层滑移在时间和空间上与采空区存在对应关系，与开采沉陷同时发生，相互叠加。黄土山区表土层滑移伴随在正常的开采沉陷变形之中，因而地表实际移动量是常规开采移动变形与山坡滑移影响的叠加。例如，前面实例分析中Y905工作面和D508工作面开采都存在山坡滑移现象。

　　黄土山区地貌地质条件较复杂，在一定的条件下开采还会引起山体滑坡。开采沉陷诱发的山体滑坡称之为采动滑坡[96]，是指斜坡某部分岩土体沿滑床面以相对滑动的形式向较低水准面的整体性位移。滑坡范围一般与采空区位置有一定的关系，但主要取决于地貌地质条件的控制作用。采动滑坡发生的时间和规模与地下开采有一定关系，但主要取决于其他诱发因素的影响，往往具有突发性。

　　黄土沟壑区地貌支离破碎、沟壑纵横，采动引起的山坡滑移与滑坡时有发生，是黄土覆盖矿区开采沉陷诱发的主要衍生灾害。

2.5　黄土覆盖矿区地表动态移动规律

2.5.1　地表动态移动变形特征

　　根据渭北矿区地表实测资料分析，在具有"三带"型特征的工作面开采条件下，地表最大下沉点的下沉速度、移动活跃期特征等，与开采深度和黄土层厚度及开采条件等直接相关。

　　厚黄土层矿区地表移动变形具有发展快、稳定快、活跃期短的特征。一般当工作面采空面积在 2 万 m² 时，地表移动进入活跃期（移动活跃期定义为下沉速度＞1.67mm/d 的时间段）。在活跃期内的累计下沉量达到总下沉量的 90％以上。活跃期的总时间为总移动期的 1/2。在活跃期内，地表移动剧烈，大部分裂缝在该阶段产生。表 2.10 为部分观测站地表动态移动特征统计数据。

表 2.10　地表点最大下沉速度及其初始期、活跃期和衰退期统计

观测站名	最大下沉值/mm	采深量/m	土层厚/m	岩层厚/m	推进速度/(m/d)	最大下沉速度/(mm/d)	初始期 天数	初始期 累计下沉/%	活跃期 天数	活跃期 累计下沉/%	衰退期 天数	衰退期 累计下沉/%	移动总天数
Y905	1326	182	110	72	0.7	13	81	3	176	91	168	6	425
D508	1645	180	103	77	3	43	40	1.8	105	95.6	105	2.6	250
W2502	1505	442	37	405	4.5	22	0	0	120	90.3	330	9.7	450
W291	1262	455	60	395	0.8	2	150	15	190	32	785	53	1125

1. 地表最大下沉点的下沉速度

　　在采深、土岩比、覆岩综合普氏硬度大体相同的情况下，地表下沉速度与工作面推进速度之间表现为正相关；在工作面推进速度基本相同的情况下，地表下沉速度与采深呈负相关，与土岩比呈正相关，与覆岩综合普氏硬度呈负相关。表 2.10 中 W291 观测站的最大下沉速度 V_0 值最小，D508 观测站的 V_0 值最大。

2. 活跃期持续时间及其下沉量

厚黄土覆盖区地表移动与变形具有发展快、稳定快、活跃期短的基本特征。活跃期间的下沉量大，多数占到总下沉量的 90% 以上。一般来说，活跃期持续时间与最大下沉速度呈负相关；活跃期的地表下沉量与最大下沉速度呈正相关。

3. 移动总时间

地表移动变形的总时间与地表最大下沉速度呈负相关，如 W291 观测站的最大下沉速度最小，因而其总移动时间长达 3 年；由于该站的移动变形平均速度缓慢，破坏性小。

4. 动态变形过程

厚黄土层矿区地表动态变形主要发生在活跃阶段。该阶段动态变形剧烈，变形发展迅速，反映了厚黄土层变形发展和稳定都比较快的特点。例如，Y905 观测站工作面开采速度仅为 0.7m/d，在超前工作面推进边界约 30m 时，地表点的动态下沉和变形急速加快。当工作面继续推进 20m 后，该位置的动态变形值速度又迅速减小，直到该点移动稳定。地表动态倾斜、曲率和水平变形均大于稳定后的最大变形值。在移动衰退阶段，地表动态变形值的变化，经历由小到大再到小的过程。该阶段的最大动态变形值远大于稳定值，地表动态变形的发展过程远远滞后于下沉量的增加过程。

5. 综合分析

采深是影响地表动态变形的主要因素。当采深较小时，开采影响传播到地表较快，地表下沉变化连续性差，最大下沉速度快，活跃期短，累计下沉量反而更大，地表移动总时间缩短，如神府矿区多数工作面开采均具有上述特征。当采深大时，地表移动启动较慢，下沉曲线平缓连续，下沉速度小，且变化也小，活跃期短或无活跃期。如 W291 观测站采深 455m，地表下沉速度仅为 0～2.0mm/d。

开采速度与厚度对地表下沉速度及持续时间有重要影响。当开采速度与厚度越大时，地表最大下沉速度越大，活跃期越短，但累计下沉量越大，移动总时间相应缩短。如 W291 观测站与 W2502 观测站的采深类似，但由于后者的推进速度和采厚都明显大于前者，因而 W2502 观测站活跃期下沉量占总下沉量的 90%，衰退期仅有 6 个月。而 W291 观测站几乎无活跃期（68% 的下沉量在初始、衰退期完成），衰退期长达两年以上。

黄土层厚度是影响地表动态移动规律的重要因素。由于土层强度远小于基岩，断裂离层发展速度较岩层迅速。从表 2.10 中可见，随着土岩比的增加，地表下沉速度有增大的趋势,移动持续时间缩短。即土层越厚,活跃期内地表的移动变形越激烈。

2.5.2　地表动态移动参数

1. 初始距

在工作面开始向前推进的最初阶段,工作面上方地表并不发生移动和变形,只有在工作面推进了一定距离后,地表才开始下沉。将地表某一点刚进入移动活跃期(即地表最大下沉速度刚达到 1.67mm/d 或 50mm/月)时工作面的推进长度定义为初始距;这时回采工作面的开采面积,称之为初始开采面积 S_0;此时地表所形成的下沉盆地称为初始下沉盆地。

地表移动初始距 d_1 与采深 H_0、土层厚度 H_t 及基岩厚度 H_j 及开采宽度 l_y 相关,根据实测资料回归分析,得到厚黄土层矿区初始距计算的经验公式为

$$d_1 = (7.88 \cdot H_t + 21.85 \cdot H_j + 0.104 H_0^2)/l_y \qquad (2.6)$$

由于黄土层抗变形能力差,开采影响可以较快传递到地表,使地表开始移动。初始距随着工作面的采宽增加而减小。正常开采条件下,初始距为平均采深的 1/3 左右。

初始距还和重复开采有关,同一采区首采工作面的初始距大于相邻工作面的初始距,第一分层开采的初始距大于第二分层开采的初始距。

2. 衰退距

将地表某点由移动活跃期转入衰退期时,该点距推采工作面边界的相对距离定义为衰退距。衰退距实质上反映了地表点基本稳定时滞后于工作面推进边界的距离,或者说地表点从剧烈移动到基本稳定所持续时间的长短。衰退距 d_2 主要与采深和土、岩层厚度变化有关,根据实测数据回归分析得到衰退距计算经验公式为

$$d_2 = 0.615 \cdot H_t + 0.692 \cdot H_j \qquad (2.7)$$

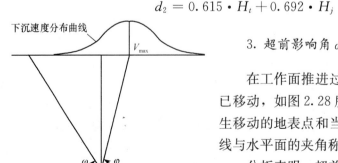

下沉速度分布曲线

图 2.28　地表超前影响角 ω 与最大下沉速度滞后角

3. 超前影响角 ω

在工作面推进过程中,工作面前方地表已移动,如图 2.28 所示。在工作面前方已发生移动的地表点和当时工作面推进边界的连线与水平面的夹角称为超前影响角 ω。

分析表明,超前影响角不仅与工作面推进速度有关,还与黄土层厚度相对于采深的占比(定义为土深比)有关。在相同条件

下，工作面推进速度越快，采深越大时，超前影响角越大。如 D508 工作面在推进速度由 2.9m/d 变化为 3.2m/d 时，ω 由 50°增大至 63°。Y905 工作面和 W291 工作面推进速度相似，但由于后者的采深大，其 ω 值较小。几个观测站地表超前影响角与土深比关系如表 2.11 所示。

表 2.11　土深比、推进速度与超前影响角 ω

观测站名	土深比	工作面推进速度/(m/d)	超前影响角 ω /(°)
T2507	0.33	1	62
Y4506	0.58	1.1	74
D108	0.53	1.1	70
Y905	0.61	0.7	79.5

当推进速度变化不大时，土深比越大，则超前影响越大，超前影响距离越小。这反映出厚黄土层中开采影响传递较快的特点。

4. 最大下沉速度滞后角 φ

在工作面推进过程中，地表最大下沉速度点总是滞后于工作面一段距离，其夹角为最大下沉速度滞后角 φ，如图 2.28 所示。φ 随工作面推进速度的增加而减小。当地质采矿条件相近时，充分采动条件下的最大下沉速度滞后角是基本稳定的。表 2.12 为几个工作面地表最大下沉速度滞后角统计数据。

表 2.12　土深比、推进速度与最大下沉速度滞后角

观测站	土深比	推进速度/(m/d)	最大下沉速度滞后角/(°)	选用值/(°)
PM14506	0.58	0.8	79	76
		1.1	78	
		1.4~1.6	75	
		1.7~1.8	72	
CD12501	0.36	0.3~1.0	80	79
		1.0~1.5	80	
		1.9~2.2	77	
HX302	0.4	1.16	80	77.2
		1.25	79	
		2.86	72.5	

在相同地质采矿条件下，随着工作面推进速度的加快，最大下沉速度有减小的趋势。当推进速度相近（如为 1.1m/d）时，因三个观测站土深比变化不大，φ 角的变化也不明显。

综上分析，厚黄土层矿区地表移动过程和动态变形参数主要与黄土层厚度和工作面推进速度有关。当土深比越大时，初始采动距和超前影响距离越小，地表下沉活跃期越短，最大下沉速度越大，反映出厚黄土层中开采影响传递快和稳定快的特点。

2.6　黄土覆盖矿区地表稳态移动变形规律

2.6.1　地表移动变形分布特征

与薄表土层矿区相比，黄土覆盖矿区地表移动变形具有特殊性，主要表现在以下几方面。

1. 地表下沉分布

地表最大下沉值是描述地表沉陷强度的主要指标，在开采沉陷研究中占有重要地位。为了便于后面章节的应用，列出几个典型观测站地表最大下沉值及其采矿参数，如表 2.13 所示。

表 2.13　典型观测站采矿条件与地表最大下沉值实测结果

序号	观测站	实测下沉值/mm	覆岩厚度/m			倾角/(°)	采厚/mm	工作面长度/m	
		w_0	H_0	H_t	H_j	α	M	l_y	l_x
1	Y905	1326	182	110	72	10	1940	102	300
2	B40301	2205	392	125	267	3	8000	150	800
3	D508	1645	180	103	77	7	2400	136	645
4	Y2205	40	495	125	370	5	2000	85	220
5	H102	700	135	109	26	6	1300	45	130

地表最大下沉值不仅与开采充分程度和基岩特性有关，还与黄土层厚度占比有关。土层厚度占比越大时，下沉系数越大。

地表下沉分布取决于黄土层厚度及其在采深中的占比。与薄表土层矿区相比，下沉盆地丧失关于拐点的反对称性，靠近采空区一侧明显较边缘部分更陡峭，盆地边缘地带更为平缓。若采用现有的概率积分函数描述上述地表下沉分布，拐点两侧的下沉主要影响范围不同。根据实测资料得到的地表下沉曲线如图 2.29 所示。

2. 地表倾斜与曲率变形

如图 2.29 所示，最大倾斜变形在走向方向位于停采线或切眼上方偏向采空区一侧，在倾斜方向一般位于左、右顺槽上方而偏向煤柱一侧。上山方向的倾斜值大于下山方向的倾斜值，其差值随着煤层倾角变大而有增大的趋势。最大曲率变形值位于采空区边界两侧，外侧拉伸区为（＋），内侧压缩区为（－），最大正曲率一般比最大负曲率的绝对值大。由于地表裂缝的干扰，各观测站的曲率分布特征相差甚大；同一观测站的曲率分布也多有异常之处，往往使曲率分布曲线呈锯齿形（图 2.29）。

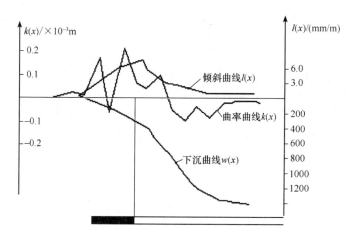

图 2.29　地表下沉、倾斜与曲率分布曲线

3. 地表水平移动与变形

几个观测站的最大水平移动与变形值及其土深比如表 2.14 所示。

表 2.14　几个观测站的最大水平移动与水平变形实测值

观测站名	土深比 H_j/H_0	最大水平移动 U_0/mm		最大水平变形 ε_0/(mm/m)	
D12501	0.364	474	−489	4.08	−5.69
Q5118	0.480	176	−424	7.40	−7.70
W11501	0.780	1067	−1023	21.20	−35.20
M14506	0.575	523	−512	11.90	−7.87
N4501	0.665	524	457	24.00	−19.90
B7308	0.312	3040	−2440	26.40	−32.00
X302	0.036	338	−286	3.05	−9.11
S262	0.285	164		4.33	−2.11
L2157	0.080	214		8.86	−3.19

地表水平移动与黄土层厚度及特性有关。在地表下沉盆地靠近煤柱一侧，地表点的水平移动明显大于同类条件的薄表土层矿区，而在盆地边缘区常出现水平

移动大于下沉的现象。当土深比越大时，覆岩综合强度越低，水平移动有增大的趋势，而采动程度越低时，水平移动相对于下沉量而言，也有增大的趋势。

黄土冲沟和坡谷对水平移动的影响极大。由于黄土沟壑区地形起伏较大，地表山坡在采动影响下易产生指向下坡方向的滑移，在山坡滑移与正常的开采变形叠加后，使实测的地表移动曲线产生异常。在沟谷地带，沟谷上部拉伸变形大于平地，而在沟谷底部则压缩变形较大。由于这种较大的拉伸变形，往往使沟谷边缘形成大裂缝，甚至引起边坡坍塌。

4. 综合分析

厚黄土层矿区地表下沉和水平移动之间的关系不符合薄表土层矿区的正常规律，而由下沉和水平移动导出的倾斜变形、曲率变形和水平变形之间的关系非常复杂，尤其是地表水平变形分布明显不同于曲率变形。在厚黄土层矿区，地表水平移动和水平变形范围明显大于下沉范围。但若在盆地边缘存在采动裂缝时，往往会导致水平变形集中释放，使地表变形范围有所减小。

2.6.2　地表移动角量参数

1. 实测参数值

地表移动角量参数是描述开采沉陷规律的重要指标。对陕西厚黄土层矿区 7 个观测站资料进行统计分析，求得各观测站移动稳定后的地表最大下沉角、综合移动角、边界角参数，如表 2.15 所示。

表 2.15　实测地表移动角量参数

观测站序号	1	2	3	4	5	6	7
观测站名称	Y905	W291	D508	S262	L2157	L2405	W2502
土深比 H_t/H_0	0.605	0.132	0.572	0.285	0.080	0.058	0.084
最大下沉角 $\theta/(°)$	84.0	89.0	84.0	—	—	—	—
走向移动角 $\delta/(°)$	77.5	—	75	85	80.9	75.5	—
下山移动角 $\beta/(°)$	—	68.0	77.5	—	—	—	81.0
上山移动角 $\gamma/(°)$	73.1	—	49	86.2	81.1	—	—
走向边界角 $\delta_0/(°)$	67.9	62.0	73	66.6	65.1	68.0	70.0
下山边界角 $\beta_0/(°)$	65.8	—	54.5	—	—	—	66.0
上山边界角 $\gamma_0/(°)$	—	—	47	68.3	76.5	—	66.0

2. 实测参数的回归分析

上述移动参数主要与黄土层占采深的比例（土深比 H_t/H_0）有关，根据实测数据进行回归分析并作显著性检验，得到各参数与土深比的关系式为

$$\begin{cases} \theta = 90° - 0.6 \cdot \alpha \\ \delta = 80.56 - 19.746 \times (H_t/H_0) \\ \beta = 74.68 - 10.431 \times (H_t/H_0) \\ \gamma = 77.88 - 17.493 \times (H_t/H_0) \\ \delta_0 = 71.75 - 25.145 \times (H_t/H_0) \\ \beta_0 = 70.44 - 30.388 \times (H_t/H_0) \\ \gamma_0 = 76.53 - 36.172 \times (H_t/H_0) \\ \delta'' = 85.99 - 20.132 \times (H_t/H_0) \\ \beta'' = 76.77 - 13.841 \times (H_t/H_0) \\ \gamma'' = 79.43 - 14.904 \times (H_t/H_0) \end{cases} \tag{2.8}$$

利用式（2.8）可近似地确定厚黄土层矿区地表移动角量参数。由于基岩移动参数和土层移动参数具有明显差别，而实测参数则是两者综合影响的反映。因此，可根据这些参数及采深与土岩比之间的几何关系，列出条件方程，利用表 2.15 中的实测数据，按最小二乘法原理解算出岩层和土层的角量参数估值。

1）移动角

对于每一个观测站，可列出条件方程

$$\begin{cases} H_{1走} \cdot \cot\varphi_1 + H_{2走} \cdot \cot\delta_2 = L_\delta \\ H_{1下} \cdot \cot\varphi_1 + H_{2下} \cdot \cot\beta_2 = L_\beta \\ H_{1上} \cdot \cot\varphi_1 + H_{2上} \cdot \cot\gamma_2 = L_\gamma \end{cases} \tag{2.9}$$

式中：φ_1、δ_2、β_2、γ_2——土层、基岩走向、基岩下山、基岩上山移动角，即四个待定参数；

$H_{1走}$、$H_{1下}$、$H_{1上}$、$H_{2走}$、$H_{2下}$、$H_{2上}$——走向、下山边界和上山边界的土层和基岩实际厚度；

L_δ、L_β、L_γ——走向、倾向下山、上山移动盆地边界至采区边界的实际平距。

上述参数可在观测站走向和倾向移动剖面图上确定。由于观测资料不完整，上述几何参数由观测站平均采深 H_0、土层厚度 H_t、基岩厚度 H_j、煤层倾角 α、开采宽度 l_y 近似确定。

由式（2.9）计算出表 2.13 中五个观测站的条件方程系数，并组成方程组（含 4 个未知数 $\cot\varphi_1$，$\cot\delta_2$，$\cot\beta_2$，$\cot\gamma_2$），解算结果如下：

$\cot\varphi_1 = 0.425$；$\cot\delta_2 = 0.179$；$\cot\beta_2 = 0.264$；$\cot\gamma_2 = 0.157$。

反算得：$\varphi_1 = 67°$；$\delta_2 = 80°$；$\beta_2 = 72°$；$\gamma_2 = 81°$。

其中误差为：$M_{\varphi_1} = 3.4°$；$M_{\delta_2} = 2.7°$；$M_{\beta_2} = 3.6°$；$M_{\gamma_2} = 2.5°$。

2）边界角

以土层边界角 φ_0、基岩走向边界角 δ_{02}、基岩下山边界角 β_{02}、基岩上山边界角 γ_{02} 四个参数为未知量，参照上述方法组成边界角条件方程组，解算得：

$\cot\varphi_0 = 0.643$；$\cot\delta_{02} = 0.362$；$\cot\beta_{02} = 0.428$；$\cot\gamma_{02} = 0.289$。

反算得：$\varphi_0 = 57°$；$\delta_{02} = 70°$；$\beta_{02} = 67°$；$\gamma_{02} = 74°$。

其中误差为：$M_{\varphi 0} = 3.6°$；$M_{\delta 02} = 3.3°$；$M_{\beta 02} = 2.9°$；$M_{\gamma 02} = 3.1°$。

3. 移动参数的变化特征

地表移动参数除了与覆岩（土）性质及土深比有关外，还与地貌特征及采深等因素密切相关。上述所涉及的观测站地表均为厚黄土层覆盖，地形起伏均较大，地貌复杂且多为黄土台塬。这种特殊的地表结构使观测点的移动量出现异常，实测结果未必能反映地表移动的真实规律。如 Y905 观测站上山移动盆地边界附近为一大沟谷陡坡，由于坡向与采动地表位移方向相反，致使上山方向边界角增大 10° 以上。

由于地形坡度较大导致的表土层采动滑移现象，在厚黄土层矿区普遍存在。表土层向下坡的滑移与正常开采移动的叠加影响，不仅使地表下沉和水平移动量增大，也造成地表移动参数出现异常。如 D508 观测站下沉盆地中央的山体在裂缝的切割作用下产生局部滑移，使移动角和边界角参数偏离正常值。

地质构造（尤其是断层）以及采动过程形成的裂缝对地表移动具有切割控制作用。当其位于正常移动盆地以外时，会使移动范围增大，导致移动角和边界角减小；位于正常移动盆地边界内时，可切断地表移动向外传递导致移动角增大。

在厚黄土层矿区，土层移动角小于岩层移动角。由于影响黄土沟壑区地表移动参数的因素较多且具有不确定性，在工程应用中需适当减小角量参数的取值。黄土层移动角受地形影响很大，当地形坡向与移动盆地倾向基本相同时，土层移动角将减小。当地形坡向与移动盆地倾向相反时，可采用平地土层移动角。黄土覆盖矿区地表移动角参数取值如表 2.16 所示。

表 2.16 黄土覆盖矿区移动角参数取值（°）

名 称	角 量 参 数			
地形坡度	0～10	10～20	20～30	＞30
土层移动角 φ_1	60	60～56	56～48	＜48
走向基岩移动角 δ_2	75			
下山基岩移动角 β_2	65			
上山基岩移动角 γ_2	76			

2.7 黄土山区开采沉陷诱发山体滑坡的基本规律

由于岩土体的非均质性与各向异性，导致了岩层移动的非连续性与非对称性。地下开采对山体稳定性的影响，实质上是开采引起的岩层移动变形破坏了岩土体的地质力学特性；开采引起的附加应力改变了覆岩的原始应力状态，并使地表产生开采裂缝，加剧了地表水的渗透。同时，地下采空减弱了山体斜坡的下卧支撑，因而诱发具备滑坡地形地质条件的山体产生滑坡，称之为采动滑坡[87]。

2.7.1　采动滑坡的特点

从开采沉陷的角度分析，与山区地表移动变形比较，采动滑坡具有如下特点：

（1）在性质上，山区地表移动变形是指采空区上覆岩体由于失去支撑而产生的不均匀沉降和位移，以及由于表土层受不均匀应力作用产生的塑性变形（滑移）叠加而成的。其移动变形边界由山区开采影响边界角确定。而采动滑坡是指斜坡某部分岩土体以滑动形式向较低水准面的位移，是滑动体沿滑裂面产生的整体性位移。滑坡范围不仅与采空区位置有关，更主要是取决于地质环境。

（2）在移动特征上，山区地表移动变形仍使覆岩处于整体状态，其持续开采影响过程的始终，变形后的覆岩一般仍保持连续性（冒落、裂隙带除外）。山区地表移动变形在时间上和空间上与采空区存在较明显的对应关系，移动变形值主要取决于开采强度及覆岩与土层的特征，并能进行预计。采动滑坡是岩体连续性的根本破坏，破坏面一般是岩体强度较低的层面。对于表土层滑坡，破裂面往往成圆弧形。滑坡体的移动量和移动速度较山区地表移动变形大。滑坡发生的时间和规模与地下开采一般有一定的关系，但主要取决于地形地质环境及其他诱发因素的综合影响。

（3）在危害上，采动滑坡具有突发性，波及范围大且不易预测等特点，其危害也远比一般山区地表移动变形造成的破坏要大。

2.7.2　采动滑坡发生的条件

采动滑坡的发生应具备一定的地形地质条件，可归纳为以下几类。

1. 高山陡坡地形

在高山陡坡下开采地下煤层，开采影响主要表现为：

（1）地下采空使陡坡失去下卧支撑。

（2）地下开采引起的覆岩拉伸变形使地表产生裂缝，破坏了陡坡的连续性。

其失稳形式多为：

① 切层型滑坡，如山西焦家寨煤矿滑坡和阳泉赛鱼车站滑坡。

② 崩滑。由于陡坡岩（土）体自重产生的水平分力大，在其他因素作用下很容易失稳，其破坏形式一般为崩滑，如铜川矿区一些发生在黄土陡崖区域的山体崩塌。

2. 第四系黄土坡积地形

此类地形包括冲击土坡和人工堆积坡。开采影响主要表现为开采移动变形破坏了表土层的力学性质，减小了其内聚力，加上地表水的渗透作用，致使坡体失稳。失稳形式多为：

（1）沿平面滑动面的直线型滑坡。此类滑坡发生在内聚力很小的堆积坡中，在大雨作用下滑坡可能转化为泥石流。

（2）沿圆弧形滑动面的滑坡，如阳泉矿区荆家掌中央风井一号滑坡。此类滑坡多发生在第四系黄土层中。

3. 存在软弱层（面）的地层

软弱层面包括黏土夹层、泥岩、软质砂岩、断层破碎带、基岩风化面等。开采影响主要表现为强度较低的软弱层面首先产生破坏而导致滑坡。滑动形式多为：

（1）沿软弱层面缓慢蠕滑的坐落型平推式移动，如阳泉四矿荆家掌中央风井二号滑坡。此类滑坡多发生在软弱层面埋藏较深且倾角较小的地质环境中。

（2）顺层滑坡，如韩城象山滑坡。

（3）沿基岩接角面的表土层滑坡。此类滑坡多由于地表开采裂缝使地表水渗透至风化界面处停滞下来，滞水处的黏土吸水膨胀软化而造成的。

4. 古滑坡条件

在古滑坡体下采煤，由于破坏了覆岩物理力学性质，很容易使已稳定的古滑坡体复活，形成各种新的滑坡，如阳泉二矿大南口铁路南侧存在一大型古滑坡体，该滑坡体由于下方采煤而急剧复活。后缘产生宽大的裂缝，错台高达 10m 以上。滑坡体推动前缘台地发生蠕动，使铁路道床鼓起，严重破坏了铁路和地下管道设施。

2.7.3 采动滑坡的成因分类

采动滑坡的分类应考虑地下开采的特点并结合山体的地形地质条件，根据矿层（岩层）的倾向、采空区发展以及地表倾向的相对关系，可归纳为如图 2.30 （a）～（g）所示的 7 种形式。

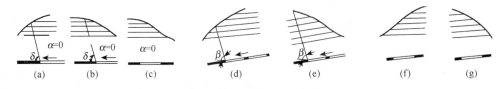

图 2.30　采动滑坡与地下开采的相对关系

（1）地层（矿层）近水平，采空区发展方向与地表倾向相同 ［图 2.30 （a）］。开采移动方向与斜坡在重力作用下的滑移方向相反。采动影响由斜坡后缘向前缘发展，后缘坡体首先开裂失稳并挤压前缘坡体，形成推动式滑坡。由于岩层呈近水平状态，若无倾斜的软弱结构面时，一般不会产生顺层滑坡，多发生切层滑坡。当地层呈软、硬相间状态时，可能发生挤出性滑坡。

（2）地层（矿层）近水平，采空区发展方向与地表倾向相反［图2.30（b）］。开采移动方向与斜坡滑移方向相同，两种移动向量叠加的结果，使地表移动变形量增大。采动影响由斜坡前缘向后缘发展，前缘坡体首先失稳并牵引后缘坡体滑动，形成牵引式滑坡。

（3）地层（矿层）近水平，采空区发展方向与地表倾向相交，开采移动方向指向斜坡中央［图2.30（c）］。

根据采空区与斜坡体的相对位置关系，当采空区位于坡体前缘时，一般产生牵引式滑坡；位于坡体后缘时，一般产生推动式滑坡。

（4）地层（矿层）倾斜，采空区发展方向与地表倾向相同［图2.30（d）］。开采移动方向与斜坡滑移方向相反，采动影响由斜坡后缘向前缘发展，多形成推动式滑坡。当坡度较大时，也可能产生切层滑坡。

（5）地层（矿层）倾斜，采空区发展方向与地表倾向相反［图2.30（e）］。开采移动方向与斜坡滑移方向相同，采动影响由斜坡前缘向后缘发展，多形成牵引式切层滑坡。

（6）地层（矿层）倾斜，倾向与地表倾向相同，采空区发展方向与地表倾向相交［图2.30（f）］。开采移动方向指向斜坡中央，当采空区位于斜坡前缘时，多产生牵引式顺层滑坡；当采空区位于斜坡后缘时，多产生推动式顺层滑坡。当地表坡度较大时，也可能产生切层型滑坡。

（7）地层（矿层）倾斜，倾向与地表倾向相反，采空区发展方向与地表倾向相交［图2.30（g）］。当采空区位于斜坡前缘时，多产生牵引式切层滑坡；当采空区位于斜坡后缘时，多产生推动式切层滑坡。当地层及地表坡度较大时，也可能产生倾倒型滑坡。

将采动滑坡的成因分类列于表2.17。

表 2.17　采动滑坡的成因分类

地层倾向与坡向 ＼ 滑坡类型 ＼ 采空区发展方向与坡向		相同	相反	相交
水平		推动式切层、挤出式	牵引式切层、挤出式	推动式切层、挤出式、牵引式切层
倾斜	相同	推动式顺层		推动式顺层、牵引式顺层
	相反	推动式切层	牵引式切层、倾倒式	推动式切层、倾倒型、牵引式切层

第三章 黄土层与基岩在开采沉陷中的互馈机理

黄土覆盖矿区煤层上覆岩层的物理力学强度明显高于黄土层。两种不同性质的基岩和土层在开采沉陷机理上存在明显差别，而地表开采沉陷信息实质上是基岩的沉陷变形和黄土层的沉陷变形共同影响的结果。为此，将黄土覆盖矿区的开采沉陷模型进行分解，根据开采沉陷原理划分基岩沉陷状态，确定黄土层自重对基岩沉陷的荷载作用关系，分析基岩沉降引起的土体附加应力与变形分布特征，以揭示基岩与黄土层在开采沉陷过程中的相互作用机理。

3.1 黄土层与基岩采动变形分解原理

长期以来，我们主要关注和研究地表的移动变形，对于地层内部移动规律的研究甚少。在表土层厚度很小的情况下，由于基岩层的沉陷对地表起着绝对控制作用，可以认为地表沉陷变形等同于基岩的沉陷变形，常规的开采沉陷研究实质上是利用地表观测资料来建立适用于基岩层的移动模型。在表土层厚度很小的矿区，这种简化符合实际情形。

黄土覆盖矿区基岩的沉陷随开采空间的扩展而发展，上覆黄土层随基岩面不均匀沉降动态扩展而产生弯曲变形。两种介质的移动变形在时间和空间上都是一个由下（基岩）向上（土体）传递开采影响并扩散的复杂过程。对于研究地表沉陷而言，开采沉陷影响在传递过程的任一时刻，两种不同介质的耦合作用机制随着时间和开采空间位置变化而不同。为了借鉴现有的开采沉陷理论和现代土力学原理研究本课题，按以下原则建立黄土覆盖矿区开采沉陷的分解模型：

（1）将基岩沉陷视为地下开挖和上覆黄土层荷载共同作用的结果。在基岩开采沉陷研究中，上覆黄土层对基岩的影响被简化为作用于基岩面（本书将基岩与土层交接面简称为基岩面）上的垂直荷载。在基岩开采沉陷的不同阶段，上覆黄土层荷载的作用机制也是不同的。黄土覆盖条件下的基岩开采沉陷与无表土层（或不考虑表土层影响）的岩层开采沉陷的差别在于，前者施加于基岩面一个随开采影响程度而变化的垂直荷载作用。

（2）将黄土层的开采沉陷变形视为基岩面动态不均匀沉陷在土层中影响传递的结果。基岩面的不均匀沉降可视为服从特定分布的"开挖空源"（等效于开挖不等厚度的煤层），该"开挖空源"在土层中向上传递至地表过程中，在空间上的扩展符合随机介质理论的概率积分原理。将基岩面不均匀沉陷引起的地表沉陷变形称之为黄土层开采沉陷变形。

（3）黄土层在失去下卧支撑及自重力作用下产生弯曲变形，引起应力场的重新分布而产生附加应力，称为采动附加应力。在这种附加应力作用下，土体将会产生明显的体积变化。按照土力学的基本原理，采动附加应力引起土体单元有效应力变化，导致饱和黄土的排水固结变形与非饱和黄土骨架的体积变形。将上述变形称之为采动土体单元附加体积变形，这是土层介质不同于岩层的重要特性。

（4）将动态的开采沉陷简化为不同开采空间所对应的稳态开采沉陷问题。将地下采煤对黄土层地表沉陷的影响，简化为基岩面上动态不均匀沉降在土层中传递扩散导致的地表开采沉陷变形，以及在此过程中引起的土体单元附加体积变形两者的叠加。基岩面沉降的形态特征取决于开采强度、基岩特征及黄土层荷载影响，可根据现有的岩层控制理论和随机介质理论确定。黄土层开采沉陷变形取决于基岩面的不均匀沉降及在土层中的扩散特征，可借助现有的随机介质理论原理解决；采动土体单元的附加体积变形可利用土力学理论解决。

根据已知的地表移动和基岩面下沉的边界条件，可导出地表沉陷与变形计算的数学模型。基岩面的不均匀沉降和采动土体单元的固结变形均视为"开挖空源"，将地表沉陷变形视为上述"开挖空源"在土层中影响传递的结果，利用随机介质理论来解决。

综上所述，黄土覆盖矿区的基岩开采沉陷，等效于不考虑表土层的常规开采沉陷模型上施加一外部荷载的情形。因此，只要确定黄土层对基岩的荷载函数 q，并掌握外部荷载对岩层沉陷的影响规律，即可将现有的开采沉陷研究成果，应用于黄土覆盖矿区的基岩开采沉陷中。将基岩不均匀开采沉陷曲面 $w_j(x)$ 视为厚度变化的采空区域，地表沉陷 $w(x)$ 是在基岩（顶）面不均匀沉降及土层自重作用下产生的。地下采煤及基岩层本身对黄土层地表沉陷的影响，等效于基岩面沉降在土层中的影响传递以及在此过程中土体单元本身产生的附加体积变形两者的叠加。根据这一原理建立黄土覆盖矿区开采沉陷模型，如图3.1所示。

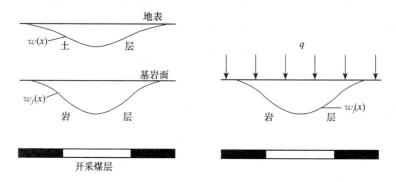

图 3.1　黄土覆盖矿区开采沉陷模型

3.2　黄土层对基岩开采沉陷的荷载作用

3.2.1　数值模拟方法

多数文献将黄土层视为不同于基岩的松散体随机介质，但由于黄土中颗粒之间存在一定的凝聚力，具有一定的抗剪强度，特别是年代较老或富含钙质的 Q_2 黄土强度甚至接近于某些软弱岩层，其物理力学性质不同于东部矿区的饱和黏土层[88]或其他无凝聚力的松散层。

在研究厚松散层矿区开采沉陷问题时，通常将土层自重荷载按相同的静荷载施加于基岩控制层上。这种简化对松散沙层或软黏土层而言是合理的[97]。但是，对于具有凝聚力和一定的抗拉、抗弯强度的结构性黄土层而言，在其失去基岩下卧支撑而产生弯曲过程中，自重应力将部分转移至两侧支撑岩体上，使基岩面上承受的静荷载小于上覆黄土层的自重荷载。为了探讨黄土层自重对基岩开采沉陷的荷载作用规律，利用 FLAC 3D 数值软件，以彬长矿区黄土覆盖的地质采矿条件为模型，将地表简化为平地，通过改变黄土层厚度、黄土强度和开挖尺寸等参数，分析黄土层对基岩开采沉陷的荷载作用。

1. 模拟程序

FLAC 是 fast Lagrangian analysis of continua 的缩写，称为连续介质快速拉格朗日分析，是一种显式有限差分程序，采用动态方程模拟地质材料在达到强度极限或屈服极限时发生的破坏或塑性流动的力学行为，适用于分析渐进破坏和模拟大变形。FLAC 设有多种本构模型，还设有界面单元，可以模拟断层、节理和摩擦边界的滑动、张开和闭合行为。由于 FLAC 采用显式算法来获得模型全部运动方程的时间步长解，从而可追踪材料的渐进破坏和垮落，这对研究开采沉陷问题是非常有效的。同时，程序允许输入多种材料类型，并可在计算过程中改变局部材料参数，以适用于模拟岩土类非线性材料的几何大变形问题，因而它在各类岩土工程中都广泛地应用[98~100]。

FLAC 提供了各向同性和宏观各向同性材料线弹性模型、Mohr-Coulomb、Ducker-Prager 模型、应变软化和双屈服模型以及修正的 Cam-Clay 模型等。

FLAC 的模拟计算是根据有限差分格式方法实现的，其基本导数形式为[101]

$$\frac{\partial F}{\partial x_i} = \lim\left[\frac{1}{A}\int Fn_i \mathrm{d}s\right] \tag{3.1}$$

式中：F——矢量或张量；

　　　x_i——位置矢量分量；

A——积分区域；

ds——弧长增量；

n_i——垂直于 ds 的单位法线分量。

其运动方程为

$$\rho\left[\frac{\partial u_i}{\partial t}\right] = \frac{\partial \sigma_{ij}}{\partial x_j} + \rho v_i \tag{3.2}$$

式中：ρ——密度；

σ_{ij}——应力张量；

u_i——位移速度；

v_i——体力分量；

t——时间。质量体 m 在力变量 F 作用下的运动方程为

$$\frac{\partial u}{\partial t} = \frac{F}{m} \tag{3.3}$$

可以用包含半步长的速度的中心差分格式来求解，其加速度可以写为

$$\frac{\partial u}{\partial t} = \frac{u^{(t+\Delta u_2)} - u(t - \Delta u_2)}{\Delta t} \tag{3.4}$$

将式（3.4）代入式（3.3）得

$$u^{(t+\Delta u_2)} = u^{(t-\Delta u_2)} + [F^{(i)}/m]\Delta t \tag{3.5}$$

以增量表示的应变张量为

$$\Delta e_{ij} = \frac{1}{2}\left[\frac{\partial u_i}{\partial x_j} + \frac{\partial u_j}{\partial x_i}\right]\Delta t \tag{3.6}$$

利用上述应变增量可由本构方程求出应力分量。将各时步的应力增量叠加即可得到总应力。在大变形情况下，还需要根据本时步单元的转角对本时步前的总应力进行旋转修正，然后由虚功原理求出下一时步的节点不平衡力，进入下一时步的计算，其具体公式不再赘述。FLAC 程序的模拟计算流程如图 3.2 所示[101]。

2. 破坏准则

由于岩石破坏后强度有所降低，产生弱化，本次计算对岩层和煤层用胡克-布朗（Hoek-Brown）强度准则[120]

$$\sigma_{1s} = \sigma_3 + \sqrt{m\sigma_c\sigma_3 + s\sigma_c^2} \tag{3.7}$$

式中：σ_{1s}——岩石峰值强度时的最大主应力；

σ_3——最小主应力；

m、s——材料常数，取决于岩石性质和原始破裂状况；

σ_c——岩石单轴抗压强度，当压应力超过材料的抗压强度时，材料将发生破坏。

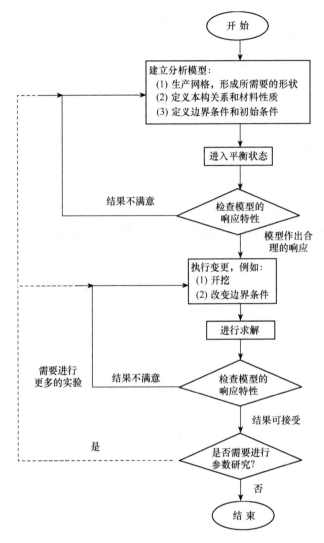

图 3.2　FLAC 模拟计算流程图

　　地表黄土层是塑性较强、垂直节理较发育的弹塑性岩土材料，当材料达到屈服极限后，可产生较大的塑性流动，故对黄土层的模拟计算采用莫尔-库仑屈服准则

$$f_s = (\sigma_1 - \sigma_3) - 2c \cdot \cos\varphi - (\sigma_1 + \sigma_3)\sin\varphi \tag{3.8}$$

式中：σ_1、σ_3——最大和最小主应力；

　　　c、φ——土层的内聚力和摩擦角，当 $f_s < 0$ 时，土体将发生剪切破坏。

3. 计算模型及物理力学参数

　　模拟计算以彬长矿区 B40301 工作面为模型。工作面走向长 800m，属于充分采动,倾向开采宽度为150m,属于非充分采动,实地观测结果地表最大下沉量为2.205m,以此边界条件建立倾向剖面计算模型,分析黄土层对基岩开采沉陷的荷载作用。

模型地层划分由研究区地质柱状表2.2确定,对厚度较薄的岩层进行简化合并。黄土层的计算参数通过取样试验获取(表3.1)。模拟计算地层及其物理力学参数如表3.1所示,模拟计算剖面如图3.3所示。

表 3.1 模型物理力学参数

代码	岩石名称	厚度/m	容重/(kg/m³)	弹性模量/MPa	泊松比	抗压强度/MPa	抗拉强度/MPa	剪切强度/MPa	剪涨角/(°)	摩擦角/(°)
D10	黄土	125	1835	2~12	0.3	0.01~0.05	0.002	0.02~0.06	12	24~30
D09	粗粒砂岩	60	2410	28600	0.17	49.83	6.03	3.54	19	44
D08	砂质泥岩	55	2220	27900	0.16	63.76	7.52	2.74	15	36
D07	粗粒砂岩	4	2410	28600	0.17	49.83	6.03	3.54	19	44
D06	泥岩	54	2420	14000	0.22	35.53	4.32	2.91	13	34
D06	细粒砂岩	40	2640	41300	0.13	83.39	10.15	7.04	18	44
D05	中粒砂岩	9	2360	8200	0.19	34.76	4.03	2.75	19	44
D04	泥岩	18	2550	16900	0.26	38.76	4.26	3.7	13	32
D03	粉砂岩	9	2530	17400	0.14	65.32	7.12	4.25	13	20
D02	中粒砂岩	8	2360	8200	0.19	34.76	4.03	2.75	19	44
D01	4 煤	17	1350	600	0.29	24.97	3.01	1.19	13	26

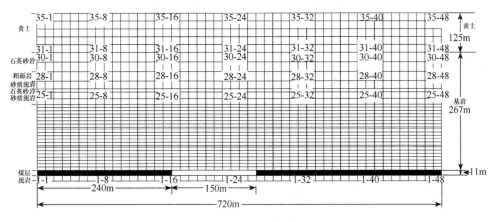

图 3.3 FLAC模拟计算剖面

4. 模拟分析方法

(1) 以图3.3及表3.1的参数为基准计算模型,调整模拟计算步数使地表计算最大下沉量与实测值相等。在整个模拟过程中保持各项条件和模拟步数不变。

（2）计算一定厚度的黄土层在自重力作用下基岩面的最大下沉量，在其他条件不变的情况下，以适当的静荷载直接施加于基岩面上来替代黄土层的自重力，使基岩面出现相同的最大下沉量，此时所施加的静荷载称之为黄土层对于基岩沉陷的等效荷载 q，将 q 值与对应的黄土层自重力 q_0 之比值，定义为等效荷载系数 k，即 $k=q/q_0$。

（3）将开挖宽度 L 与基岩厚度 H_j 之比值定义为宽深比 λ，即 $\lambda=L/H_j$。分别改变开挖宽度、宽深比、基岩厚度与黄土层比例（即保持开采深度不变，改变土层和岩层的比例关系，即土岩比）及黄土层力学参数，计算对应条件下黄土层等效荷载系数 k 值，分析其变化规律。

3.2.2　基岩开采沉陷的等效荷载

1. 等效荷载系数与开采宽度及基岩面最大沉降量的关系

开采宽度是决定基岩受开采扰动程度和最大下沉量的重要参数。在保持基准模型中其他因素不变的条件下，仅改变开挖宽度来模拟计算出基岩面的最大下沉量。以垂直荷载直接代替黄土层，调整荷载使基岩最大下沉量保持原有值，确定施加于基岩面的等效荷载及对应的等效荷载系数 k，模拟计算结果如表 3.2 所示。

表 3.2　不同开采宽度下黄土层等效荷载计算结果

开采宽度/m	黄土层自重荷载力 /MPa	基岩面最大下沉量 /m	黄土层等效荷载力 /MPa	等效荷载系数 k
45	2.25	0.426	0.65	0.29
60	2.25	0.762	1.1	0.49
75	2.25	1.126	1.24	0.55
90	2.25	1.524	1.12	0.53
100	2.25	1.814	1.17	0.52
105	2.25	1.944	1.57	0.7
120	2.25	2.427	1.62	0.72
135	2.25	2.924	1.69	0.75
150	2.25	3.504	1.69	0.75
165	2.25	4.111	1.73	0.77
180	2.25	4.764	1.73	0.77
195	2.25	5.403	1.75	0.78
210	2.25	6.188	1.78	0.79
225	2.25	6.89	1.76	0.783
240	2.25	7.759	1.77	0.797

　　由表 3.2 可知，在黄土层厚度及其自重荷载保持不变的情况下，按最大下沉量相等原则计算的黄土层等效静荷载力 q 与开采宽度（基岩采动程度或基岩面最大下沉量）呈正相关，对应的黄土层等效荷载系数 k 与开采宽度 L 也呈正相关，其关系曲线如图 3.4 所示。

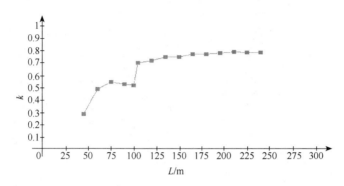

图 3.4　等效荷载系数 k 与开采宽度 L 的关系曲线

计算结果分析：

　　等效荷载系数 k 值均小于 1.0，说明在黄土层具有一定力学强度的情况下，土层对基岩沉陷的荷载作用并不是以静荷载形式全部作用于基岩面上。随着开采宽度和基岩面最大下沉量的增大，k 值也随之增大，说明黄土层的荷载作用与基岩面本身的沉降发展程度或开采扰动程度呈正相关：

　　（1）在采动影响初期，基岩面处于极不充分开采阶段时，黄土层作用于基岩面的等效静荷载（或称为有效荷载）远小于其自重荷载，此时黄土层自重力对基岩面弯曲变形的影响相对较小；当开采宽度增加使基岩面最大下沉量增大时，上覆黄土层的等效荷载力也不断增大，这种有效荷载增量将进一步加剧基岩面上的沉陷变形。

　　（2）基准模型在开采宽度由 100m 变化为 105m 时，开采宽度变化很小，但基岩面上的有效荷载量却突然增大，k 值呈跳跃式变化。这表明在开采宽度增加 5m 时，基岩面上荷载量却产生突变，推断其原因是黄土层因弯曲变形导致结构强度破坏而产生应力释放所致。随着开采宽度的增加，k 值也有所增加，接近于 0.8，此时黄土层的大部分自重荷载作用于基岩面上。由于计算模型尺寸限制，开采宽度未继续扩大至超充分采动。

　　2. 等效荷载系数与黄土层厚度的关系

　　在基准模型开采宽度和其他条件不变的情况下，仅改变黄土层的厚度，模拟计算出对应的黄土层等效荷载系数 k 值，如表 3.3 所示。

表 3.3　不同黄土层厚度下等效荷载计算结果

黄土层厚度/m	黄土层自重荷载力/MPa	基岩面最大下沉量/m	黄土层等效静荷载力/MPa	等效荷载系数 k
25	0.45	3.096	2.69	0.87
50	0.9	3.218	7.46	0.83
75	1.35	3.329	1.04	0.77
100	1.8	3.441	1.38	0.77
125	2.25	3.504	1.69	0.75
150	2.7	3.58	2.02	0.75
175	3.15	3.634	2.3	0.73
200	3.6	3.685	2.63	0.73
225	4.05	3.744	2.99	0.74
250	4.5	3.783	3.33	0.74
275	4.95	3.83	3.66	0.74
300	5.4	3.88	4.1	0.76

（1）在基准模型开采宽度与基岩厚度保持不变的条件下，黄土层自重荷载力本身与其厚度成正比，等效静荷载力的绝对量随着黄土层厚度的增加而变大，在垂直荷载增量作用下基岩面的最大下沉量也有所增加。等效荷载系数 k 随黄土层厚度 H_t 变化的曲线如图 3.5 所示。

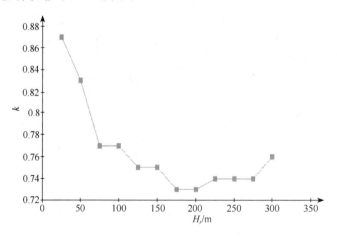

图 3.5　等效荷载系数 k 与 H_t 的关系曲线

（2）黄土层等效荷载系数的变化范围在 0.73～0.87 之间。当黄土层越薄时，其等效静荷载力越接近于黄土层的自重力。随黄土层厚度的增加，等效荷载系数 k 有所减小，但变化不大，基本上稳定在 0.75 左右。这表明在基准模型条件下，当黄土层厚度达到一定值（超过 50m）时，等效荷载系数 k 将趋向某一稳定值。

3. 等效荷载系数与黄土层特性的关系

在基准模型条件下，改变黄土层的物理特性参数，计算对应的黄土层等效荷载系数 k 值，如表3.4所示。

表3.4　不同黄土层特性下等效荷载计算结果

计算模型	黄土层厚度 /m	黄土层自重荷载力 q_0/MPa	黄土层弹性模量/MPa	基岩面最大下沉量/m	黄土层等效静荷载力/MPa	黄土层等效荷载系数 k
模型1	125	2.25×10^6	1	3.555	1.90×10^6	0.85
基准模型	125	2.25×10^6	10	3.504	1.69×10^6	0.75
模型2	125	2.25×10^6	100	3.269	8.77×10^6	0.39

随着黄土层弹性模量的增加，黄土层等效静荷载力、等效荷载系数 k 和基岩面的最大下沉量都变小。计算结果表明，当上覆黄土层特性接近于完全松散层时，其自重荷载作用力越大；当上覆黄土层特性接近于岩层时，其自重荷载对应的等效荷载力越小。

4. 等效荷载系数与开采宽深比的关系

开采宽度 L 与基岩厚度 H_j 之比值（宽深比 λ）是反映开采扰动程度和决定基岩面下沉量的主要指标。在其他条件不变的情况下，基岩面最大下沉量一般随着 λ 值增大而变大，但达到某一临界值后，最大下沉达到该地质采矿条件下的最大值。在基准模型条件下，改变开挖宽度与基岩厚度的比值 λ，计算等效荷载系数 k 值，如表3.5所示。开挖宽深比 λ 与等效荷载系数 k 的关系曲线如图3.6所示。

表3.5　不同宽深比下等效荷载计算结果

宽深比 λ	黄土厚度 H_t /m	黄土自重荷载 q_0 /MPa	等效荷载 q /MPa	等效荷载系数 k
0.22	125	2.25	1.1	0.49
0.28	125	2.25	1.24	0.55
0.34	125	2.25	1.12	0.5
0.39	125	2.25	1.57	0.7
0.45	125	2.25	1.62	0.72
0.51	125	2.25	1.69	0.75
0.56	125	2.25	1.69	0.75
0.62	125	2.25	1.73	0.77
0.67	125	2.25	1.73	0.77
0.73	125	2.25	1.75	0.78
0.79	125	2.25	1.78	0.79

续表

宽深比 λ	黄土厚度 H_t /m	黄土自重荷载 q_0 /MPa	等效荷载 q /MPa	等效荷载系数 k
0.84	125	2.25	1.76	0.78
0.9	125	2.25	1.78	0.79
1.07	125	2.25	1.84	0.82
1.24	125	2.25	1.98	0.88
1.4	125	2.25	2.14	0.95
1.57	125	2.25	2.14	0.95
1.76	125	2.25	2.14	0.95
1.94	125	2.25	2.14	0.95
2.12	125	2.25	2.18	0.97
2.29	125	2.25	2.2	0.98
2.47	125	2.25	2.22	0.99

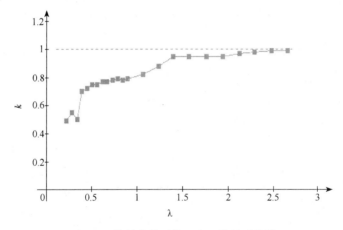

图 3.6　等效荷载系数 k 与 λ 的关系曲线

　　等效荷载系数 k 随开挖宽度与基岩厚度的比值 λ 增大而变大，在 λ 由 0.34 变化到 0.39 时，等效荷载系数 k 从 0.5 跳跃至 0.7，该处荷载作用力突然增大，表明黄土层的结构强度在遭到破坏后产生突然的应力释放。随着宽深比的增加，k 值也有所增加。当 λ 值超过 1.4 时，已达到充分开采，等效荷载系数 k 达到 0.95 以上，黄土层自重荷载已全部转换为等效荷载作用于基岩面上，这说明黄土层的整体性遭到破坏，其支撑强度已完全丧失。

　　5. 黄土层对基岩沉降的荷载作用规律

　　(1) 黄土层作用于基岩面的等效荷载一般小于其自重荷载，黄土层的力学强度越低，黄土层厚度越小时，等效荷载系数越接近于 1.0。在基准模型条件下，当黄土层厚度小于 25m 时，黄土层等效荷载近似为其自重荷载。

（2）等效荷载系数 k 主要受宽深比 λ 所控制，随着 λ（或开采充分程度）值的增大而变大。在 $\lambda \leqslant 0.35$ 基岩沉陷处于极不充分状态时，等效荷载系数 $k \leqslant 0.5$，在 $\lambda \geqslant 1.4$ 基岩下沉达到充分状态时，黄土层自重荷载全部作用于基岩面上。在 $0.35 \leqslant \lambda \leqslant 1.4$ 基岩沉陷处于非充分状态时，$0.5 \leqslant k \leqslant 1.0$，与 λ 近似呈线性关系增长。据此构建等效荷载 q 与宽深比 λ 的函数关系

$$\begin{cases} q = 0.5q_0 & \lambda \leqslant 0.35 \\ q = (0.33 + 0.48\lambda)q_0 & 0.35 \leqslant \lambda \leqslant 1.4 \\ q = q_0 & \lambda \geqslant 1.4 \end{cases} \tag{3.9}$$

根据开采宽度和基岩厚度之比 λ，参照式（3.9）确定黄土层等效荷载值。

3.3　黄土层荷载作用下基岩开采沉陷状态及其判别

3.3.1　基岩开采沉陷类型

实测资料和模拟研究结果表明，厚黄土层地表沉陷主要受基岩控制层的弯曲、断裂或失稳塌陷状态所控制。基岩层因下覆煤层采空并在顶面垂直荷载与自重力作用下发生位移，其变形破坏按其移动特征可归结为三种类型，即"三带"型、"断陷"型、"切冒"型。

1. 覆岩"三带"型

在黄土覆盖矿区多数工作面开采后上覆岩层具备"三带"特征，地表变形基本连续且能近似地用数学模型来描述其分布。这是本书主要研究的基岩开采沉陷类型，其沉陷过程包括以下三种状态。

1）弯曲下沉状态

在覆岩移动变形属于"三带"型条件下，当采空区尺寸尚未达到某一临界值时，基岩上部的控制层虽然脱离下部岩层的支撑而产生弹塑性弯曲变形，但仍然支撑着上覆地层的自重荷载。此时，位于其上的软弱岩层及黄土层仅随基岩控制层的弯曲而产生很小的弹塑性变形，地表出现的下沉量远小于一般非充分采动的情形，并与开采厚度无直接关系。文献［64］将这种状态称为弯曲下沉状态，如图3.7所示。

图3.7中，q 为基岩控制层之上的等效荷载；L 为采空区宽度；S_j 为基岩断裂垮落偏距；d 为岩梁厚度；l 为岩梁长度，其值小于岩梁断裂临界长度时，基岩属于弯曲型下沉。

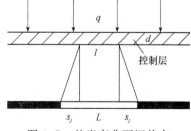

图3.7　基岩弯曲下沉状态

2）断裂下沉状态

当采空区宽度 L 增大到一定尺寸后，基岩控制层岩梁在上覆岩土荷载作用下产生断裂，然后沉陷。上覆黄土层随之产生显著的移动变形，导致地表沉陷突然增大。此时，基岩沉陷变形远大于弯曲下沉状态，但尚未达到充分程度（基岩面最大下沉量仍小于该地质采矿条件下的最大值），本文将这种状态称为断裂下沉状态。基岩沉陷由弯曲转化为断裂的临界状态根据最上部控制层岩梁产生断裂的极限长度来确定。基岩控制层岩梁的受力状态如图 3.8 所示。

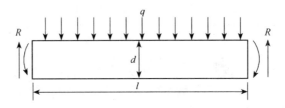

图 3.8　岩梁受力状态

在图 3.8 中，作用于岩梁的有效载荷为 q，R 为支撑反力，其他符号含义与图 3.7 相同。根据弹性力学理论，固定梁最大拉应力发生在梁最下部中点

$$\sigma_{max} = q \cdot l^2 / (2d) \tag{3.10}$$

式中 σ_{max} 为梁最下部最大拉应力。当 $\sigma_{max} > S_t$（S_t 为岩梁的抗拉强度）时，岩梁将被拉裂，则岩梁的极限跨度 l_0 为

$$l_0 = d \cdot \sqrt{\frac{2S_t}{q}} \tag{3.11}$$

采空区顶板岩层在垮落塌陷过程中，其断裂带并非沿采区边界向正上方发展，而是以一定的偏距 S_j 向采区上方传递发展，任意层位基岩断裂面的偏距与岩层特性和距离采空区的高度有关，对于基岩最上部控制层，设 $S_j = f_j \cdot H_j$，其中 H_j 为基岩厚度，f_j 为基岩特性参数，该值取决于基岩层的强度，坚硬岩层取值较大。

基岩层的强度及其所处的位置是影响岩梁断裂极限长度 l_0 的重要因素。判断下沉状态最直接的方法是对基岩上部各个岩层分层进行强度验算，在图 3.7 中对于某一分层 i，设上部岩层和自重荷载为 q_i，则使第 i 层基岩断裂的临界开采宽度 L_{0i} 为

$$L_{0i} = d_i \cdot \sqrt{\frac{2S_n}{q_i}} \cdot l_{0i} + 2f_i \cdot H_i \tag{3.12}$$

式中：H_i——第 i 分层至顶板的高度；

　　　　d_i——第 i 分层的厚度。根据式（3.12）计算基岩上部各分层对应的断裂下沉临界开采宽度 L_{0i}，其中 L_{0i} 最大值者即为该地质采矿条件下的

基岩控制层。由于基岩垮落偏距的收敛影响，正常条件下基岩控制层位于基岩最上部强度最高的分层。通常可根据地质柱状图找出基岩上部强度和厚度相对较大的 2～3 个分层进行验算，当实际开采宽度 L 达到或超过 L_{0i} 的最大值 $\max(L_{0i})$ 时，基岩将产生断裂下沉。基岩由弯曲下沉转变为断裂下沉状态的判别式为

$$L_0 = \max\left[d_i \cdot \sqrt{\frac{2S_{ti}}{q_i}} + 2f_i \cdot H_i\right] \tag{3.13}$$

3）充分下沉状态

当基岩控制层产生断裂沉陷后，随着开采尺寸继续增加，断裂后岩层在上覆荷载作用下进一步沉陷，使基岩面的下沉量不断增大，当达到该地质采矿条件下的最大值时，基岩开采沉陷量不再变大，这种状态称为充分下沉状态。

由断裂下沉变化到充分下沉模式的临界状态由基岩充分采动角参数来确定。设黄土层等效荷载 q 作用下基岩面达到充分下沉时，临界开采宽度为 L_z，对应的充分采动角为 φ_z，此时基岩面上 O 点达到充分下沉（下沉量达到该条件下的最大值），如图 3.9（a）所示。在同样条件下若没有垂直荷载作用时，充分下沉点 O 将向下移至 O'，在 OO' 之间的基岩尚未断裂破坏，形成如图 3.9（b）所示的状态。

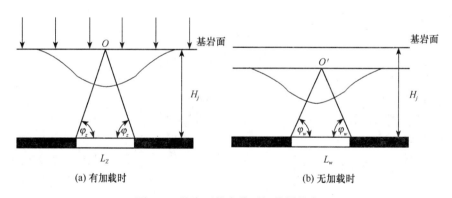

图 3.9　基岩面的充分下沉临界状态

显然，有加载时的基岩充分采动角 φ_z 大于无加载时的基岩充分采动角 φ_w，而前者充分采动对应的临界开采宽度 L_z 小于后者的临界宽度 L_w。从对基岩面开采沉陷影响来说，加载情况下的参数 L_z、φ_z 与无加载情况的 L_w、φ_z 是"等效的"。因此，在 OO' 之间的岩梁，可视为在垂直荷载 q 作用下产生断裂塌陷，导致基岩面达到充分临界开采，计算模型见图 3.10。

岩梁 AB 的断裂临界状态等效于无荷载时的基岩面充分临界开采。根据几何条件及岩梁弯曲断裂极限平衡关系，确定参数 L_z、φ_z 与 L_w、φ_w 之间的关系。

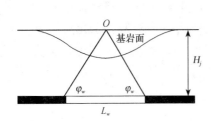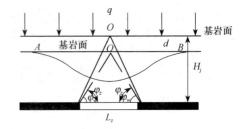

图 3.10　基岩面充分下沉临界开采尺寸计算模型

岩梁高度为 d，宽度为 L_{AB}，垂直荷载 q，综合抗拉强度为 S_t，则岩梁断裂极限式为

$$l_{AB} = d \cdot \sqrt{\frac{2S_t}{q}} \qquad \cdot(3.14)$$

令 $r_i = (H_j - d)/\tan\beta_j$（式中 $\tan\beta_j$ 为基岩的主要影响角正切）。根据图 3.10 中几何关系得

$$\begin{cases} L_{AB} = d \cdot \cot\varphi_w + 2(H_j - d)/\tan\beta_j \\ d = H_j - \dfrac{1}{2}L_z \cdot \tan\varphi_w \\ \tan\varphi_w = \dfrac{2H_j}{l_w} \end{cases} \qquad (3.15)$$

由式（3.15）解算可得

$$L_Z = 2H_j \cdot \cot\varphi_w - \frac{2H_j}{\tan\beta_j \sqrt{\dfrac{2S_t}{q}} - \tan\beta_j \cdot \cot\varphi_w + 2} \qquad (3.16)$$

在已知基岩厚度 H_j、充分采动角 φ_w、主要影响角 β_j 及黄土层等效荷载 q 与基岩层抗拉强度 S_t 的条件下，由式（3.16）可确定不同黄土层荷载作用下基岩面充分下沉的临界开挖宽度 L_z。同时，由式（3.16）可确定参数 L_z 与 L_w 或参数 φ_z 与 φ_z 之间的关系。由于式（3.16）中右边第一项为无荷载作用的充分临界开挖宽度 L_w，则黄土层加载作用使临界开采宽度变小，基岩面更快地达到充分下沉状态。

令宽深比 $\lambda_{z0} = L_z/H_j$、$\lambda_{w0} = L_w/H_j$，则式（3.16）可表示为

$$\begin{cases} \lambda_{w0} = 2\cot\varphi_w \\ \lambda_{z0} = \lambda_{w0} - \dfrac{2}{\tan\beta_j \cdot \sqrt{\dfrac{2S_t}{q}} - \tan\beta_j \cdot \cot\varphi_w + 2} \end{cases} \qquad (3.17)$$

式（3.17）确定了当基岩面达到充分下沉状态时，黄土层等效荷载作用下临界宽深比与无荷载条件下临界宽深比之间关系，$\lambda_{z0} < \lambda_{w0}$，但对于基岩面充分下沉而言，两者是等效的。

2. 覆岩"断陷"型

当煤层上覆基岩厚度 H_j 与开采厚度 m 之比 $H_j/m \leqslant 20$，且上部为厚黄土层覆盖时，若基岩强度较低且覆岩中不存在明显的控制层，则冒落裂隙带发展至基岩顶面，基岩面呈非连续沉陷变形状态，断裂岩块达到充分下沉，而断裂岩块间因受水平推力作用而构成"砌体梁"结构，但不失去其整体排列特征。上覆黄土层的变形破坏则由上述砌体梁断陷下沉形态所决定。由于黄土层抗变形能力较小，煤层开采后黄土层被切割成非连续的块体，在工作面前方出现拉伸裂缝和剪切错动，导致地表出现台阶状下沉等。在这种条件下，基岩面的移动范围和动态下沉过程与顶板周期来压步距及发生时间有着直接的关系，老顶岩层的周期性断裂可迅速影响到基岩面，然后迅速传递到地表，此时地表也达到充分下沉状态。实测资料表明，基岩面产生断陷下沉应满足基岩厚度 H_j 与开采厚度 m 之比小于20 倍，同时工作面走向和倾向开采尺寸足够大，倾向宽度 L_y 与基岩厚度 H_j 之比 λ 值大于 1.4，基岩面达到充分下沉状态，并且工作面走向方向上达到超充分采动，走向长度 l_x 与老顶周期来压步距 l 之比一般大于 20 倍，使基岩面断裂塌陷形成"砌体梁"排列结构。因此，基岩"断陷"下沉类型按下式判别为

$$\begin{cases} H_j/m \leqslant 20 \\ l_y/H_j > 1.4 \\ l_x/l > 20 \end{cases} \tag{3.18}$$

3. 覆岩"切冒"型

在基岩厚度 H_j 与开采厚度 m 之比很小、全部基岩都处于冒落带的情况下，地表黄土层将随基岩塌陷而同步产生切落式破坏。在此模式下，覆岩的连续性和完整性遭受破坏，地表以跳跃式破坏为主，往往形成塌陷坑。这种类型地表移动变形难以用数学模型进行描述。

综上分析，对于厚黄土层覆盖条件下基岩开采沉陷状态的判别，首先按基岩厚度与采深之比是否超过 20 倍，确定基岩移动变形是具备"三带型"特征还是"断陷型"特征。对于"三带型"基岩沉陷，根据开采宽度与基岩厚度之比（宽深比 λ）及黄土层等效荷载 q，按式（3.13）和式（3.16）分别确定基岩面断裂下沉和充分下沉的临界开采尺寸，据此判别基岩下沉状态，即弯曲下沉、断裂下沉和充分下沉。对于断陷型下沉，应同时满足式（3.18）中的三个条件，基岩面和地表均达到充分下沉状态。

3.3.2　垂直荷载作用下等效开采宽度的确定

黄土层对基岩开采沉陷的作用，可通过等效荷载系数 k 换算为等效垂直荷载

q。基岩面在施加荷载 q 后，达到充分开采的临界宽度将变小。从基岩面受开采影响程度来说，可以认为荷载作用下开采临界宽深比 λ_z 与对应无荷载作用的临界宽深比 λ_w 两者是等效的。将 λ_w 确定为 λ_z 在一定荷载条件下的等效宽深比，下面分析其变化特征。

设无荷载作用（$q=0$）下基岩面达到充分开采时的临界宽深比为 $\lambda_{w0}=2\cot\varphi_w$，对应的最大下沉量为 W_{j0} 已达到该地质采矿条件的最大值。充分采动角 φ_w 一般在 $50°\sim60°$。若取 $\varphi_w=55°$，则 $\lambda_{w0}=1.4$，将对应的最大下沉量作为充分开采最大值 W_{j0}。将不同宽深比 λ_z 的基岩面计算最大下沉量 W_j 与 W_{j0} 值之比，定义为采动程度因子 ρ（$\rho=W_j/W_{j0}$，与 q，λ 有关）。ρ 值大于 1.0 时表示已达到充分采动情形，取 $\rho=1.0$。

在基准模型条件下，利用 FLAC 软件计算不同宽深比 λ_z 和等效荷载 q 对应的采动影响因子 ρ 值。其结果如表 3.6 所示。ρ 与 λ_z、q 的关系曲线如图 3.11 所示。

表 3.6　不同宽深比和荷载作用下的采动影响因子

q/MPa $\diagdown$ ρ $\diagdown$ λ_z	0	0.45	0.9	1.35	1.8	2.25	3.15
0	0	0.01	0.02	0.03	0.04	0.05	0.07
0.1	0	0.01	0.02	0.03	0.04	0.05	0.07
0.2	0.01	0.03	0.04	0.05	0.06	0.07	0.09
0.3	0.06	0.08	0.09	0.11	0.12	0.14	0.17
0.4	0.11	0.14	0.15	0.17	0.19	0.21	0.25
0.5	0.16	0.2	0.22	0.24	0.26	0.28	0.33
0.6	0.23	0.29	0.33	0.36	0.39	0.41	0.47
0.7	0.31	0.4	0.45	0.5	0.54	0.56	0.63
0.8	0.38	0.49	0.56	0.63	0.68	0.72	0.82
0.9	0.46	0.59	0.69	0.76	0.83	0.89	1
1	0.56	0.73	0.84	0.93	1	1	1
1.1	0.66	0.86	0.99	1	1	1	1
1.2	0.76	0.98	1	1	1	1	1
1.3	0.88	1	1	1	1	1	1
1.4	1	1	1	1	1	1	1

在荷载 q 一定的条件下，采动影响因子 ρ 值随 λ_z 增大而增大；在宽深比 λ_z 一定的条件下，采动影响因子 ρ 值随荷载 q 增大而增大；荷载越大时，达到充分开采的临界宽深比趋于减小。

在不同荷载 q 但保持采动影响因子相同的条件下，λ_z 对应的等效宽深比 λ_w 值，可以从表 3.6 中的数据变换得到，其结果如表 3.7 所示。在不同载荷条件下的宽深比 λ_z 所对应的等效宽深比 λ_w 之间的关系如图 3.12 所示。

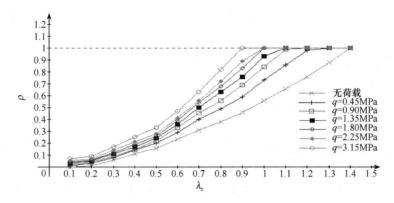

图 3.11　ρ 与 λ_z、q 的关系曲线

表 3.7　不同荷载 q 和宽深比 λ_z 对应的等效宽深比 λ_w

q /MPa	0	0.45	0.9	1.35	1.8	2.25	3.15
λ_z				λ_w			
0	0	0.2	0.22	0.24	0.26	0.28	0.32
0.1	0.1	0.2	0.22	0.24	0.26	0.28	0.32
0.2	0.2	0.24	0.26	0.28	0.3	0.32	0.36
0.3	0.3	0.34	0.36	0.4	0.42	0.46	0.51
0.4	0.4	0.46	0.48	0.51	0.54	0.57	0.63
0.5	0.5	0.56	0.59	0.61	0.64	0.66	0.73
0.6	0.6	0.68	0.73	0.77	0.81	0.84	0.91
0.7	0.7	0.82	0.89	0.94	0.98	1	1.07
0.8	0.8	0.93	1	1.07	1.12	1.16	1.25
0.9	0.9	1.03	1.13	1.2	1.26	1.31	1.4
1	1	1.17	1.27	1.34	1.4	1.4	1.4
1.1	1.1	1.28	1.39	1.4	1.4	1.4	1.4
1.2	1.2	1.38	1.4	1.4	1.4	1.4	1.4
1.3	1.3	1.4	1.4	1.4	1.4	1.4	1.4
1.4	1.4	1.4	1.4	1.4	1.4	1.4	1.4

　　由图 3.12 可知，在垂直荷载作用下基岩面的等效宽深比增大，即在采动影响相同的条件下，将垂直等效荷载作用转化为等效宽深比的增量形式。在基岩开采沉陷计算中，根据实际宽深比 λ_z 和黄土层厚度确定等效垂直荷载 q。同时，判别基岩沉陷状态。为了便于确定黄土层荷载作用下的等效开采宽度 L_w（相当于无表土层荷载作用的基岩开采情况），根据表 3.7 和图 3.12 反映的变化规律构建等效开采宽度 L_w 与实际开采宽度 L_z 和等效垂直荷载 q（MPa）之间的函数关系

$$\begin{cases} L_w = L_z \cdot (1+q/5) & \lambda < 1.4 \\ L_w = L_z & \lambda \geqslant 1.4 \end{cases} \tag{3.19}$$

将等效荷载系数式（3.19）代入上式可得

$$\begin{cases} L_w = L_z \cdot (1+q_0/10) & \lambda \leqslant 0.35 \\ L_w = L_z \cdot [1+(0.67+0.95 \cdot \lambda)q_0/10] & 0.35 \leqslant \lambda \leqslant 1.4 \\ L_w = L_z & \lambda \geqslant 1.4 \end{cases} \tag{3.20}$$

式中，q_0 表示黄土层的自重荷载（MPa），确定了黄土层自重荷载和实际开采宽深比与等效开采宽度 L_w 的关系。式（3.20）表明，由于黄土层荷载作用，等效开采宽度 L_w（相当于无表土层荷载作用的基岩开采情况）大于实际开采宽度 L_z，也就是说加载作用使基岩采动影响程度变大，在开采沉陷预计中，由式（3.20）算出等效开采宽度 L_w 以代替工作面实际采宽 L_z。显然，在黄土层越厚和实际宽深比越大时，L_w 值增加量越大。

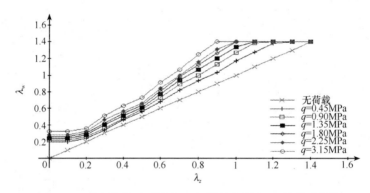

图 3.12　垂直荷载下宽深比 λ_z 与等效宽深比 λ_w 的关系曲线

3.4　基岩开采沉陷引起的土体单元附加应力

本节利用土力学原理分析土体单元的自重应力和有效应力，建立土体单元的本构关系，通过模拟分析基岩开采沉陷引起黄土层中的附加应力分布特征。

3.4.1　土体单元的自重应力

土体中的应力包括自重应力和附加应力。土体的自重应力包括垂直方向的自重应力 σ_{sz} 和水平向自重应力 σ_{sx}、σ_{sy}。

1. 垂直向自重应力 σ_{sz}

当黄土层容重不同或有地下水存在时，地面以下任一深度 z 处垂直向自重应力为[102]：

$$\sigma_{sz} = \sum_{i=1}^{n} \gamma_i h_i \qquad (3.21)$$

式中：γ_i——第 i 层黄土的容重，水下用浮容重（kN/m³）；

h_i——第 i 层土的厚度。

当仅考虑黄土层对基岩的载荷作用时，可取上覆黄土层的平均容重作为计算自重应力的依据，则式（3.21）变为

$$\sigma_{sz} = \gamma \cdot z \qquad (3.22)$$

式中：σ_{sz}——垂直方向的自重应力（kPa）；

γ——黄土的平均容重、水下用浮容重（kN/m³）。

2. 水平向自重应力 σ_{sx}、σ_{sy}

水平向自重应力 σ_{sx}、σ_{sy} 可由广义胡克定律计算，对于一维问题[102]，有

$$\sigma_{sx} = \sigma_{sy} = \frac{\mu}{1-\mu} \cdot \sigma_{sz} \qquad (3.23)$$

式中 μ 为黄土的泊松比。可令 $K_0 = \dfrac{\mu}{1-\mu}$ 表示土的静止侧压力系数，在静水状态为 0.5。

3.4.2 土体单元的有效应力

土体单元的采动附加应力 $\Delta\sigma_x$、$\Delta\sigma_y$、$\Delta\sigma_z$ 作用于具有一定饱和度的土体上，可分解为土颗粒间的有效应力增量 $\Delta\sigma_x'$、$\Delta\sigma_y'$、$\Delta\sigma_z'$ 和水压力增量 Δu_w。对于如图 3.13 所示的土体单元，三个方向的有效应力增量为

$$\begin{cases} \Delta\sigma_x' = \Delta\sigma_x - \Delta u_w \\ \Delta\sigma_y' = \Delta\sigma_y - \Delta u_w \\ \Delta\sigma_z' = \Delta\sigma_z - \Delta u_w \end{cases} \qquad (3.24)$$

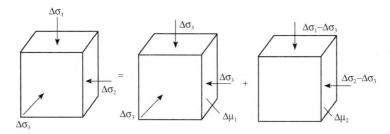

图 3.13 土体单元的应力分解

通过确定式（3.24）中的孔隙水压力增量，可求解有效应力增量。其大小与孔隙流体（包括水和空气）和土骨架的变形性质有关。按下式确定[102]

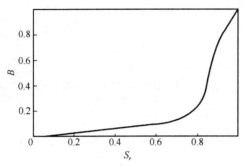

$$\Delta u_w = B \cdot [\Delta \sigma_x + A \cdot (\Delta \sigma_z - \Delta \sigma_x)] \tag{3.25}$$

式中 A、B 为土体单元的孔隙水压力系数，通过实验确定[103]。对于饱和黄土，由于孔隙水不可压缩，孔隙水压力系数 $B=1.0$，对于非饱和土，孔隙水压力系数 B 在 $0\sim1.0$，并随饱和度的增大而变大，其典型关系曲线见图 3.14[104]。

图 3.14　孔隙水压力系数 B 与饱和度的关系

当饱和度 S_r 小于 80% 时，B 值一般小于 0.3。孔隙水压力系数 A 与固结历史有关[105]，对于欠固结或正常固结的黄土，A 值一般在 $0.5\sim1.0$[106,107]。将式（3.25）代入式（3.24）可确定土体单元的有效附加应力。

3.4.3　采动土体的本构关系

1. 饱和土体的线弹性本构关系

用采动附加应力 $\Delta \sigma_x$、$\Delta \sigma_y$、$\Delta \sigma_z$ 和孔隙水压力增量 Δu_w 表示饱和土体单元的线弹性本构关系为[108]

$$\begin{cases} \Delta \varepsilon_x = \dfrac{\Delta \sigma_x - \Delta u_w}{E} - \dfrac{\mu}{E}(\Delta \sigma_y + \Delta \sigma_z - 2\Delta u_w) \\[2mm] \Delta \varepsilon_y = \dfrac{\Delta \sigma_y - \Delta u_w}{E} - \dfrac{\mu}{E}(\Delta \sigma_x + \Delta \sigma_z - 2\Delta u_w) \\[2mm] \Delta \varepsilon_z = \dfrac{\Delta \sigma_z - \Delta u_w}{E} - \dfrac{\mu}{E}(\Delta \sigma_x + \Delta \sigma_y - 2\Delta u_w) \end{cases} \tag{3.26}$$

式中：E——土体单元的压缩模量；

　　　μ——泊松比。

土体单元的体积变形为 $\Delta \varepsilon_v = \Delta \varepsilon_x + \Delta \varepsilon_y + \Delta \varepsilon_z$。由式（3.26）可导出

$$\Delta \varepsilon_v = C_c \cdot (\Delta \sigma_m - \Delta u_w) \tag{3.27}$$

式中：$\Delta \sigma_m = (\Delta \sigma_x + \Delta \sigma_y + \Delta \sigma_z)/3$——平均附加应力；

　　　$C_c = \dfrac{3(1-2\mu)}{E}$——土骨架的体积压缩系数。

2. 非饱和土体的线弹性本构关系

用采动附加应力 $\Delta \sigma_x$、$\Delta \sigma_y$、$\Delta \sigma_z$ 表示非饱和土体结构的线弹性本构关系为[109]

$$\begin{cases} \Delta\varepsilon_x = \dfrac{\Delta\sigma_x - \Delta u_a}{E} - \dfrac{\mu}{E}(\Delta\sigma_y + \Delta\sigma_z - 2\Delta u_a) + \dfrac{\Delta u_a - \Delta u_w}{H} \\[3mm] \Delta\varepsilon_y = \dfrac{\Delta\sigma_y - \Delta u_a}{E} - \dfrac{\mu}{E}(\Delta\sigma_x + \Delta\sigma_z - 2\Delta u_a) + \dfrac{\Delta u_a - \Delta u_w}{H} \\[3mm] \Delta\varepsilon_z = \dfrac{\Delta\sigma_z - \Delta u_a}{E} - \dfrac{\mu}{E}(\Delta\sigma_x + \Delta\sigma_y - 2\Delta u_a) + \dfrac{\Delta u_a - \Delta u_w}{H} \end{cases} \qquad (3.28)$$

式中：Δu_a——非饱和土体单元的孔隙气压力增量，由于土体受采动影响是一个动态过程，Δu_a 增量可以忽略；

$\Delta u_a - \Delta u_w$——基质吸力，非饱和土的孔隙水压力 u_w 为负，其增量 Δu_w 按式（3.25）确定；

H——与吸力（$\Delta u_a - \Delta u_w$）变化有关的土结构弹性模量，其值通过实验获得，与土体的饱和度有关[110,111]，对饱和土体 $H = \dfrac{F}{4 - 2\mu}$，将其代入式（3.28）后，可得到饱和土的本构关系式（3.26），两者完全相同。

附加应力引起的非饱和土的体积变形 $\Delta\varepsilon_v = \Delta\varepsilon_x + \Delta\varepsilon_y + \Delta\varepsilon_z$。由式（3.28）可导出

$$\Delta\varepsilon_v = C_c \cdot (\Delta\sigma_m - \Delta u_a) + \frac{3(\Delta u_a - \Delta u_w)}{H} \qquad (3.29)$$

式中：$\Delta\sigma_m = (\Delta\sigma_x + \Delta\sigma_y + \Delta\sigma_z)/3$——平均附加应力；

$C_c = \dfrac{3(1 - 2\mu)}{E}$——土骨架体积压缩系数。

对于饱和土体上式转化为式（3.27）。

3. 土体本构关系的其他形式

在土力学中常用体积-质量形式来描述其本构关系，对于饱和土体可用孔隙比的变化作为变形状态变量，其本构方程为

$$\Delta e = a_v \cdot (\Delta\sigma_m - \Delta u_w) \qquad (3.30)$$

式中：a_v——孔隙压缩系数，与净法向应力有关，可通过实验确定。

对于非饱和土体积-质量形式的本构方程为[109]

$$\Delta e = a_v \cdot (\Delta\sigma_m - \Delta u_a) + a_m \cdot (\Delta u_a - \Delta u_w) \qquad (3.31)$$

式中：a_m——与基质吸力变化有关的压缩系数。

4. 土体单元变形计算

饱和土体单元可视为一个液相-固相两相系，土骨架空隙被水充满。在应力梯度（采动附加应力作用下），因土骨架变形而产生体积变化[112,113]。在此条件

下，土骨架的变形代表了土体单元的总体积变化，它等于固相（土颗粒）和液相（孔隙水）的体积变化之和，由于土颗粒和水本身视为不可压缩，则饱和土体单元体积的变化只能由孔隙水的排出或流入造成[114]。由此可见，当采动附加应力作用于地下水位以下的饱和黄土体单元上，造成超静孔隙水压力，导致孔隙水流出，从而产生体积变形，随着体积变形的发展，土体中的附加应力最终消失。饱和土体单元变形和体积变化可根据有效应力增量 $\Delta\sigma_1$、$\Delta\sigma_2$、$\Delta\sigma_3$ 由土骨架的弹性本构方程或压缩性形式的本构方程式（3.26）、式（3.30）来确定。

非饱和土可视为固相（土颗粒）、液相（水）和气相（空气）的混合体。土颗粒在采动附加应力作用下达到平衡，水和气相则在附加应力作用下产生流动。土体单元总的体积变化等于各相体积变化之和。在假定土颗粒不可压缩和不考虑收缩膜的情况下，非饱和土体单元变形和体积变化可根据采动附加应力 $\Delta\sigma_1$、$\Delta\sigma_2$、$\Delta\sigma_3$ 和吸力增量（$\Delta u_a - \Delta u_w$）由其本构方程式（3.28）和式（3.31）来确定。

3.4.4　采动土体单元附加应力分布特征

黄土层采动附加应力是导致土体单元附加变形的原因，通过 FLAC 数值模拟分析黄土层开采沉陷过程中的附加应力分布。

1. 垂直附加应力

利用 3.2 节中的基准计算模型，模拟计算开挖前、后的应力场。将同一单元开挖后的应力减去其原始应力，获得黄土层不同深度处采动附加应力计算结果，绘出不同层位各节点 n 的垂直附加应力分布曲线，如图 3.15 所示。

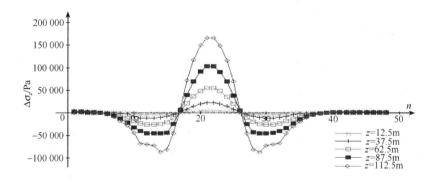

图 3.15　采动垂直附加应力分布曲线

不同深度处垂直附加应力分布规律基本相同。在煤柱上方土层中产生附加压缩应力，在采空区上方土层中产生附加拉伸应力。最大拉伸附加应力位于采空区中央上方，最大压缩附加应力位于煤柱上方，前者大于后者。垂直附加应力的大小随深度增加而变大，接近地表时垂直附加应力趋于零。

2. 水平附加应力

在标准计算模型条件下，根据开挖前、后的水平应力模拟计算结果，绘出黄土层不同深度处各节点 n 的水平附加应力分布曲线，如图 3.16 所示。

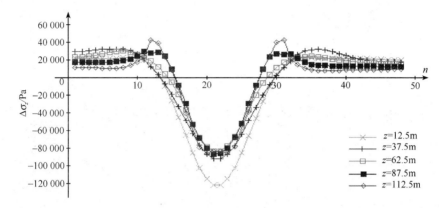

图 3.16　采动水平附加应力分布曲线

不同深度处水平附加应力分布特征较为复杂。在煤柱上方土层中产生附加水平拉伸应力，其大小随深度增大而变大，在地表附近较小。在采空区上方土层中产生附加水平压缩应力，其大小随深度减小而增大，在接近地表时达到最大值。在同一层位上最大压缩附加应力大于最大拉伸附加应力，附加应力符号与竖直方向相反。

3. 综合分析

为了分析附加应力相对于原始应力的增量关系，根据模拟结果计算附加应力与对应位置的原始应力的比值 μ_z、μ_x，其垂直与水平附加应力相对增量变化曲线分别如图 3.17 和图 3.18 所示。

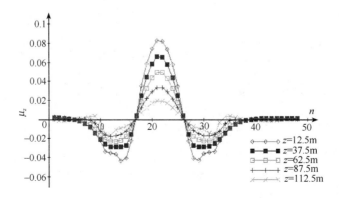

图 3.17　垂直附加应力相对增量曲线

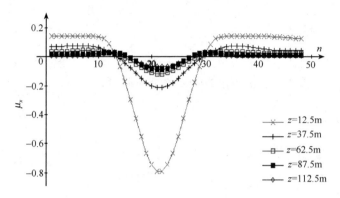

图 3.18 水平附加应力相对增量曲线

比较图 3.15 和图 3.17 与图 3.16 和图 3.18 可知，附加应力相对增量的变化特征与附加应力分布基本相同。随深度的增加，黄土层中附加垂直应力相对增量变大，最大超过 8%。在地表附近垂直应力相对增量接近为零，表明近地表土层的垂直附加应力可以忽略，而深部黄土层的垂直附加应力无论绝对量还是相对增量都较为明显，是黄土层中产生垂直变形和下沉衰减的主要原因。

黄土层中附加水平应力相对增量在地表附近达到最大，煤柱上方水平拉伸附加应力相对增量超过 20%，采空区上方压缩附加应力相对增量接近 80%。水平方向的应力相对增量远远大于垂直方向。因此，近地表土体单元的变形特征是由水平附加应力所控制。随着黄土层深度的增加，附加水平应力相对增量减小，深部水平应力相对增量小于 10%。

采动附加应力相对增量极值出现在采空区边界附近的煤柱上方以及采空区中央上方。在开挖尺寸很大的超充分采动情况下，采空区中央的应力集中将会变小。应该指出，在工作面开挖推进的动态过程中，黄土层附加应力集中也是不断变化的，这种应力变化是导致近地表土体单元产生体积变形及饱和黄土固结变形的主要原因。

3.5 基岩开采沉陷引起的黄土层变形

3.5.1 黄土层下沉与竖向变形

1. 不同宽深比条件下黄土层的竖向变形

最大下沉量是反映竖向移动特征的主要指标，提取基准计算模型中采空区正上方基岩面和地表节点的最大下沉值，将基岩与地表最大下沉量之差与黄土层厚度之比，定义为土层竖向变形 ε_{zt}，即 $\varepsilon_{zt} = (W_{mj} - W_{mt})/H_t$（式中 W_{mj}、W_{mt}、H_t 分别表示基岩最大下沉量、地表最大下沉量、土层厚度）。竖向变形值为正表示土层在竖直方向上受拉伸变形，反之受压缩变形。竖向变形 ε_{zt} 与常用的土层下沉系数 η_t（定义为地表最大下沉与基岩面最大下沉量的比值）之间的数学关系为

$$\eta_t = (W_j - \varepsilon_{zt} \cdot H_t)/W_j \tag{3.32}$$

根据模拟计算结果绘出黄土层和基岩下沉系数随宽深比 λ 变化的关系曲线，如图 3.19 所示。

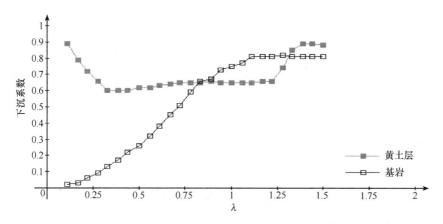

图 3.19　土层及基岩下沉系数与宽深比的关系曲线

模拟计算结果反映以下特征：

（1）基岩下沉系数与宽深比 λ（表示采动程度）呈正相关，当宽深比达到 1.1 后，下沉系数基本稳定在 0.81。小于相应的黄土层下沉系数。

（2）黄土层中的下沉系数在采动程度很低（宽深比小于 0.35）时，下沉系数很大，并与采宽呈负相关，表明黄土层在基岩弯曲变形的初始阶段基本上与基岩同步下沉，随着采动程度的增加，在黄土层整体性未破坏之前，黄土层的结构强度发生作用，竖向变形逐渐增大，下沉系数减小；当开采达到一定程度（宽深比在 0.35～1.2）时，其下沉系数基本保持在 0.65 左右，此阶段基岩面为断裂下沉模式，黄土层的整体性尚未完全破坏，竖向变形较大；当宽深比大于 1.2 时，其下沉系数明显增大至 0.89 左右，此阶段基岩面达到充分下沉模式，黄土层的整体性完全破坏，竖向变形很小。黄土层下沉系数均小于 1.0，说明黄土层对基岩沉陷具有"减缓"作用。

（3）在采动程度较低、宽深比 λ 小于 0.8 时，土层中的下沉系数明显大于基岩下沉系数，当采动达到充分开采后，土层中的下沉系数同样大于基岩下沉系数。这反映了土层强度较低、具有随基岩面一起移动且易于压实的特性。而宽深比处于中间状态时，土层的下沉系数小于基岩，则说明黄土层的整体性破坏以前，还存在一定的结构强度。

若用竖向拉伸变形来描述基岩面下沉在传递至地表过程中，在黄土层中逐渐衰

减的程度，则随着宽深比 λ 的增大和基岩面动态下沉的扩展，土层中竖向拉伸变形 ε_{zt} 经历由小变大、中间稳定、再变小最后趋于定值的过程，其变化曲线如图 3.20 所示。

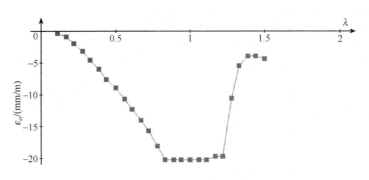

图 3.20　ε_{zt} 与宽深比 λ 的关系曲线

2. 不同深度处黄土层与基岩的下沉分布特征

对基准模型进行数值模拟，提取出不同深度的黄土层和基岩面上单元节点的下沉量，将各点下沉值与同一层位最大下沉量相除，得到不同深度处的下沉分布，不同深度的下沉分布曲线 $w(z)$ 如图 3.21 和图 3.22。比较图 3.21 和图 3.22 可见：

（1）黄土层的下沉分布曲线与基岩有明显差别，前者（图 3.21）分布较为平缓。在煤柱上方，土层中的下沉分布系数明显大于基岩，尤其在靠近移动边界附近。在采空区边界上方，土层中的下沉分布明显比基岩平缓。

（2）黄土层中下沉分布形态与深度有关，地表下沉分布最为平缓。

（3）由于计算模型开挖方向由左向右推进，左、右两侧地表下沉分布曲线并不完全对称。开切眼一侧的地表下沉略大于停采线一侧，在盆地边缘附近更为明显。

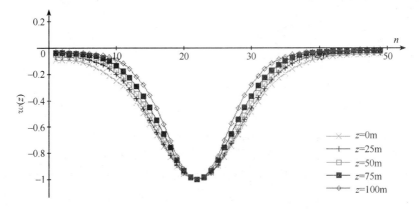

图 3.21　土层中的下沉分布曲线 $w(z)$

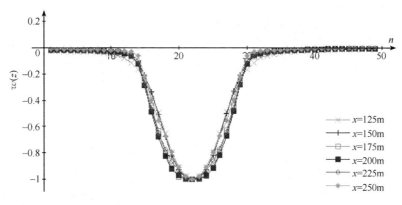

图 3.22 基岩中的下沉分布曲线 $w(z)$

3. 不同深度处黄土层与基岩的垂直变形

根据同一单元上、下两节点的下沉差及单元高度计算土层与基岩上部岩层中的竖向变形值，绘出距地表 $z = 12.5\mathrm{m}$、$62.5\mathrm{m}$、$112.5\mathrm{m}$、$140\mathrm{m}$、$200\mathrm{m}$、$262.5\mathrm{m}$ 不同深度处土层和基岩的竖向拉伸与压缩变形曲线，如图 3.23 和图 3.24 所示。

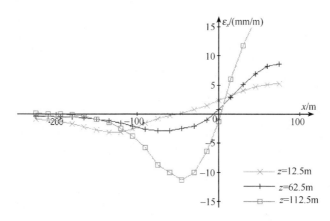

图 3.23 土层的竖向拉伸与压缩变形曲线

分析图 3.23 和图 3.24 可知：

（1）不同深度处竖向变形范围不同。与基岩相比，土层中的竖向变形范围明显大于基岩，地表的竖向变形范围最大。

（2）在煤柱上方基岩和土层均受竖向压缩变形，但土层中的竖向压缩变形量明显大于基岩；在采空区上方基岩和土层均受竖向拉伸变形，但土层中的竖向拉伸变形量明显小于基岩。这表明在煤柱上方土层的压缩特性强于岩层，在采空区上方，土层的竖向拉伸或离层量小于岩层。

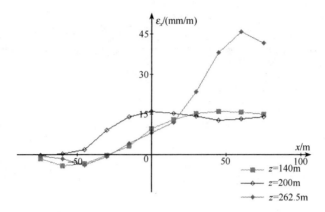

图 3.24　基岩上部的竖向拉伸与压缩变形曲线

　　为了分析竖向变形随深度变化的特征，分别在移动边界，采空区边界外缘及正上方和采空区中心处（对应于 $x=-150\text{m}$、-75、0、75m）作垂直剖面，绘制竖向变形随深度变化的曲线，如图 3.25 所示。

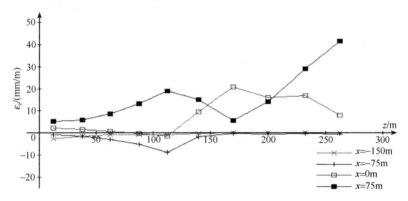

图 3.25　竖向变形与深度关系曲线

各曲线具有以下特征：

（1）在地表移动边界附近（$x=-150\text{m}$），黄土层中的竖向压缩变形随深度增加而减小，基岩中基本不产生压缩变形。

（2）采空区边界的外缘（$x=-75\text{m}$），黄土层中的竖向压缩变形随深度增加而增大，在土岩面附近达到最大值，而基岩中压缩变形则很小，接近于零。

（3）采空区边界正上方（$x=0$），黄土层中的竖向变形随深度增加而由拉伸变形转变为压缩变形，其绝对值很小。而基岩中则产生较大的竖向拉伸变形，其绝对值与岩层力学强度有关。

（4）采空区中心正上方（$x=75$），黄土层和基岩均受竖向拉伸变形。在土层中竖向拉伸变形随深度增大而变大，在岩层中竖向拉伸变形与岩层力学强度有关，但总的趋势与深度呈正相关。

3.5.2　黄土层的水平移动与变形分析

1. 不同深度的水平位移分布特征

对基准模型进行数值模拟，提取不同深度黄土层和基岩层上部单元节点的水平位移，计算该层最大水平移动量与相应的最大下沉值之比，得出各层水平移动系数 b，其随深度 z 变化的曲线如图 3.26 所示。

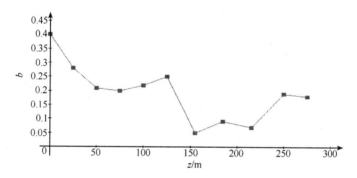

图 3.26　水平移动系数 b 与深度 z 的关系曲线

各层的最大下沉量与土层深度呈正相关，但最大水平移动量在土层中随深度增加而有减小趋势。水平移动系数在地表达到最大值，在土层内部随深度的增加有所减小。而岩层中的水平移动系数 b 远小于土层，且随深度增加而逐渐增大，在土岩分界面时基岩的水平移动系数相对于土层显著减小。土层和基岩中的水平移动变化规律明显不同。

为了分析土、岩分界面附近土层和基岩的水平移动特征，提取土岩界面上下单元的水平移动量，分别绘出土层和基岩及其相对水平移动曲线，如图 3.27 所示。

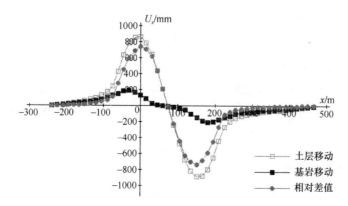

图 3.27　土岩交界面处的相对水平移动曲线

由图 3.27 可知，在土、岩交界面附近，土体单元的水平移动量显著大于基岩的水平移动，黄土层相对于基岩面产生了明显的指向采空区中心的剪切滑动，其相对移动量在采空区边界附近达到最大值，达到 738mm。将同一层位各点水平位移值与其最大值相除，得到不同深度处的水平移动分布 λ_b，绘出其分布曲线如图 3.28 和图 3.29 所示。

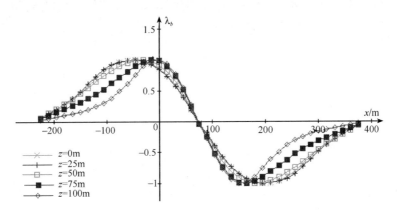

图 3.28　土层中的水平移动分布曲线

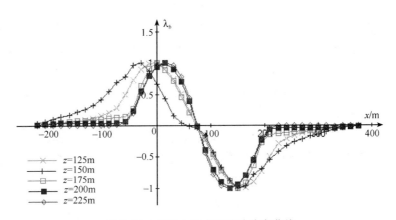

图 3.29　基岩中的水平移动分布曲线

水平移动分布 λ_b 基本上以采空区中心为对称，黄土层和基岩的水平位移均指向采区中心。在移动盆地边缘区域黄土层与岩层中的水平移动分布特征明显不同。地表的水平移动分布范围最大，最大水平移动（水平变形拐点）位置随深度增加而向采空区中心偏移。

2. 不同深度黄土层与基岩的水平变形

由同一单元左、右两节点的水平位移差及单元宽度计算土层与基岩上部水平变形值，分别绘出不同深度 $z=0\text{m}$、50m、100m、125m、185m、250m 处土层和基岩的水平拉伸与压缩变形曲线，如图 3.30 和图 3.31 所示。

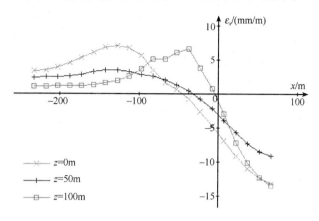

图 3.30　土层中的水平变形曲线

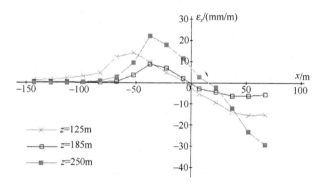

图 3.31　基岩中的水平变形曲线

由图 3.30 和图 3.31 可知：

（1）不同深度处水平变形范围不同。与基岩相比，土层中的水平变形范围明显大于基岩，在地表水平变形范围达到最大。

（2）在煤柱上方基岩和土层均受水平拉伸变形。在移动盆地边缘附近，土层中的水平拉伸变形量明显大于基岩，在地表和土岩交界面附近土层的拉伸变形最为显著。在采空区上方均受水平压缩变形，水平变形拐点随深度增加而采空区中心方向偏移。

（3）对比竖直变形曲线可知，地表移动边缘区域的水平拉伸变形范围明显大于垂直变形范围，水平拉伸变形量显著大于相应竖直方向的压缩变形，这表明在煤柱上方地表附近的土体单元在水平向和竖直向的绝对变形量差距很大，土体单元产生显著的体积变形。

为了分析水平变形随深度变化的特征，分别在移动边界、采空区边界外缘及正上方和采空区中心处（对应于 $x = -150\text{m}$、-75m、0、75m）作垂直剖面，绘制水平变形随深度变化的曲线，如图 3.32 所示。

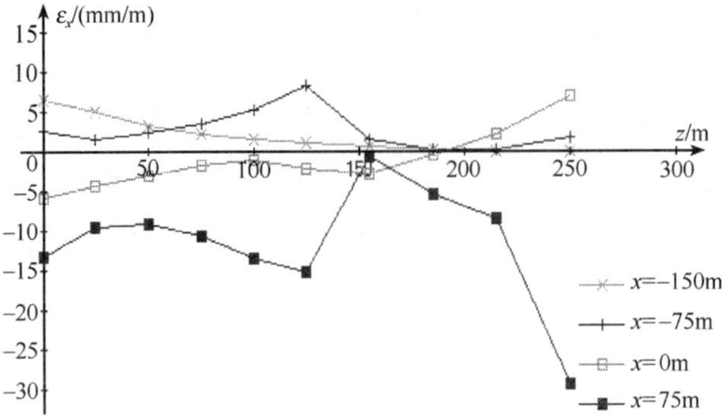

图 3.32　水平变形随深度变化的曲线

图 3.32 具有以下特征：

（1）在地表移动边界附近（$x=-150\text{m}$），地表黄土层中的水平拉伸变形很大，随着深度增加而减小，在基岩中水平拉伸变形接近于零。

（2）采空区边界外缘（$x=-75\text{m}$），黄土层中的水平拉伸变形随深度增加而增大，在土岩交界面附近达到最大值，在基岩中水平拉伸变形则很小。

（3）采空区边界正上方（$x=0$），黄土层中为水平拉伸变形，并随深度增加而有所减小，而基岩中水平变形则随深度增加而由拉伸过渡为压缩变形。

（4）采空区中心正上方（$x=75\text{m}$），黄土层和基岩均受水平压缩变形。在土层中水平压缩在地表和土岩交界面附近较大，在基岩中水平拉伸变形与深度及岩层力学性质有关。

（5）在土岩交界面上下，土层和基岩的水平变形均存在明显的差别。土岩交界面为水平变形产生突变的位置，这是黄土层沿基岩面产生显著剪切滑动的结果。

3.5.3　采动土体单元的体积变形

1. 不同深度土层的体积变形

基准计算模型为二维平面应变模型，土体单元体积变形即为单元体在水平方向和竖直方向应变之和，即 $\varepsilon_V=\varepsilon_x+\varepsilon_z$。

按照拉伸变形为正值的定义，当体积变形 ε_V 为正时，表示单元产生体积膨胀，ε_V 为负时表示单元产生体积压缩。根据基准模型的土体竖向变形与水平变形值，按上式计算各单元的体积变形值，分别绘出绘出深度 $z=12.5\text{m}$、62.5m、112.5m 处土层的体积变形曲线，如图 3.33 所示。由图 3.33 可知：

（1）在煤柱上方，土体单元具有明显的体积膨胀，地表附近的体积变形量最大，随深度增加而有所减小。由于煤柱上方土层处于水平拉伸和竖直压缩变形状

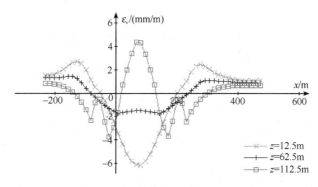

图 3.33 土体单元体积变形分布曲线

态，可见土体单元的水平向拉伸变形大于其竖向压缩变形，导致体积膨胀。

（2）在采空区上方，地表土体单元产生明显的体积压缩，随深度增加逐步转为体积膨胀变形，这表明在采空区上方地表土层水平向压缩变形大于其竖向拉伸变形，导致体积压缩；而在土层下部水平向压缩变形减小，转化为以竖向拉伸变形为主导，导致土体单元体积膨胀。

（3）在煤柱上方地表附近，由水平向拉伸变形为主引起体积膨胀，这是导致地表裂缝形成的原因。在采空区上方地表的体积压缩变形使土体单元的体积膨胀所有收缩。

2. 地表土体单元的体积变形

1）数值模拟计算结果

为了进一步分析地表土体单元的体积变形特征，列出左半盆地的地表各单元水平变形与竖向变形及单元体积变形值。同时，将各单元变形值除以对应的最大变形值，计算出水平变形与竖向变形及体积变形的分布系数，如表 3.8 所示。绘出地表单元的水平变形、竖向变形和体积变形曲线，如图 3.34 所示。

表 3.8 地表土体单元的水平变形、竖向变形、体积变形及其分布系数

特 征		单元中心距采空区左边界的位置坐标 x						
	坐标/m	-127.5	-112.5	-97.5	-82.5	-667.5	-52.5	-37.5
变形量 /(mm/m)	水平变形	3.4	3.5	3.9	4.5	5.3	6.1	6.8
	竖直向变形	-0.9	-1	-1.2	-1.5	-2	-2.5	-3
	体积变形	2.2	2.2	2.3	2.4	2.7	2.9	3.1
变形分布系数	水平向	0.48	0.5	0.55	0.64	0.75	0.86	0.96
	竖直向	-0.3	-0.33	-0.38	-0.49	-0.64	-0.81	-0.96
	体积	0.69	0.7	0.72	0.76	0.83	0.91	0.97

续表

特　征	单元中心距采空区左边界的位置坐标 x						
	坐标/m	−127.5	−112.5	−97.5	−82.5	−667.5	−52.5	−37.5
变形量 /(mm/m)	水平变形	7.1	6.7	5.7	3.4	1.7	0.6	−0.8
	竖直向变形	−3.1	−2.8	−2.1	−1.1	−0.5	0	0.5
	体积变形	3.2	3	2.4	1.6	0.9	0.4	−0.3
变形分布 系数	水平向	1	0.95	0.8	0.48	0.24	0.09	−0.06
	竖直向	−1.01	−0.92	−0.67	−0.37	−0.15	−0.01	0.09
	体积	1	0.93	0.76	0.49	0.29	0.13	−0.06
特　征	单元中心距采空区左边界的位置坐标 x						
	坐标/m	−22.5	−7.5	7.5	22.5	37.5	52.5	67.5
变形量 /(mm/m)	水平变形	−2.6	−4.7	−6.9	−9.1	−11	−12.4	−13.2
	竖直向变形	1.1	1.9	2.7	3.6	4.3	4.9	5.2
	体积变形	−1.3	−2.3	−3.3	−4.3	−5.2	−5.8	−6.2
变形分布 系数	水平向	−0.2	−0.35	−0.52	−0.69	−0.83	−0.94	−1
	竖直向	0.21	0.36	0.52	0.69	0.83	0.94	1
	体积	−0.2	−0.37	−0.53	−0.7	−0.84	−0.94	−1

由图 3.34 可见，竖直变形与水平变形曲线在形态上具有对称相似特征，其变形符号相反，绝对值不等。体积变形与竖直变形曲线在形态上完全相似，其变形符号相反，绝对值不等。为了进一步分析三种变形的分布特征，绘出水平向与竖直向及体积变形分布系数 p_x、p_z、p_v（将竖直变形分布系数符号反向），如图 3.35 所示。

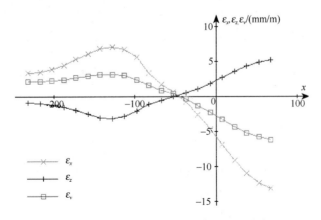

图 3.34　地表水平、竖直及体积变形曲线

图 3.35 中，体积变形与水平变形及竖直变形（符号反向）的分布几乎完全

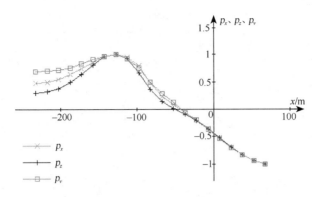

图 3.35　地表水平、竖直及体积变形分布曲线

一致，仅在移动盆地的边界附近存在较小的差别。

2）相似材料模型实验结果

为了分析土体单元在基岩沉陷影响下的变形特征，在 2.3 节所进行的模型实验中按 10cm×10cm 间隔埋设测点标志，在每个测点周围设置控制格网，采用数码照相和图像处理技术进行测点位移的动态监测，获取土体单元在垂直和水平方向的位移变形及其体积变化（对于二维情形即为垂直和水平方向变形的代数和）。重点研究近地表黄土的变形特性，取地表单元 $A_i - A_{(i+1)} - B_i - B_{(i+1)}$（模型尺寸 10cm×10cm，对应于实地为 10m×10m），设单元水平变形为 ε_{xi}、竖向变形为 ε_{zi}、体积变形为 ε_{vi}，如图 3.36 所示。

图 3.36 中定义拉伸变形为正，压缩变形为负，体积变形为正时表示土体单元产生体积膨胀，为负时表示体积压缩。各种变形值按下式计算

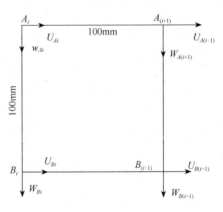

图 3.36　土体单元变形分析

$$
\begin{cases}
\varepsilon_{xi} = (U_{A(i+1)} - U_{Ai})/20 + (U_{B(i+1)} - U_{Bi})/20 \\
\varepsilon_{zi} = (U_{Bi} - U_{Ai})/20 + (U_{B(i+1)} - U_{A(i+1)})/20 \\
\varepsilon_{vi} = \varepsilon_{xi} + \varepsilon_{zi}
\end{cases}
\tag{3.33}
$$

在开采影响稳定后，根据近地表测点 A1～A20 及 B1～B20 两排测点的垂直位移和水平位移观测值，按上式计算出地表土体单元的水平变形与竖向变形及体积变形值，如表 3.9 所示。同时将各单元变形值除以对应的最大变形值，计算出水平变形、竖向变形及体积变形的分布系数（表 3.9）。绘出地表单元的水平变形、竖向变形和体积变形曲线，如图 3.37 所示。

表 3.9　地表土体单元的水平变形、竖向变形和体积变形值

单元中心位置		变形量/(mm/m)			变形分布系数		
测点号	坐标/m	水平变形	竖向变形	体积变形	水平向 p_x	竖直向 p_z	单元体积 p_v
0—1	−45	4.20	−0.30	3.90	0.22	−0.05	0.31
1—2	−35	7.80	−1.80	6.00	0.42	−0.29	0.48
2—3	−25	13.35	−4.05	9.30	0.71	−0.66	0.74
3—4	−15	18.75	−6.15	12.60	1.00	−1.00	1.00
3—5	−5	5.25	−2.70	2.55	0.28	−0.44	0.20
5—6	5	0.75	−0.45	0.30	0.04	−0.07	0.02
6—7	15	−4.35	1.65	−2.70	−0.23	0.27	−0.21
7—8	25	−15.60	6.04	−9.56	−0.83	1.00	−0.75
8—9	35	−8.25	3.90	−4.35	−0.44	0.63	−0.35
9—10	45	−2.55	2.25	−0.30	−0.14	0.37	−0.02
10—11	55	−1.35	1.65	0.30	−0.07	0.27	0.02
11—12	65	−0.75	2.10	1.35	−0.04	0.34	0.11
12—13	75	−1.05	1.65	0.60	−0.06	0.27	0.05
13—14	85	−1.65	1.95	0.30	−0.09	0.32	0.02
13—15	95	−2.85	2.55	−0.30	−0.15	0.41	−0.02
15—16	105	−7.65	4.20	−3.45	−0.41	0.68	−0.27
16—17	115	−13.65	5.85	−7.80	−0.73	0.95	−0.62
17—18	125	−7.30	1.20	−6.10	−0.39	0.20	−0.48
18—19	135	−3.30	1.20	−2.10	−0.18	0.20	−0.17
19—20	145	0.75	−0.60	0.15	0.04	−0.10	0.01
20—21	155	3.15	−1.50	1.65	0.17	−0.24	0.13

表 3.9 和图 3.37 反映出以下特征：

（1）近地表土体单元水平向变形和竖直向变形具有相似的分布特征，其变形符号相反。所有单元若在水平竖向产生拉伸变形，竖直方向则产生压缩变形，反之亦如此。各单元在水平和竖直向的变形绝对值均不等，水平向变形值及最大值显著大于竖直方向，地表土体单元产生明显的体积变形，而体积变形曲线与水平变形曲线在形态上完全相似，其变形符号一致，绝对值不等。

（2）在煤柱上方地表，土体单元的水平拉伸变形显著大于其竖直向压缩变形，单元产生显著的体积膨胀，在移动盆地边缘附近水平拉伸变形尤为明显，这与实地情况相一致。由于煤柱上方土层的竖向压缩量较小，反映出煤柱上方地表相对于基岩的下沉增量较小。

（3）在采空区靠近边界的地表上方，土体单元的水平压缩变形显著大于其竖直向拉伸变形，单元产生显著的体积压缩。这表明近地表土体单元变形是由水平向附加应力导致的水平变形为主导，而竖直向附加应力和竖向变形较小。由于采空区上

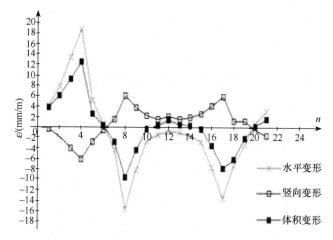

图 3.37　土体单元水平、竖向与体积变形曲线

方土层的竖向拉伸量小，反映出采空区上方地表相对于基岩的下沉衰减很小。这表明基岩面下沉传递至地表的过程中，将出现煤柱上方下沉量减小和采空区上方下沉量增大，同时盆地边缘附近下沉量虽小但水平移动和水平变形量却较大的特点。

（4）在采空区中央上方地表，单元水平和竖直变形量均很小，竖向拉伸略大于水平压缩变形，表明充分下沉区域的土体单元产生很小的体积变形。为了进一步分析三种变形的分布特征，绘出地表水平向与竖直向及体积变形分布系数 p_x、p_z、p_v，如图 3.38 所示。

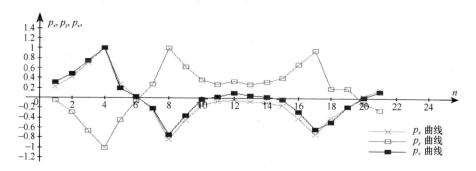

图 3.38　地表土体单元的水平、竖直与体积变形分布曲线

图 3.38 中，体积变形分布系数与水平变形及竖向变形（符号反向）分布系数基本一致，最大值位置相同。在移动盆地边缘附近水平向变形系数较大，而竖直变形接近为零；在采空区中央充分下沉区域，存在竖直向变形，而水平向变形接近为零。

数值模拟和模型实验表明，采动黄土体单元产生明显的体积变形。在地表附近土体单元变形由水平向变形所主导，其体积变形与水平变形及竖直变形的分布特征基本相同。三者的最大值发生在同一位置，只要得到地表水平向或竖直向变形的最大值及其分布函数，即可确定其他两种变形分布。

第四章 黄土层的采动附加变形与破坏

西部矿区黄土层的物理力学特性既不同于岩层，也有别于其他矿区的松散表土层。黄土层在基岩沉降影响下产生开采沉陷变形的同时，因其饱和状态与应力状态改变而产生附加变形。本章利用土力学理论分析采动黄土层固结变形与湿陷变形机理，结合开采沉陷理论探讨黄土层采动裂缝与土体剪切破坏的形成机理。

4.1 黄土试样的物理力学试验

为了获取研究区黄土层的物理力学指标，在彬长大佛寺煤矿首采区上方黄土层中进行了现场取样试验。四个采样分别为 CY1：地表高程 1020m，取样深度 2m；CY2：地表高程 1010m，取样深度 2m；CY3：高程 950m，取样深度 3m；CY4：高程 930m，取样深度 3m。分别在 4 个位置共采集 20 组试样进行室内实验，如图 4.1 所示。土力学实验在我校水工实验室进行，试验结果如表 4.1（a）和表 4.1（b）所示。

表 4.1（a） 黄土试样的物理力学试验结果

取样号	取样点标高 H /m	取土深度 /m	物理及力学性质								
			天然含水量 w/%	容重/(kN/m³)		密度 G /(kN/m³)	饱和度 S_r /%	隙度 n/%	天然隙比 e_0	压缩系数 /MPa⁻¹ (0.1~0.2 MPa)	压缩模量 / MPa (0.1~0.2 MPa)
				天然状态 r	干燥状态 r_d						
CY1	1020	2	14.94	15.75	13.7	2.71	41.3	49.5	0.98	0.62	1.61
		3	15.02	15.77	13.72	2.71	41.5	49.5	0.98	0.58	1.72
		2	14.96	15.75	13.7	2.71	41.4	49.5	0.98	0.6	1.67
		2	15.08	15.85	13.77	2.71	42.1	49.5	0.97	0.52	1.92
		2	15.06	15.78	13.71	2.71	41.6	49.5	0.98	0.49	2.04
	平均值		15.01	15.78	13.72	2.71	41.58	49.5	0.98	0.56	1.79
CY2	1010	2	14.93	15.75	13.68	2.71	41.3	49.5	0.96	0.44	2.04
		2	14.92	15.75	13.71	2.71	41.3	49.5	0.98	0.46	2.17
		2	14.94	15.76	13.71	2.71	43.2	49.5	0.96	0.24	4.17
		2	15.06	15.78	13.71	2.71	41.6	49.5	0.98	0.48	2.08
	平均值		14.96	15.75	13.7	2.71	41.85	49.5	0.97	0.42	2.62
CY3	950	3	20.08	18.45	15.36	2.71	71.6	43	0.77	0.11	9.1

续表

取样号	取样点标高 H /m	取土深度 /m	物理及力学性质								
			天然含水量 w/%	容重/(kN/m³)		密度 G /(kN/m³)	饱和度 S_r/%	隙度 n/%	天然隙比 e_0	压缩系数 /MPa^{-1} (0.1~0.2 MPa)	压缩模量 /MPa (0.1~0.2 MPa)
				天然状态 r	干燥状态 r_d						
		3	20.06	18.3	15.24	2.71	69.7	44	0.78	0.09	11.1
		3	20.09	18.6	15.49	2.71	56.3	43	0.78	0.08	12.8
		3	19.08	18	15.13	2.71	65.5	44	0.81	0.09	11.1
		3	19.08	18	15.13	2.71	57.5	44	0.8	0.09	11.1
		3	19.08	18.5	15.44	2.71	70.6	43	0.79	0.11	9.1
	平均值		19.58	18.31	15.3	2.71	65.2	43.5	0.79	0.1	10.72
CY4	930	3	23.24	18.89	15.33	2.71	81.8	43	0.77	0.11	9.1
		3	23.09	18.75	15.23	2.71	80.2	44	0.77	0.06	16.7
		3	23.45	18.78	15.21	2.71	81.6	44	0.75	0.08	12.8
		3	23.38	18.46	14.96	2.71	78.2	45	0.8	0.09	11.1
		3	23.24	18.52	15.03	2.71	78.7	45	0.78	0.08	12.8
	平均值		23.28	18.68	15.15	2.71	80.1	44.2	0.77	0.08	12.5

表 4.1（b）　黄土试样的物理力学试验结果

取样号	取样点标高 H /m	物理及力学性质						
		自重湿陷系数 δ_{zs}	湿陷系数 ($P=0.2$ MPa)	抗剪力		可塑性界限		液性指数 I_l
				内摩擦角 φ/(°)	凝聚力 C/MPa	液限 W_l/%	塑限 W_p/%	塑性指数 I_p/%	
CY1	1020	0.09	0.108	24	0.026	30.2	19.1	11.1	＜0
		0.1	0.12	24	0.024	30.3	19.2	11.1	
		0.098	0.12	25	0.024	30.2	19	11.2	＜0
		0.128	0.136	25	0.025	30.4	19.3	11.1	＜0
		0.096	0.12	24	0.023	30.4	19.2	11.2	＜0
	平均值	0.103	0.115	24.4	0.024	30.3	19.2	11.1	＜0
CY2	1010	0.075	0.108	26	0.037	30.1	19.1	11	＜0
		0.076	0.122	26	0.025	30.2	19.1	11.1	＜0
		0.08	0.122	27	0.028	30.4	19.2	11.2	＜0
		0.85	0.118	26	0.035	30.1	19	11.1	＜0
	平均值	0.079	0.118	26.3	0.031	30.2	19.1	11.1	＜0
CY3	950	0.002	0.001	30	0.045	31	19.4	11.6	0.06
		0.009	0.001	28	0.063	31	19.3	11.7	0.07
		0.002	0.001	28	0.052	31.1	19.4	11.7	0.06
		0.002	0.001	27	0.059	30.8	19.1	11.7	0.06

续表

取样号	取样点标高 H /m	物理及力学性质							
		自重湿陷系数 δ_{zs}	湿陷系数 ($P=0.2$ MPa)	抗剪力		可塑性界限			液性指数 I_l
				内摩擦角 $\varphi/(°)$	凝聚力 C/MPa	液限 W_l/%	塑限 W_p/%	塑性指数 I_p/%	
		0.009	0.001	28	0.058	30.8	19.1	11.7	0.07
		0.002	0.001	28	0.056	31.2	19.5	11.7	0.07
	平均值	0.004	0.001	28.2	0.056	31	19.3	11.7	0.065
CY4	930	0.001	0	31	0.04	31.3	19.7	11.6	0.31
		0.001	0.001	29	0.065	31.4	19.6	11.8	0.3
		0.001	0	27	0.061	31.3	19.5	11.8	0.33
		0.001	0.001	29	0.065	31.3	19.6	11.7	0.32
		0.001	0.001	29	0.068	31.2	19.5	11.7	0.32
	平均值	0.001	0.001	29	0.06	31.3	19.6	11.7	0.32

图 4.1 黄土试样

4.1.1 黄土试样的物理性质

黄土试样由土颗粒、水分和孔隙组成,其三者之间的重量和体积的比例关系可反映出土的物理性质。黄土的物理性质用一系列指标表示,包括天然含水量、容重、相对密度、饱和度、孔隙度、孔隙比、压缩性系数、可塑性界限等。

试样 CY1 和 CY2 组位于采区塬上,距离地表较浅,两组试样的天然含水量明显小于 CY3 和 CY4 组,其容重、相对密度、饱和度、孔隙度、孔隙比、压缩性系数等各项物理指标与 CY3 和 CY4 组试样存在明显差别,由于高程较高,黄土形成年代近,前期固结压密度低,从而使该处黄土含水量和饱和度低、孔隙率和压缩系数高。分析四组试样的实验数据可知,主要物理性质指标与取样点的高程或黄土层深度的关系密切,绘出各组试样的饱和度、天然孔隙比、压缩性系数与深度的关系曲线,如图 4.2 所示。

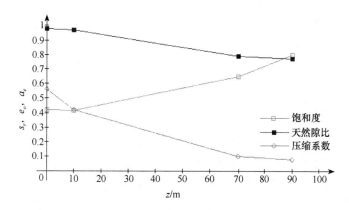

图 4.2 饱和度、天然孔隙比、压缩性系数与深度的关系

4 组试样的饱和度均小于 90%，都属于非饱和黄土，但 CY3 和 CY4 组试样的饱和度接近 80%，其性质明显不同于浅部土样。本次试验中 CY1 和 CY2 组试样的自重湿陷系数达 0.101~0.126，表明试验区近地表黄土层具有明显的湿陷特性，属于自重湿陷黄土，后面将进一步分析。

4.1.2 黄土试样的力学性质

各组试样的剪切试验结果如图 4.3 所示。

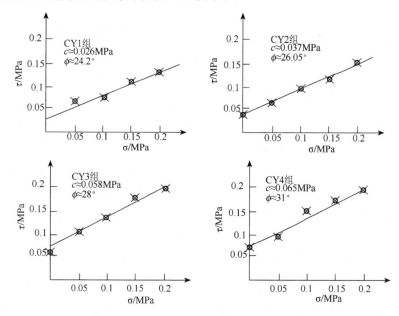

图 4.3 地表及深部土样剪切试验曲线

抗剪强度指标 c、φ 值随取样位置而有所不同，深部黄土试样的凝聚力显著大于浅部土样，而内摩擦角值也有所增大。试验区不同深度黄土层力学参数取

表 4.1 中的平均值。

4.2　采动土体渗透固结变形机理

4.2.1　采动引起的地下水流场变化

采动土体渗透固结变形是导致饱和黄土层采动附加变形的主要原因，而土体渗透与地下水流场变化特征密切相关。在厚黄土层矿区开采条件下，地下水的变化主要取决于覆岩变形破坏类型，可分为以下几种情况：

（1）在覆岩存在"三带"特征的开采条件下，若上覆隔水层位于冒落带时，其隔水性将会完全被破坏；当隔水层位于裂缝带内时，其破坏程度由导水裂缝带的下部向上部逐渐减弱；当隔水层位于上覆岩层的弯曲带下部时，其隔水性可能受到微小影响，但不会起到导水的作用；若隔水层位于覆岩弯曲带上部时，由于弯曲下沉带内的离层裂隙或地表裂缝一般不会与导水裂隙带贯通，开采对地表水体或黄土水层的影响很小。

（2）在覆岩属于"断陷"型的开采条件下，基岩裂隙带内的岩层透水能力显著增大。当冒落带裂隙带未波及地表水体或黄土层中的含水层底部时，一般不会发生大量地下水流失；当黄土层隔水性能较差时，开采将引起土层受到较大拉伸变形而出现裂缝，使隔水层的透水能力明显增强，加大地表水体或含水层中水的渗漏；当基岩与黄土层中形成贯通裂缝，将导致地下水流入井下采空区。但随着开采范围的扩大，导水裂缝带高度将基本保持不变，且一部分动态裂隙会逐渐闭合，将限制地表水体或松散含水层中的地下水渗漏。

（3）在覆岩属于"切冒"型开采条件下，冒落带将直接波及基岩顶部，上覆厚黄土层产生切冒式塌陷，地表水体或地下含水层中的水体将与井下直接贯通，可能造成透水事故。

综上所述，开采引起地下水的破坏，主要视基岩变形破坏模式及冒落裂隙带是否切穿隔水层而定。在弯曲下沉带内地下水渗透水能力较小；在导水裂隙带内尤其是在下部，地下水渗透能力增大；在冒落带内，由于冒落岩块之间空隙连通性好，是地下水流入井下的通道，地下水将直接流入井下。当采动黄土层剪切破坏区与基岩导水裂隙带贯通时，饱和黄土层中的地下水将大量流失，导致土层中的地下水位下降，造成黄土层的固结变形。

4.2.2　饱和土的渗透固结理论

土体固结变形是随孔隙水渗透排出时孔隙水压力 u_w 转化为有效应力 σ' 的动态过程。描述这种渗透固结变形的经典理论主要有 Terzaghi 固结理论和 Biot 三维固结理论等[75]。

1）Terzaghi 一维固结理论

Terzaghi 对均质饱和土作出以下假设：

（1）土层压缩和排水仅沿一个方向发生。

（2）土颗粒和孔隙水不可压缩，土体单元的压缩速率取决于孔隙水的排出速度。

（3）土的压缩符合压缩定律，且固结过程中压缩系数和体积变化系数 m_v 为常量。

（4）在固结过程中产生的应变为小变形且连续，土骨架的变形符合弹性理论。

（5）孔隙水的流动符合达西定律，且固结过程中渗透系数 k_s 保持常数。

Terzaghi 将饱和土的本构方程和流动定理结合起来，通过使用体积变化系数 m_v 这一土性指标，用本构方程描述应力状态变化与土结构变形之间的关系，用有效应力 $(\sigma-u)$ 作为应力变量来描述饱和土的性状，用达西定律来描述固结过程中水的流动特征，建立经典的一维固结理论，其固结方程为

$$\frac{\partial u_w}{\partial t} = C_v \cdot \frac{\partial^2 u_w}{\partial z^2} \tag{4.1}$$

式中：C_v——固结系数，$C_v = k_s / (\rho_w \cdot g \cdot m_v)$；

　　　k_s——饱和状态下（饱和度 $S_r = 100\%$）的渗透系数；

　　　ρ_w——水的密度；

　　　g——重力加速度；

　　　m_v——饱和土的体积变化系数。

上式描述了固结过程中孔隙水压力 u_w 随深度和时间的变化。孔隙水压力的变化引起有效应力 $(\sigma-u_w)$ 的变化。对于采动附加应力（三向应力的平均值），作用在饱和土上产生超静孔隙水压力 $\Delta u_w = \sigma_m$，随着渗透排水的发生，超静孔隙水压力 Δu_w 逐渐消失，使有效应力 $\sigma' = \sigma - u_w$ 增大，土骨架发生变形，产生体积应变。

2）Biot 三维固结理论

Biot 在 Terzaghi 理论的基础上，考虑土骨架和孔隙水的相互作用，建立了严格的饱和土体渗透固结理论。设 u_x、u_y、u_z 为土骨架微分体的位移分量，w_x、w_y、w_z 为微分体中液相的位移分量，其二维情形如图 4.4 所示。

根据土结构和孔隙流体的平衡方程及连续条件与有效应力原理，可导出渗透系数为常数的线弹性介质的动力固结方程。对于静力问题和不可压缩流体，其渗透固结方程为

$$\frac{\partial^2 u_x}{\partial x^2} + \frac{\partial^2 u_y}{\partial y^2} + \frac{\partial^2 u_z}{\partial z^2} = -\frac{\rho_f G}{K} \cdot \frac{\partial \varepsilon_v}{\partial t} \tag{4.2}$$

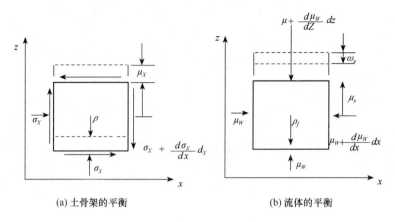

图 4.4　土体单元的平衡状态

其中 $\varepsilon_v = -\left(\dfrac{\partial u_x}{\partial x} + \dfrac{\partial u_y}{\partial y} + \dfrac{\partial u_z}{\partial z}\right)$ 为体应变。设土的压缩公式为 $\varepsilon_v = m_v\ (\sigma_m - u_m)$，上式（4.2）可进一步改为

$$\frac{\partial^2 u_w}{\partial x^2} + \frac{\partial^2 u_w}{\partial y^2} + \frac{\partial^2 u_w}{\partial z^2} = -C_v(\sigma_m - u_w) \tag{4.3}$$

式中 $C_v = \rho_f g m_v / k$ 即为固结系数。当总应力 σ_m 不变时，即得下面 Terzaghi-Rendulic 扩散方程

$$\frac{\partial^2 u_w}{\partial x^2} + \frac{\partial^2 u_w}{\partial y^2} + \frac{\partial^2 u_w}{\partial Z^2} = C_v \cdot \frac{\partial u_w}{\partial t} \tag{4.4}$$

式（4.4）的一维表达式即为 Terzaghi 一维固结方程。该式中只有一个变量 u_w，可以不依赖土体变形而由边界条件来独立求解。

对于饱和黄土的静力固结问题，考虑到 $\varepsilon_v = -\left(\dfrac{\partial u_x}{\partial x} + \dfrac{\partial u_y}{\partial y} + \dfrac{\partial u_z}{\partial z}\right)$，式（4.4）可写为

$$\frac{k}{\rho_f g} \nabla^2 u_w = \frac{\partial \varepsilon_v}{\partial t} \tag{4.5}$$

$$\begin{cases} G \nabla^2 u_x - G \dfrac{1}{1-2v} \cdot \dfrac{\partial \varepsilon_v}{\partial x} - \dfrac{\partial \varepsilon_w}{\partial x} = 0 \\[2mm] G \nabla^2 u_y - G \dfrac{1}{1-2v} \cdot \dfrac{\partial \varepsilon_v}{\partial y} - \dfrac{\partial \varepsilon_w}{\partial y} = 0 \\[2mm] G \nabla^2 u_z - G \dfrac{1}{1-2v} \cdot \dfrac{\partial \varepsilon_v}{\partial z} - \dfrac{\partial u_w}{\partial z} = \rho g \end{cases} \tag{4.6}$$

把后面三式分别乘以 $\dfrac{\partial}{\partial x}$、$\dfrac{\partial}{\partial y}$ 和 $\dfrac{\partial}{\partial z}$，相加后可得

$$\nabla^2 u_w = -2G \frac{1-v}{1-2v} \nabla^2 \varepsilon_v \tag{4.7}$$

代入式（4.6）后可得

$$\bar{G}_v \nabla^2 \varepsilon_v = \frac{\partial \varepsilon_v}{\partial t} \tag{4.8}$$

或者考虑到 $\varepsilon_v = C_v \cdot \sigma'_m$，上式可变为

$$\bar{G}_v \nabla^2 \sigma'_m = \frac{\partial \sigma'_m}{\partial t} \tag{4.9}$$

式中 $\bar{C}_v = kG(1-\mu)/(1-2\mu)\rho_f g$。式（4.8）和式（4.9）均为扩散方程，可按边界条件求解。把解算出的 ε_v 代入式（4.7）中，即可得孔隙压力 u_w，再把 ε_v、u_w 代入式（4.5），即可得位移 u_x、u_y、u_z。上述过程须采用数值方法解算。

4.2.3　饱和土体单元采动固结变形机理

对于地下水位以下的饱和黄土层，是由固相的土颗粒和液相的孔隙水组成的两相介质，土体所受的自重应力由土粒和孔隙水共同承担。土层在基岩面不均匀沉陷作用下产生下沉弯曲及附加应力 $\Delta\sigma_z$、$\Delta\sigma_x$、$\Delta\sigma_y$。假定饱和土体单元在附加应力作用的瞬间尚未产生渗透排水，则由有效应力原理可知，附加应力作用引起孔隙水压力增量 $\Delta u_w = \Delta\sigma_m = (\Delta\sigma_x + \Delta\sigma_y + \Delta\sigma_z)/3$，可称之为超静孔隙水压力。在不产生孔隙排水的条件下，由于采动附加应力的绝对值远小于单元体的原始应力，且饱和土体单元的有效应力增量部分较小，不足以引起土结构的附加变形。但是在附加应力作用下，具有一定渗透性的饱和黄土将产生渗透固结变形，若土体中的渗透特性保持常数，则土体单元的渗透固结变形随时间的变化可按 Terzaghi 或比奥理论求解。其边界条件为初始时刻 $t=0$ 时，在不排水条件下，单元体有效附加应力为零，在 t 趋于无穷大时，采动附加应力和自重应力全部转化为有效应力。在渗透固结的动态过程则由上述固结微分方程解算。

由于开采沉陷中采空区的发展是一个随时间变化的动态过程，基岩面的不均匀沉陷引起的土体单元变形同样经历着复杂的动态变化，饱和土体单元的渗透性不可能保持不变，这种渗透性改变加剧了孔隙水的排出，导致孔隙压力逐渐减小乃至消失，而土体单元的有效应力则不断增加，引起土骨架的变形及单元体积变形。因此，开采沉陷变形引起的土体渗透性改变是导致饱和土单元固结变形的主要原因，而单元体瞬间的附加应力引起的渗透固结则较为次要。

从宏观上看，在黄土覆盖矿区，当开采引起土体变形或裂隙导致饱和土层中的地下水流失，造成地下水位下降后，土体中的孔隙水被排出，孔隙水所承担的应力减小，土粒所承担的应力增大，即土粒的有效应力增加，从而使土体产生固结压密。在地下水位下降范围内土骨架的压密"空隙"向上传递影响至地表，便

在地表产生附加的沉降变形，并与开采沉陷变形相叠加。在这一过程中，饱和土所受的采动附加应力的影响较小。因此，对于饱和土体单元体积变形，本章主要分析地下水位下降引起的土层固结变形及其对地表沉陷的影响。

4.2.4　近地表非饱和土体单元体积变形机理

非饱和土的有效应力与孔隙气压力和负孔隙水压力及含水量（饱和度）有关。对于近地表饱和度较低的非饱和黄土层，土体单元中的孔隙气压力 u_a 可视为常数（标准大气压），其孔隙水压力 u_w 为负，基质吸力为 $u_a - u_w$，主要与土体含水量有关。采动附加应力 $\Delta\sigma_z$、$\Delta\sigma_x$、$\Delta\sigma_y$ 可视为有效应力直接作用于土体单元，使土骨架产生变形，导致单元体积应变。非饱和土体单元体积变形与附加应力的关系可用下式描述[110]

$$\mathrm{d}\varepsilon_v = 3\left(\frac{1-2\mu}{E}\right)\mathrm{d}(\sigma_m - u_a) + \frac{3}{H}\mathrm{d}(u_a - u_w) \tag{4.10}$$

由上式可知，若将孔隙气压力视为常数，则单元体积应变的增量 $\mathrm{d}\varepsilon_v$ 与平均法向应力增量 $\mathrm{d}\sigma_m$ ［$\mathrm{d}\sigma_m = （\Delta\sigma_x + \Delta\sigma_y + \Delta\sigma_z）/3$］呈正比。在近地表黄土层中，土体单元的自重应力中垂直应力远大于水平向应力，而地表附近采动黄土层弯曲导致的水平向附加应力远大于垂直向附加应力，因而近地表土体单元的平均法向应力增量由水平向应力增量所主导。当单元体水平应力增量为负时，产生水平向拉伸变形，体积变形增量为负，产生体积膨胀，反之，则产生体积压缩。按照开采沉陷学理论，在煤柱上方为拉伸变形带，在采空区上方过渡为压缩变形带，则土体单元的水平向应力增量由负过渡为正，其体积变形也由膨胀转为压缩。这表明，在地表附近的非饱和黄土层中，土体单元体积变形在分布特征上主要受开采沉陷引起的水平变形所控制。这种开采沉陷变形（或者说土层下沉弯曲变形）引起的附加体积变形，导致了近地表土层水平变形不符合随机介质理论关于采动单元体积不变的假设。

非饱和土体单元的吸力（$u_a - u_w$）改变也是导致体积变形的重要因素。吸力增大时体积变形增大。因此，当采动过程中地下水位下降，造成非饱和土体中的负孔隙水压力增大时，土体单元的体积变形也会增大。因此，就开采沉陷对土体单元体积变形的影响而言，离地表愈近饱和度愈低的土体单元在相同的采动影响下其体积变形也会越大，近地表土体单元的体积变形一般大于黄土层深部。

因此，地表附近的非饱和土体单元的水平向变形，可以分解为开采沉陷变形（指按随机理论计算的单元体竖直变形或水平变形）与单元体积变形。第三章中数值分析和模型实验结果表明，采动土体单元的竖直变形、水平变形和体积变形三者之间具有相同的分布特征。

4.3　采动土体单元破坏准则与开裂机理

采动土体单元在下沉弯曲过程中产生附加应力及变形，当应力作用超过其强度时，将产生破坏。土体是复杂的多相介质，土的强度理论有多种，就其破坏准则（即土体破坏时的应力状态表达式）而言，莫尔-库仑强度理论仍为土力学界所公认。

4.3.1　黄土体的强度理论

实验表明，黄土层的抗剪强度与法向应力的关系可用库仑定律来描述。其抗剪强度不仅与黄土的性状有关，还与试验时的排水条件、剪切速率、应力路径与应力历史等因素有关，其中排水条件的影响最为显著。

1. 饱和黄土的强度理论

根据 Terzaghi 有效应力原理，饱和土体的抗剪强度与有效应力存在唯一对应关系。利用莫尔-库仑破坏准则和有效应力原理，饱和土体的抗剪强度可表示为[84]

$$\tau_f = c' + \sigma' \cdot \tan\varphi'$$

$$(4.11)$$

式中：τ_f——土的抗剪强度；

　　　c'——有效凝聚力；

　　　σ'——剪切破坏面上的法向有效应力，$\sigma' = \sigma - u_w$；

　　　σ'——有效内摩擦角。

式（4.11）描述了 τ_f 与 σ' 之间的线性关系。当法向应力 σ' 较高或存在小主应力时，τ_f 与 σ' 之间的函数关系 $\tau_f = f(\sigma')$ 可近似用莫尔应力圆包线来表示，两者的关系如图 4.5 所示。黄土具有结构强度和应变软化特性，其典型强度包线如图 4.6 所示。

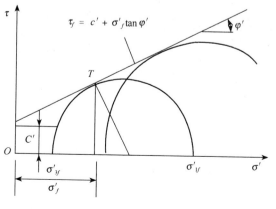

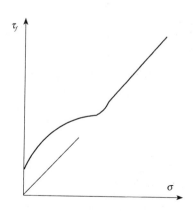

图 4.5　土体单元的莫尔应力圆与库仑强度包线　　　　图 4.6　黄土的典型强度包线

在围压较小时，土体结构强度发生作用。围压增大到一定程度时，结构强度遭到破坏，抗剪强度反而有所降低，围压继续增大，土体显著压密，抗剪强度又开始增大。

2. 非饱和黄土的强度理论

非饱和黄土的抗剪强度可由下式确定

$$\tau_f = c + (\sigma - u_a) \cdot \tan\varphi + f(u_a - u_w) \qquad (4.12)$$

非饱和黄土的抗剪强度分为三项。第一项为凝聚力，第二项为摩擦力。这两项与饱和黄土的处理方法相同。第三项表示由于吸力作用而产生的附加摩擦强度，也有文献称为表观凝聚力或吸附强度。该项强度与非饱和土空隙中的空气压力及负孔隙水压力两者差值［称为基质吸（$u_a - u_w$）］有关，其中 f 随土体含水量和摩擦角 φ 而变化。几个适用于黄土的有代表性的强度公式如下[84]。

1）Bishop 公式

$$\tau_f = c + (\sigma - u_a)\tan\varphi' + \chi(u_a - u_\omega)\tan\varphi' \qquad (4.13)$$

式中 $0 \leqslant \chi \leqslant 1$ 为一经验系数。当 $\chi = 1$ 时，上式退化为饱和土的有效强度公式（4.11）。当孔隙水压力 $u_w < 0$ 时，$\chi < 1$ 的假设实际上就是认为负压力中只有一部分能转化为有效应力，使摩擦力效应增加。由于系数 χ 难以确定，上述理论没被广泛应用。

2）Fredlund 公式

$$\tau_f = c + (\sigma - u_a)\tan\varphi' + (u_a - u_\omega)\tan\varphi_b' \qquad (4.14)$$

上式将式（4.13）中的第 3 项线性化，令 $\tan\varphi' = \chi\tan\varphi$。已有的试验结果证明，$\varphi_b$ 并不是一个常数，因而式（4.14）与式（4.13）实质上是等效的。

3）杨代泉公式

用含水量作为变量，将式（4.14）改写为以下形式

$$\tau_f = c + (\sigma - u_a)\tan\varphi' + (\omega_s - \omega)\tan\varphi_\omega \qquad (4.15)$$

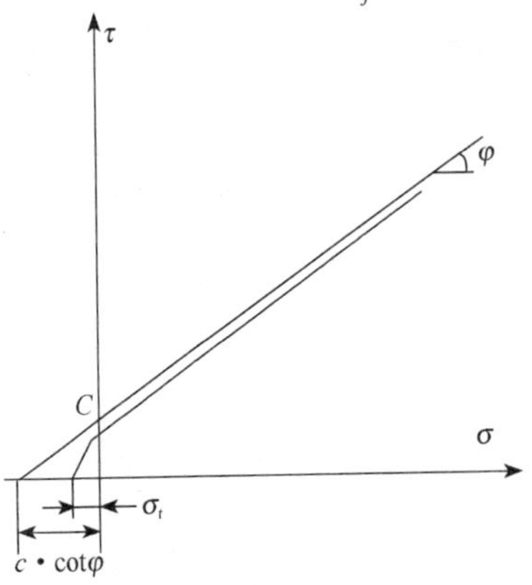

图 4.7 考虑拉伸破坏的强度

式中 ω_s 为土体的饱和含水量。土体的含水量越高，其强度越低。

4）双曲线强度公式

由于黄土在拉伸条件下也可能破坏，尤其在近地表处侧向应力逐步降低的情况下，黄土体将由剪切破坏逐步过渡到拉伸破坏。描述这一破坏过程的强度包线如图 4.7 所示。强度公式用双曲线函数表示

$$\tau^2 = (c + \sigma \cdot \tan\varphi)^2 - (c - \sigma_t \cdot \tan\varphi)^2 \qquad (4.16)$$

4.3.2 采动土体破坏的极限平衡条件

由于土体的饱和特性只涉及强度参数变化，与应力状态无关，本节讨论不再区分饱和土与非饱和土体情形。当土体中剪应力达到土的抗剪强度时，土体达到极限平衡状态。极限平衡理论是以刚塑性体模型为基础，研究刚塑性体在载荷作用下达到由静力平衡（变形）转向运动（破坏）的极限状态。

对于平面问题，在土体中取单元体 M，其应力状态见图 4.8。根据莫尔-库仑准则可得主应力表达的极限平衡方程[102]

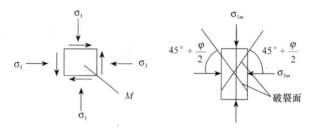

图 4.8　土体单元应力

$$\begin{cases} \sigma_{1m} = \sigma_3 \cdot \tan^2\left(45° + \dfrac{\varphi}{2}\right) + 2c \cdot \tan\left(45° + \dfrac{\varphi}{2}\right) \\ \sigma_{3m} = \sigma_1 \cdot \tan^2\left(45° - \dfrac{\varphi}{2}\right) + 2c \cdot \tan\left(45° - \dfrac{\varphi}{2}\right) \end{cases} \tag{4.17}$$

上式表明，土体单元是否达到极限平衡状态与主应力的相对值有关。当大主应力 σ 一定时，σ_3 减小到 σ_{3m} 时土体单元趋于破坏；当小主应力 σ_3 一定时，大主应力 σ_1 增大到 σ_{1m} 时土体单元趋于破坏。在 σ_1、σ_3 不变时，当土体单元的摩擦角 φ 和凝聚力 c 值减小时，土体单元也趋于破坏。土体单元极限平衡面与大主应力作用面的夹角 α_f 为

$$\alpha_f = \left(45° + \frac{\varphi}{2}\right) \tag{4.18}$$

后面将利用极限平衡条件分析采动土体单元的破坏。

4.3.3 采动土体单元剪切破坏机理

采动黄土层下沉弯曲产生的附加应力导致土体单元体积变形。假定土体单元在变形达到极限状态（即单元体产生剪切或拉伸破坏）之前，单元中土骨架的应力-应变关系符合线弹性本构关系，则开采沉陷变形与作用于土骨架上的附加应力之间的关系，可按本构方程式（3-26）确定。由于实际开采工作面一般在走向达到充分采动，可将开采沉陷的三维问题简化为平面应变情形。土体单元在采动影响之前的原始应力状态下，竖直方向的主应力 σ_z 和水平方向的主应力 σ_x 之间

满足以下关系

$$\sigma_x = \frac{\mu}{1-\mu} \cdot \sigma_z \tag{4.19}$$

在一般黄土层中，侧压力系数小于 1，竖直应力 σ_z 大于水平应力 σ_x，水平应力 σ_x 为小主应力。采动土体单元在下沉弯曲过程中产生附加水平应力，当小主应力 σ_x 增加时，单元产生水平压缩变形，若小主应力减小时，土体单元的产生拉伸变形（即水平向膨胀）。开采引起的水平拉伸变形 ε_x 越大，对应的小主应力 σ_x 越小，它们之间的关系由土骨架的线弹性本构方程式（3.26）确定。根据莫尔-库仑破坏准则，当小主应力减小到一定程度时，原始应力状态处于稳定的土体变形将达到极限平衡状态，采动土体单元趋于破坏。设土体单元处于极限平衡状态时，对应的开采水平拉伸变形临界值为 ε_{xm}，根据土骨架的线弹性应力-应变关系式（3.26）及莫尔-库仑极限平衡方程式（4.17），可得以下关系式

$$\begin{cases} \varepsilon_{xm} = \dfrac{\sigma_{xm}}{E} - \dfrac{\mu(\sigma_{xm} - \sigma_z)}{E} \\[3mm] \sigma_{xm} = \sigma_z \tan^2\left(45° - \dfrac{\varphi}{2}\right) - 2c \cdot \tan\left(45° - \dfrac{\varphi}{2}\right) \end{cases} \tag{4.20}$$

按照开采沉陷学的习惯定义，水平拉伸变形为正，将式（4.20）中的第 2 式代入第 1 式并顾及竖直主应力公式（3.22），可得

$$\varepsilon_{xm} = H_z \cdot \gamma \cdot \left[\frac{\mu}{E} - \tan^2\left(45° - \frac{\varphi}{2}\right) \cdot \frac{1-\mu}{E}\right] + 2c \cdot \tan\left(45° - \frac{\varphi}{2}\right) \cdot \frac{1-\mu}{E} \tag{4.21}$$

上式表达了土体单元中开采沉陷变形与土体达到剪切破坏极限平衡状态的定量关系。它与单元体所处深度 H_z、黄土体强度及物理参数有关。ε_{xm} 为土体单元破坏对应的开采水平变形临界值，可按随机介质理论的概率积分法计算，土体中任一点的水平拉伸变形值 $\varepsilon_x \geqslant \varepsilon_{xm}$ 时，该处土体单元产生剪切破坏，否则仅产生连续的沉陷变形。

在式（4.21）中，定义土体单元剪切破坏特征因子 a、b

$$\begin{cases} a = \gamma \cdot \left[\dfrac{\mu}{E} - \tan^2\left(45° - \dfrac{\varphi}{2}\right) \cdot \dfrac{1-\mu}{E}\right] \\[3mm] b = 2c \cdot \tan\left(45° - \dfrac{\varphi}{2}\right) \cdot \dfrac{1-\mu}{E} \end{cases} \tag{4.22}$$

特征因子 a、b 仅取决于土体单元强度参数 c、φ 值及上覆土层容重与土骨架弹性参数 E、μ，与开采因素均无关。土体单元破坏的临界拉伸变形 ε_{xm} 随单元体距地表深度增加而线性变化，其关系式为

$$\varepsilon_{xm} = a \cdot H_z + b \tag{4.23}$$

当系数 $a \geqslant 0$ 时，ε_{xm} 随黄土层深度增大而变大，其相互关系曲线如图 4.9 所示。在地表（$H_z = 0$）位置，土体剪切破坏极限状态的水平变形临界值为最小，$\varepsilon_{min} =$

b。土体凝聚力 c 值越小时，地表临界拉伸变形值越小。这说明越接近地表或凝聚力越低的黄土层，越容易达到剪切破坏极限状态。在确定特征因子 a、b 值时，可利用图 4.9 获取不同深度位置的临界变形值 ε_{xm}。根据随机介质理论计算相应位置的开采水平变形值 ε_x。当 $\varepsilon_x \geqslant \varepsilon_{min}$ 时，采动黄土层产生剪切破坏。但在式（4.22）中，若土体单元内摩擦角 φ 值足够小时，系数 a 可能小于零，此时 ε_{xm} 将随土层深度增大而变小，变化规律与图 4.9 相反。

由于开采沉陷变形是一个随工作面推进不断发展的动态过程，在超前工作面的竖直剖面上，地表的水平变形总是大于黄土层深部，地表总是先于深部达到剪切破坏的极限平衡状态，主断面上土层剪切破裂发展过程如图 4.10 所示。

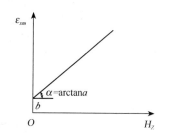

图 4.9　ε_{xm} 与土层深度 H_z 的关系

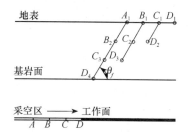

图 4.10　工作面推进时黄土层剪切破坏发展过程

在图 4.10 中，当工作面推进至位置 A 时，地表附近拉伸变形 ε_x 达到临界值 ε_{xm} 而产生剪切破裂，推进至 B 点时，地表 $B1$ 处达到临界值 ε_{xm} 而产生剪切破裂。同时，在土层内部 02 处因开采引起的拉伸变形增大至 $\varepsilon_{xB} \geqslant aH_z + b$，使剪切破坏面向下发展。随着工作面继续向前推进至 C、D 后，土层中的剪切破坏区域向前发展至 C_1、D_1，并不断向下发展至 C_3、D_4。剪切破裂面的发展深度取决于任意深度处开采动态水平变形 ε_x 值是否满足

$$\varepsilon_x \geqslant aH_z + b \qquad (4.24)$$

采动土体单元剪切破坏面与大主应力 σ_z 作用面（水平面）的夹角为

$$\theta_f = 45° + \frac{\varphi}{2} \qquad (4.25)$$

当剪切破坏区在深度上从地表贯通至基岩面时，黄土层将由连续弯曲变形变为整体结构的剪切破坏，使黄土体分割为块体结构，而基岩的不均匀沉陷使黄土块体之间发生错动，引起地表裂缝和台阶。

综上，采动黄土层下沉弯曲引起的土体水平变形，造成土体单元水平向应力松弛使小主应力 σ_x 减小，导致土体单元达到剪切破坏的极限平衡状态。而采动黄土层剪切破坏后，黄土层的整体性遭到破坏，黄土层将分割成块体，以块体运动形式移动。剪切破坏角 θ_f 与开采影响移动角在形成机理上是相同的。

4.3.4　采动黄土层地表裂缝的形成机理

采动地表裂缝是由于土层弯曲产生的拉伸变形引起的。由于地表土层中的侧向水平应力近似为零，当存在克服土体凝聚力或抗拉强度的拉伸应变时，地表将会产生裂缝。地表以下的土层随着深度的增加，土体自重力侧向应力 σ_x 也会增大。由于开采水平变形的存在，导致应变松弛使土体的侧向水平应力减小。在深度 h_m 达到某一临界位置时，开采水平变形对应的附加应力刚好克服土体单元的凝聚力或抗拉强度时，采动土体达到开裂临界状态。在深度 h_m 以下侧向水平应力 σ_x 大于临界值，土层不再发生开裂。

根据土骨架的线弹性应力-应变关系式（3.26）可得

$$\sigma_{xm} = \frac{\mu \cdot \sigma_{zm} + E \cdot \varepsilon_x}{1 - \mu} \tag{4.26}$$

式中：σ_{xm}、σ_{zm}——土体单元处于极限平衡状态时的侧向应力、竖向应力。

令 $\sigma_{xm} = -c$，$\sigma_{zm} = \gamma \cdot h_m$，代入上式并整理得

$$h_m = \frac{E}{\mu \cdot \gamma} \cdot \varepsilon_x - \frac{1 - \mu}{\mu \cdot \gamma} \cdot c \tag{4.27}$$

式（4.27）为地表采动裂缝深度 h_m 的计算公式，式中 c、E、μ、γ 分别为土层的凝聚力、压缩模量、泊松比及容重。采动裂缝深度取决于地表开采水平变形 ε_x 及土层的强度参数与弹性参数。将上式取 $h_m = 0$，可得地表产生裂缝的临界水平变形值 ε_m

$$\varepsilon_m = \frac{1 - \mu}{E} \cdot c \tag{4.28}$$

对于无凝聚力的沙土或垂直节理发育的黄土，地表基本不能承受水平拉伸变形。在开采沉陷动态发展过程中，工作面推进边界上方地表产生的水平拉伸变形 ε_x 总是由小逐渐增大。当工作面前方某处 $\varepsilon_x = \varepsilon_m$ 时，地表开始产生裂缝。当工作面继续推进到一定位置时，裂缝处水平变形不断集中，逐渐达到动态过程的最大值，其深度也达到最大值。随着工作面的推进，动态水平变形开始减小，裂缝宽度将有所减小直至闭合。

4.4　采动黄土层湿陷变形机理

4.4.1　湿陷性黄土的基本特性

黄土覆盖矿区近地表黄土层大多具有湿陷性，称为湿陷性黄土，它是一种非饱和的欠压密土，具有大孔隙和垂直节理，在天然湿度下，其结构强度较高，压缩性较低，但遇水浸湿时其结构强度降低甚至丧失[105]。湿陷性黄土在自重或荷

载作用下，产生一种下沉量大和下沉速度快的失稳性变形。湿陷性黄土覆盖在下卧的非湿陷性黄土之上，其厚度一般为几米至十几米，陕西渭北主要矿区湿陷性黄土的厚度如表 4.2 所示。

表 4.2　渭北主要矿区湿陷性黄土厚度

矿区名称	蒲白矿区	澄合矿区	韩城矿区	铜川矿区	黄陵矿区	彬长矿区
厚度/m	10～18	8～18	7～13	5～10	0～8	7～15

湿陷性黄土的相对密度一般在 2.51～2.84g/cm³，其大小与土的颗粒组成有关，在陕西彬长大佛寺取样试验区，湿陷性黄土厚度一般为 5～8m，平均为 6m，多分布在地势较高的苔原区。湿陷性黄土的相对密度一般为 2.51～2.84，其大小与颗粒组成有关，当粗粉粒和砂粒含量较多时，相对密度较小。取样试验区的黄土相对密度为 2.71。湿陷性黄土的干密度一般为 1.14～1.69g/cm³ 之间，干密度越小，则湿陷性越强。当干密度超过 1.5g/cm³ 以上时，黄土一般不再具有湿陷特性。试验区 CY1 和 CY2 组的干密度为 1.35～1.37g/cm³。CY3 和 CY4 组的干密度为 1.5～1.54g/cm³，前两组具有明显的湿陷性，后两组不具有湿陷特性。

湿陷性黄土的孔隙比一般在 0.85～1.24，多数在 1.0～1.1。孔隙比随深度的增加而变小。试验区 CY1 和 CY2 组的孔隙比为 0.95～0.99，而 CY3 和 CY4 组的孔隙比 0.76～0.80，基本不具备湿陷特性。湿陷性黄土的天然含水量一般在 3%～20%。天然含水量的大小与地下水位深度呈负相关，地下水位以下的饱和黄土的含水量可达 28%～40%。湿陷性黄土的饱和度一般在 15%～77%，多数在 40%～50% 之间，处于稍湿状态。随着含水量和饱和度的增加，其湿陷性减弱。试验区 CY1 和 CY2 组的天然含水量为 14%～15%，饱和度在 40%～42%，具有显著的湿陷特性，而 CY3 和 CY4 组的天然含水量为 19%～24%，饱和度在 65%～80%，基本不具备湿陷特性。

黄土的湿陷特性与其稠度指标有关。其塑限一般在 14%～21%，液限一般在 20%～35%，塑性指数一般在 9～12；液性指数一般在零上下波动，处在塬、梁、茆和高阶地上的黄土由于含水量低于塑限，其液性指数小于零，往往具有较强的湿陷性。液限是影响黄土湿陷性的重要指标，液限小于 30% 时，黄土具有较强的湿陷性，液限越大时黄土强度和承载力越高。试验区 4 组试样的塑限在 19%～20%，液限一般在 30%～31.5%，塑性指数在 11～11.8；液性指数在小于零到 0.32。各组之间的稠度指标差别较小，其力学性质相似。

黄土的湿陷性通过原状土样的室内试验测定。将土样放入具有侧限约束的单轴压缩仪中进行加荷，测定土样在一定加压条件下，浸水前和浸水后的高度，其差值与土样原始高度的比值，称为湿陷系数 δ_s，按国家《湿陷性黄土地区建筑规范》的规定，$\delta_s \geqslant 0.015$ 时定义为湿陷性黄土。在对大佛寺矿区黄土层的采样试验中，CY1 组和 CY2 组试样的最大湿陷性系数 δ_s 达 0.128 和 0.085，属于强湿陷性黄土层。该两组试样的各项物理指标均反映出其显著的湿陷特性，而 CY3 组和 CY4 组试样的湿陷性系数 δ_s 仅为 0.009 和 0.001，不具备湿陷特征，属于非湿陷性黄土。

4.4.2　采动黄土层的湿陷机理

湿陷性黄土分布在地表以下几米至十几米的范围，无论对于自重湿陷性黄土还是非自重湿陷性黄土，产生湿陷变形的必要条件是浸水使土体中的含水量或饱和度增加。近地表湿陷性黄土层在采动前已经历长期的自重（或地基荷载）湿陷过程，在地表水能够自然渗入的深度范围内已经完成了湿陷变形。采动对于近地表黄土层湿陷的影响主要表现在以下几方面：

（1）当地表开采拉伸变形达到一定临界值时产生裂缝，裂缝的发育深度取决于土体的物理力学特性及开采水平变形 ε_x，裂缝使近地表黄土层失去连续性，在裂缝尖灭深度以上的黄土层中形成地表水的下渗通道，使采动之前地表水无法渗入的黄土深部产生浸水，导致黄土结构强度的丧失和湿陷变形，这是采动对黄土层湿陷变形的主要影响。

（2）近地表土体单元产生明显的体积变形。在采空区边界上方地表开采拉伸变形区，土体单元产生体积膨胀。设土体单元的体积膨胀变形为 ε_v (x, z)，单元体的原始体积为 1，原始孔隙比为 e_0。由于土颗粒和孔隙水本身不产生体积变形，则采动后土体单元孔隙比 $e = e_0 + \varepsilon_v$ (x, z)。在估算土体渗透系数 k 时，通常采用以下公式[109]

泰勒公式

$$k = C \cdot \frac{g}{v} \cdot \frac{e^3}{1+e} \cdot d_s^2 \tag{4.29}$$

或 Terzaghi 公式

$$k = 2d_{10}^2 \cdot e^2 \tag{4.30}$$

式中：C——颗粒性状系数；

　　　d_s——土颗粒粒径（cm）；

　　　g——重力加速度（980cm/s²）；

　　　v——水的动力黏滞系数（cm/s²）；

　　　e——土的孔隙比；

　　　d_{10}——土的有效粒径。

显然，由于孔隙比 e 的增大，引起土体中水的渗透系数 k 值显著增大，加剧了地表水渗入湿陷性黄土层深部，导致深处黄土层的湿陷变形。对于采空区中央上方的地表水平变形压缩区，在采动过程中已经历过动态拉伸和体积膨胀变形，其影响机理与拉伸变形区相同。

（3）在开采沉陷变形动态过程中，推进边界前方的黄土体动态剪切面自地表向下发展，在黄土层中形成的剪切破裂带，成为地表水渗入的通道，同样会引起湿陷性黄土的浸水湿陷变形。

第五章　黄土沟壑区采动斜坡滑移与破坏

黄土沟壑区开采沉陷将引起山坡侧向滑移变形，在一定的地形地质条件下还会诱发山坡产生整体性破坏（山体滑坡），这是黄土覆盖矿区地表采动变形破坏的重要特征。本章通过实测资料分析、相似材料模型实验和数值模拟揭示采动斜坡滑移与破坏特征及其发生机理。

5.1　采动斜坡的分类

西部黄土沟壑区包括平地、斜坡、陡崖等各种地形要素。由于单一工作面开采沉陷影响区域较小，一般不超过 1km²，因此开采沉陷主要研究采动区内地面的起伏形态及其与地表下沉盆地的相对位置关系。将黄土沟壑区山坡形态进行简化，按照地形坡向与开采沉陷盆地的关系归类，分成以下几类地形单元。

1. 正向坡

定义：在开采移动变形主断面上，若地表剖面高程下降方向（地表倾向）指向开采沉陷盆地中央，则该斜坡为正向坡。

2. 反向坡

定义：在开采移动变形主断面上，若地表剖面高程下降方向（地表倾向）背向开采沉陷盆地中央，则该斜坡为反向坡。

如图 5.1 所示，正（反）向坡取决于地表斜坡与开采沉陷盆地的相对位置关系。对于单一斜坡 AB 和 MN，根据上述定义 MO 和 AO 段属于正向坡，而 ON 和

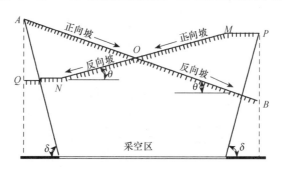

图 5.1　地表斜坡组合形式

OB 则属于反向坡。将正向坡和反向坡统称为单面坡。单面坡上坡方向的平地称为坡顶或斜坡后缘（PM 段）；下坡方向的平地称为坡底或斜坡前缘（NQ 段）。

3. 组合坡

在地表移动盆地范围内若存在两个倾向不同的单面坡相交，则形成组合坡。组合坡向上凸起时成为凸形坡，其倾向变化的拐点为山脊，图 5.1 中 BON 的组合形态为凸形坡。向下凹进时成为凹形坡，其倾向变化的拐点为山谷，图 5.1 中 MOA 的组合形态为凹形坡。当地形拐点位于采空区中央上方附近时，凸形坡两面均为反向坡，凹形坡两面均为正向坡。当地形拐点位于采空区边界上方附近时，凸形坡和凹形坡两面均为正向坡与反向坡的组合。

4. 陡坡（崖）

将黄土山区坡度 θ 大于黄土体剪切破坏角 $\theta_f = 45° + \dfrac{\varphi}{2}$（$\varphi$ 为土体内摩擦角）的局部陡峭山坡称为陡坡或陡崖，如图 5.2 所示。

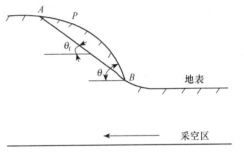

图 5.2　地表陡坡及其破坏模式

由于采动黄土层地表将产生裂缝及剪切破坏，若山坡的坡度很陡，θ 大于破裂面的倾角 θ_f 时，破坏面将在斜坡临空方向形成前缘剪切出口时，使山坡产生剪切滑移，造成局部崩塌破坏，图 5.2 中 AB 为剪切破裂面，剪切出口在 B 处，APB 为局部崩滑区域。一般黄土内摩擦角 $\varphi = 30°$，则将坡度 $\theta \geqslant 60°$ 的山坡划分为陡坡。

5.2　采动斜坡的滑移变形

5.2.1　采动斜坡滑移的形成机理

自然黄土山坡在受采动影响之前，土体单元自重应力场在任意方向上所受剪应力小于抗剪强度，斜坡体保持稳定状态。在采动影响下，斜坡地表除了产生类似平地条件下的沉陷变形外，还将产生指向下坡方向的塑性变形。在斜坡的连续性尚未破坏时，这种塑性变形多数文献称之为斜坡滑移变形[115,117]。

采动黄土层在一定的开采沉陷变形下会产生剪切破坏和地表裂缝，并导致近地表土体单元体积变形和孔隙比的变化，加剧地表水的渗透和土体强度参数 c、φ 值的下降，打破土体斜坡原有的平衡状态，引起斜坡中的土体单元产生塑性变形和局部剪切滑移。由于斜坡的临空状态导致坡体内水平应力的各向异性，土体产生指向下坡方向的塑性变形。

　　由于坡体各部分受开采影响的强度和时间均存在差异，坡体不同位置产生开采沉陷变形的时间、速度和方向也会存在差异，导致采动斜坡在土层内产生附加应力而发生变形。对于图5.1所示的正向坡，由于开采沉陷变形引起的地表裂缝，破坏了斜坡沿地表方向的连续性，开采水平位移及其变形与斜坡向下坡方向的滑移变形方向一致，在地表形成两者变形和位移的叠加，增大了斜坡体的变形。对于图5.1所示的反向坡，由于开采沉陷变形与斜坡滑移变形的方向相反，开采沉陷变形与斜坡滑移变形部分"抵消"，最终斜坡地表的变形与正常平地条件下的移动变形明显较小。但在采动过程对斜坡的影响机理上，与正向坡是基本相同的。由于开采沉陷变形与斜坡塑性滑移变形是在采动过程中同时发生，很难在采动斜坡的实际变形中区分开采沉陷变形和斜坡滑移变形[118]。

5.2.2　采动斜坡滑移模拟实验

　　通过相似材料模拟实验分析黄土山坡滑移与开采沉陷变形的叠加效应，揭示滑移影响下地表下沉的动态特征。

　　1. 模型制作

　　以铜川Y905工作面地质采矿条件为模型，根据905工作面走向剖面来设计相似材料平面模型。模型比例尺1/200，模型架长度2.1m，高度0.96～1.05m。模型地层共分为10层。

　　模型分层铺设。在铺设每分层时，先将模板内的松散材料压实，并用钢尺立在分层面上控制其厚度。各分层之间撒适量云母粉隔开。由于基岩和黄土层中裂隙和节理发育，在铺设模型中用刀片以适当间距切割模型材料以模拟节理。为了更明显的反映黄土层的移动变形，开采煤层按3m铺设（Y905工作面实际采厚为2m）。实验模型如图5.3所示。

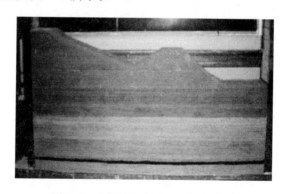

图5.3　山坡采动滑移相似材料模型

由于模型长度所限，开切眼位于模型右侧边界 10cm，开挖 160cm（相当于实地 320m），停采线距离模型左侧边界 40cm。

2. 模型位移观测

本次实验仍采用单点数码照相技术监测模型测点的位移，在地表沿山坡起伏方向和表土层内部靠近基岩面附近各布设一排测点（编号从左至右分别为 1-20 号与 21-40 号），测点间距为 10cm（相当于实地 20m），共布设 40 个测点，测点标志直接插入模型侧面，控制格网布设在特制的玻璃圆孔周围，玻璃板直接固定在模型架的侧面挡板上，在整个实验过程中保持玻璃板及其上面的固定格网位置不动。模型测点设置如图 5.4 所示。

图 5.4　模型测点布置

3. 斜坡地表破坏特征

模拟开采由两人配合用钢锯条开采，首次开挖宽度 20cm。其后按模拟时间比例要求，每隔 30min 开采 2cm，连续作业直至开采完毕。

在开挖过程中，上覆岩层出现周期性的垮落和破坏。在模拟开挖至 89cm 时，在推进边界内侧上方地表靠近坡顶的 34 号测点附近产生竖向小裂缝（图 5.5）。

在开挖至 120cm 时，在推进边界上方地表斜坡的中下部 28 号测点附近产生一条明显的竖向裂缝（图 5.6）。由于模拟开挖是动态连续推进，实际上对地表造成影响的动态开挖边界应小于上述记录位置。因此，地表裂缝实际产生于采空区边界外侧附近的拉伸变形集中带。地表拉伸裂缝由地表开始产生，由地面近似垂直向下发展，深度为 6cm（相当于实地 12m）左右。

图 5.5　坡顶附近的竖向裂缝

图 5.6　斜坡下部的竖向裂缝

4. 斜坡地表下沉分布

根据最后一次测量结果，绘出地表、土层深部两排点的观测下沉曲线，如图 5.7 所示。

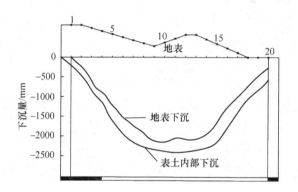

图 5.7　模型测点的下沉曲线

地表下沉量均小于相应的土层深部下沉量，表明黄土层中下沉呈衰减趋势。土层深部下沉曲线以采空区中心为对称，在 32 号测点（采空区中央正上方）达到最大值，为 2316mm（实地下沉值）。

地表下沉曲线的平底区正好处于地形坡度变化较大的山坡和沟谷位置，由于地表滑移影响，使该处下沉曲线呈现横"S"形分布，出现了两个下沉极值点。而这种变化在土层内部和基岩的下沉曲线中均不存在。在采空区中央上方 12 号点的下沉量为 2050mm，而偏离采空区中央的 10 号点下沉量最大，达 2100mm。位于山谷的 9 号点下沉为 2060mm，略小于 10 号点。这充分反映了地表下沉曲线明显受到地形变化的影响，位于坡顶或坡体上的测点（10 号、12 号、13 号点）的下沉量有增大的趋势，位于谷底（9 号点）的测点下沉有减小的趋势。由于模型长度限制，下沉曲线没有确定的边界。

5. 斜坡地表水平移动分布

移动稳定后地表和土层内部测点的水平移动如表 5.1 所示，绘出水平移动曲线如图 5.8 所示。

表 5.1　实测地表与土层内部水平移动量

	点号	1	2	3	4	5	6	7	8	9	10
地表	移动量/mm	542	741	885	950	980	965	810	495	245	−90
	点号	11	12	13	14	15	16	17	18	19	20
	移动量/mm	−125	−105	−60	72	65	−50	−195	−380	−455	−545
内部	点号	21	22	23	24	25	26	27	28	29	30
	移动量/mm	73	143	218	254	275	265	213	143	93	56
	点号	31	32	33	34	35	36	37	38	39	40
	移动量/mm	18	10	20	−85	−110	−185	−198	−235	−228	−213

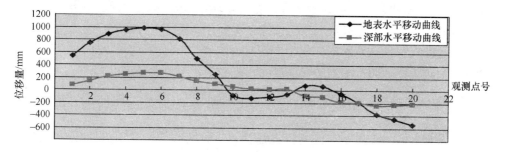

图 5.8　地表与土层内部水平移动曲线

图 5.8 中土层深部的水平移动曲线在采空区中央移动量接近于零，在采空区边界上方水平位移指向采空区中央，左侧最大水平移动量略大于右侧，其分布特征基本符合开采沉陷的一般规律。

地表水平移动曲线明显不同于土层内部，水平位移绝对量远大于土层内部，在采空区中央附近的水平移动值均不为零。左侧指向采区中央的水平位移量远大于右侧，最大水平移动值为 980mm，位于 5 号测点，达到最大下沉量的 0.47 倍。在移动盆地右侧，指向采空区中央的水平位移量较小，在采空区边界上方 20 号点附近，水平位移量达到最大值。

造成上述异常的原因是地表斜坡产生了指向下坡方向的滑移。左侧山坡滑移方向与开采水平位移方向相同，均指向采空区中央，两种位移叠加使左侧水平移动量增大。右侧山坡倾向与开采水平移动方向相反，两者叠加后水平位移量减小。为了分析山坡滑移变化特征，将右侧采空区边界上方 20 号测点的水平移动量约 545mm，视为该模型平地条件下的最大水平移动量，将采空区中央正上方地表水平位移量视为零，按一般开采沉陷规律绘出相应平地条件下的地表水平移动曲线，同时将实测水平移动减去对应的平地水平移动曲线，得到地表斜坡滑移水平移动曲线，如图 5.9 所示。

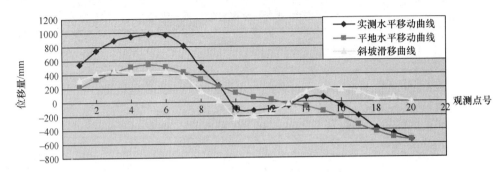

图 5.9　地表斜坡滑移曲线

图 5.22 表明，地表滑移量最大达到 455mm，滑移方向均指向下坡方向，滑移曲线的起伏变化与地表斜坡基本保持一致，在采空区上方山谷 9 号点处，由于两侧山坡的对称性，基本不产生地表滑移。右侧 13～18 号点的坡向与开采水平位移方向相反，地表产生沿坡向的滑移，使实测水平位移量减小。

6. 地表下沉动态特征

在模拟实验中针对采空区上方沟谷处的 9 号测点，每隔 2min 进行一次拍摄测量获得高精度的瞬间测点下沉值。研究区间选为地表下沉量 10mm（模型比例尺为 1：200），至地表下沉达到 100mm 的时间段，共获得 65 次下沉观测值。以时间为横坐标，以累计下沉量为纵坐标，绘制出地表点 P 的动态下沉曲线，见图 5.10。

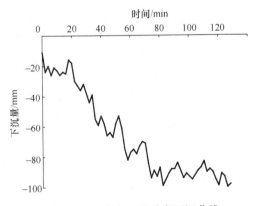

图 5.10　地表点 P 的动态下沉曲线

图 5.10 中地表点 P 点的动态下沉曲线形状复杂，总体上呈现大 "Z" 形套小 "Z" 形的特征。由于单点数码照相法下沉测定精度可达到 0.01mm，这种曲折形态并非是量测误差所致。图 5.10 中下沉曲线形态复杂，整体上呈现出一定的 "自相似" 特性。为了定量地分析地表点动态下沉曲线的分形特征，采用盒维数法求曲线的分形维数 $D^{[119,120]}$。设盒子的边长分别为 2、4、6、8，根据图 5.23 的实测曲线确定相应的盒子所覆盖的正方形数目 $N(r)$，结果见表 5.2。

表 5.2　盒维数统计

r	$\ln(1/r)$	$N(r)$	$\ln(N/r)$	r	$\ln(1/r)$	$N(r)$	$\ln(N/r)$
2	-0.693	118	4.771	8	-2.079	25	3.219
4	-1.386	47	3.85	16	-2.773	10	2.303

图 5.11 为对数 $\ln(1/r)$ 和 $\ln(N/r)$ 的相互关系散点图，其分布形态近似为一直线。

按最小二乘法确定上述双对数回归直线方程为

$$\ln(N/r) = 1.16 \cdot \ln(1/r) + 5.471 \quad (5.1)$$

统计分析确定上述双对数散点的线性相关系数为 0.937。由式 (5.1) 可知，地表实测曲线的分形维数为 1.116，这表明地表点 P 的动态下沉曲线具有较好的自相似性与明显的分形增长特征。

上述实验表明，在黄土沟壑区条件下，处在沟谷附近的地表点的动态下沉过程，并不像平地条件一样随采空区推进而处于单向增长状态。在总体上保持下沉增加的趋势中，由于山

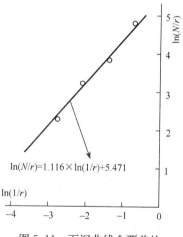

图 5.11　下沉曲线盒覆盖的双对数关系

坡向沟谷的滑移和挤压作用，使沟谷附近地表产生一定的抬升，实验证实了上述滑移变形特征。这对于黄土沟壑区 "三下" 采煤的地面保护研究具有实际意义。

5.2.3　单一斜坡地表滑移分布特征

1. 计算模型

通过 FLAC 数值模拟分析采动斜坡地表滑移变形的分布特征。模拟计算以陕

西某矿 1010 开采工作面为模型。开采宽度 150m，推进长度 2000m，采厚平均 2.5m。煤层上覆基岩厚度 85m，黄土层平均厚度 108m，地表为单向坡，坡度为 15°。为了进行对比分析，改变该模型地表的坡向，组成升斜坡、降斜坡和平地三种不同的计算模型，如表 5.3 所示。

表 5.3　单一斜坡计算模型

模型代号	斜坡类型	覆岩平均厚度 H_0/m	表土平均厚度 $H_土$/m	基岩厚度 $H_岩$/m	地表平均坡度 /(°)
S	升斜坡	193	108	85	15
J	降斜坡	193	108	85	15
P	平地	241	156	85	0

计算模型的网格剖分依据模拟岩层层位及性质划分。该工作面上覆岩层岩性及其物理力学参数如表 5.4 所示。

表 5.4　覆岩岩性及物理力学性

编号	岩石名称	容重 /(kg/m³)	弹性模量 /MPa	泊松比 μ	抗压强度 /MPa	抗拉强度 /MPa	剪切强度 /MPa	剪涨角 γ/(°)	摩擦角 φ/(°)
1	黄土	1835	10	0.3	0.01	0.002	0.021	12	28
2	粗粒砂岩	2410	28600	0.17	49.83	6.03	3.54	19	44
3	中粒砂岩	2360	8200	0.19	34.76	4.03	2.75	19	44
4	细粒砂岩	2640	41300	0.13	83.39	10.15	7.04	18	44
5	粉砂岩	2530	17400	0.14	65.32	7.12	4.25	13	20
6	砂质泥岩	2220	27900	0.16	63.76	7.52	2.74	15	36
7	泥岩	2420	14000	0.22	35.53	4.32	2.91	13	34
8	铝土质泥岩	2550	16900	0.26	38.76	4.26	3.70	13	32
9	4 上煤	1360	800	0.46	13.27	1.86	6.43	14	27
10	4 煤	1350	600	0.29	24.97	3.01	1.19	13	26

计算模型 S 和模型 J 长度为 720m，平均高度 226m；模型 P 长度为 720m，高度为 274m。三个模型剖面分别如图 5.12～图 5.14 所示。

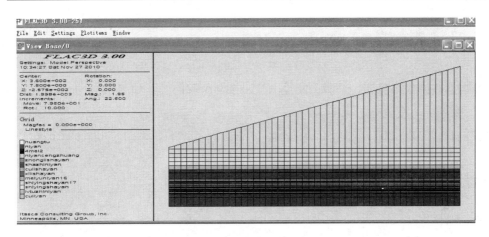

图 5.12　模型 S 计算剖面

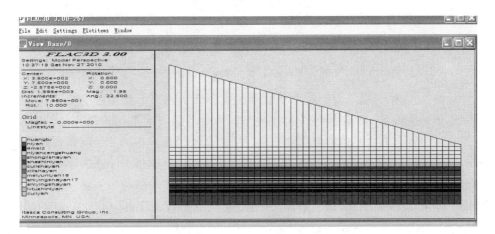

图 5.13　模型 J 计算剖面

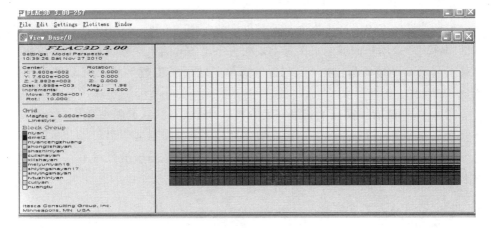

图 5.14　模型 P 计算剖面

2. 单向坡滑移引起的水平移动特征

对模型 S、J、P 分别进行模拟计算，通过 FLAC3D 中的 fish 语言提取模型地表结点的移动数据，绘制主断面上地表水平位移曲线，如图 5.15 所示。

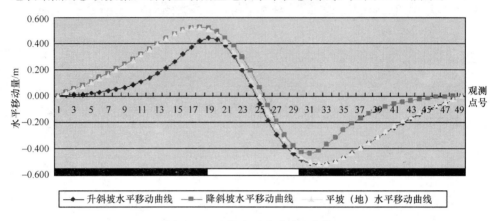

图 5.15　地表水平移动对比曲线

从图 5.15 中可见：升斜坡水平移动曲线和降斜坡水平移动曲线关于采空区中间点呈对称关系。三个计算模型在采空区中央的地表水平移动量都接近于零，在采空区边界上方水平位移都指向采空区中央。不管是升斜坡还是降斜坡，在其下半部分的水平移动量要明显小于平坡的水平移动量，这是由于下半部分地表倾向与开采沉陷盆地倾向相反，使得开采引起的水平移动与斜坡向下坡的滑移方向相反，开采水平移动与斜坡滑移部分"抵消"，而斜坡上半部分的水平移动量则略大于平坡的水平移动量，这是由于上半部分地表倾向与开采沉陷盆地倾向相同，使得开采引起的水平移动与斜坡指向下的滑移方向相同，两者叠加增大了斜坡的水平移动量。

采动斜坡地表除了产生类似平地条件下的沉陷变形外，还产生了指向下坡方向的塑性变形。用单向坡的水平移动量减去平坡条件的水平移动量作为斜坡侧向滑移引起的水平移动量，由图 5.15 得到单向坡滑移引起的水平移动曲线，如图 5.16 所示。

图 5.16 中两滑移曲线关于采空区中央呈对称关系。从升斜坡滑移曲线可见：在坡底部分的斜坡滑移量显著，而在坡顶部分的斜坡滑移量明显较小。在采空区上方斜坡存在一定的滑移量，其曲线呈波浪形状，说明斜坡滑移量不但与地表坡形有关，还与开采沉陷量有关。

3. 单向坡地表下沉特征

单向坡条件下地表下沉分布曲线如图 5.17 所示。从图 5.17 可见，升斜坡与

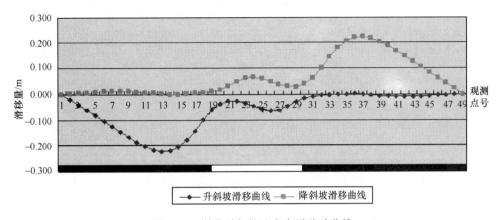

图 5.16　滑移引起的地表水平移动曲线

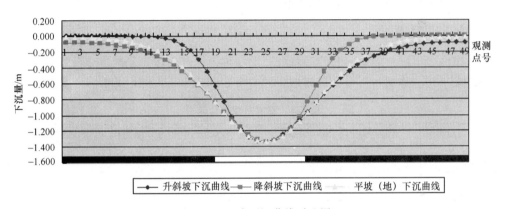

图 5.17　地表下沉曲线对比图

降斜坡的下沉曲线关于采空区中央对称。在其坡底部分的地表下沉量都小于平地条件的下沉量，而在坡顶部分的地表下沉量则大于平地条件的下沉量，这说明斜坡滑移引起的下沉分量在坡顶部分与开采沉陷量形成"叠加"；坡底部分的滑移下沉分量则与开采沉陷量形成"抵消"，该部分的滑移下沉分量不仅对地表下沉量影响显著，而且对下沉盆地的范围也有明显影响；处在采空区中央的区域，斜坡滑移对地表下沉基本上没有影响。用单向坡条件下的地表下沉量减去平坡条件的下沉量，得到滑移引起的地表下沉曲线，如图 5.18 所示。

　　由图 5.18 可见：升斜坡和降斜坡滑移引起的地表下沉曲线关于采空区中央呈对称关系。从升斜坡滑移下沉曲线可见：在坡底部分滑移引起的下沉为正值，即斜坡滑移引起坡底附近地表抬升；在坡顶部分滑移引起的地表下沉为负值，即滑移引起地表沉陷，与开采沉陷形成叠加效应；在采空区上方，滑移引起的地表下沉曲线呈倒"S"形分布，呈现下沉与抬升交替特征，但绝对量较小。

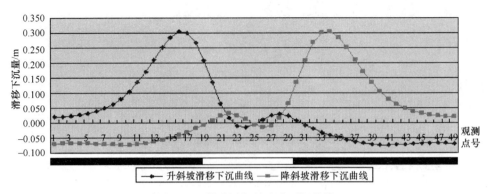

图 5.18　滑移引起的地表下沉曲线

5.2.4　组合斜坡地表滑移分布特征

1. 计算模型

由两个单向斜坡组成的凸形坡和凹形坡称为组合斜坡。分别建立凸形坡、凹形坡和平地（平坡）三个计算模型，如表 5.5 所示。

表 5.5　组合斜坡计算模型

斜坡组合类型	计算模型代号	平均采深/m	土层厚度/m	基岩厚度/m	地表坡度/(°)
凸坡	T	145	60	85	15
凹坡	A	169	84	85	15
平坡（地）	P	169	84	85	0

计算模型的物理力学参数及破坏准则与上一节计算模型相同。三个模型剖面见图 5.19～图 5.21，其中模型 T 长度为 720m，平均高度为 178m；模型 A 长度为 720m，平均高度为 202m；模型 P 长度为 720m，高度为 202m。

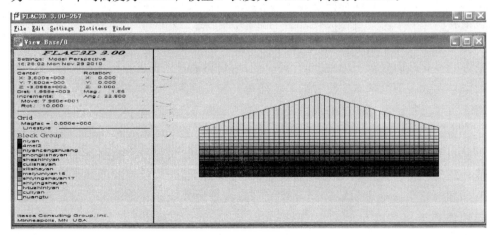

图 5.19　模型 T 剖面

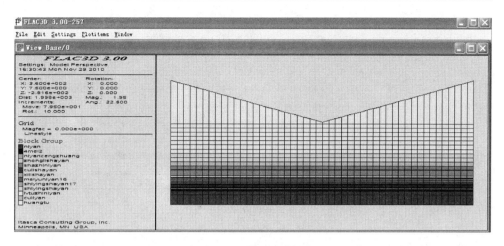

图 5.20　模型 A 剖面

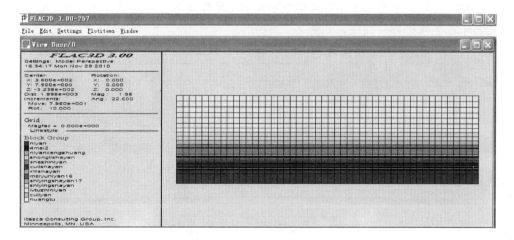

图 5.21　模型 P 剖面

2. 组合坡滑移引起的水平移动

组合斜坡地表水平移动曲线如图 5.22 所示。凸斜坡和凹斜坡的水平移动曲线关于采空区中央呈对称关系。由于计算模型中斜坡的变坡点处在采空区中央上方，在采空区中央上方水平移动为零。凸斜坡的水平移动量均小于平坡条件的水平移动量，这是由于凸斜坡的坡向与开采沉陷盆地倾向相反，均属于反向坡，反向坡滑移产生的水平移动与开采沉陷引起的水平移动方向相反，两者形成"抵消"效应；凹斜坡的水平移动量均大于平坡条件下的水平移动量，这是由于凹斜坡的坡形属于正向坡，其滑移产生的水平移动与开采沉陷产生的水平移动方向相同，两者形成了"叠加"效应。在采空区上方，凸斜坡和凹斜坡的水平移动与平坡条件下的水平移动量相差很大，这表明在靠近变坡点附近及开采沉陷量大的位

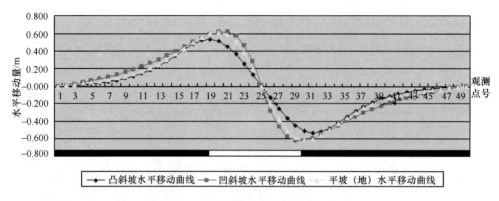

图 5.22　组合坡地表水平移动曲线对比图

置斜坡滑移量较大。

　　用组合坡的水平移动量减去平坡条件的水平移动量，得到组合坡条件下斜坡滑移引起的水平移动曲线，如图 5.23 所示。

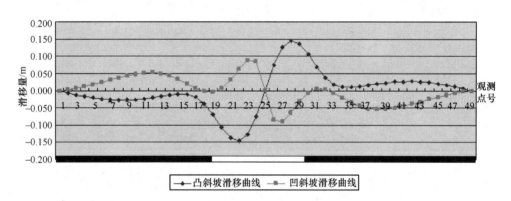

图 5.23　组合坡滑移引起的水平移动对比图

　　从图 5.23 可知，凸形坡和凹形坡滑移引起的水平移动曲线关于采空区中央呈对称关系，且两曲线的水平移动方向相反。凸形坡滑移方向背离采空区中央，与开采沉陷引起的水平移动方向相反，两者形成"抵消"效应。凹形坡滑移方向指向采空区中央，与开采沉陷引起的水平移动方向相同，两者形成"叠加"效应。在采空区上方滑移引起的水平移动量要比在煤柱上方更为明显，这与采空区上方地表的开采沉陷量较大有关。

　　3. 组合坡滑移引起的地表下沉

　　组合坡条件下地表下沉曲线如图 5.24 所示。在采空区中央上方，凸形坡的最大下沉值和下沉范围均小于平坡条件，而凹形坡的最大下沉值和下沉盆地范围则大于平坡条件。在采空区上方，凸形坡地表下沉量与平坡条件下存在明显差别；在下沉盆地边界附近，凹形坡地表下沉量与平坡条件下存在一定的差别。

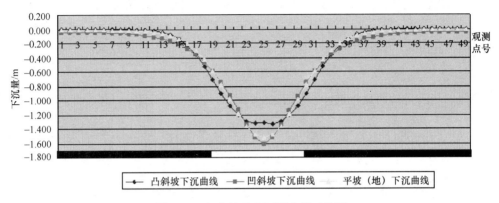

图 5.24　组合坡地表下沉曲线对比图

　　组合坡条件下地表下沉不仅受地下开采的影响，也与坡形特征有关。将组合坡地表下沉值减去平坡的地表下沉值得到组合坡滑移引起的地表下沉曲线，如图 5.25 所示。凸形坡和凹形坡滑移引起的地表下沉曲线基本上关于采空区中央呈左右对称，垂直位移方向则相反；在煤柱上方的大部分区域，凹形坡滑移引起地表下沉，且呈现出缓慢增大后再减小的特征，而凸形坡滑移引起地表有所抬升。在采空区上方地表，凹形坡滑移引起地表下沉，且呈现出缓慢增大后再减小的特征，而凸形坡滑移引起地表有所抬升。在采空区中央上方地表，滑移引起的地表下沉呈"V"形分布特征，说明变坡点附近的滑移变形较为复杂。

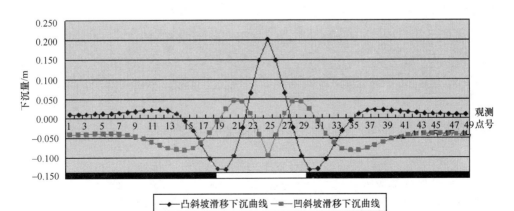

图 5.25　组合坡滑移引起的地表下沉曲线

5.3　地下开采诱发的山体滑坡

当采动斜坡整体或局部达到极限平衡状态后，在坡体中将可能形成连续的破裂面，破裂面上部土体产生分离，并在重力作用下沿下部破裂面发生整体性滑动破坏，称为采动滑坡。它指所有发生在采动土层或岩层中，以及土岩接触面或软弱夹层中的山体滑坡，是岩土完整性的根本破坏[96,118]。

5.3.1　采动滑坡形成机理

从开采沉陷变形的角度分析，地下采煤对斜坡的破坏机理可归结为以下几方面。

1. 地下开采改变了覆岩和地表斜坡原始应力平衡状态

自然斜坡的应力场分布与斜坡形态和岩体特性有关，其应力分布如图 5.26

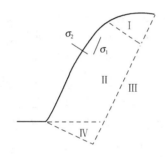

所示。图中Ⅰ区（坡顶）为张应力松弛区；Ⅱ区位于斜坡面，主应力 σ_1 近似与坡面平行，垂直压应力 σ_2 较小；Ⅲ区位于斜坡内部，是自重应力区；Ⅳ区（坡脚）下部剪应力集中。

在开采地下煤层后，上覆岩土体发生移动变形。按岩层移动变形性质可分为 6 个移动带与 4 个变形带，如图 5.27 所示。可见，开采影响可改变斜坡岩（土）体的原始应力状态。

图 5.26　自然坡应力场分区图

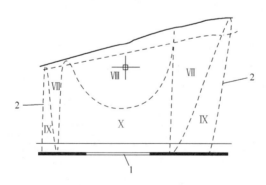

图 5.27　采动斜坡变形分带图

图 5.26 和图 5.27 中：Ⅰ. 接近地表带；Ⅱ. 中间带；Ⅲ. 老顶；Ⅳ. 直接顶；
Ⅴ. 矿层；Ⅵ. 底板；Ⅶ. 垂直方向压缩水平方向拉伸带；Ⅷ. 垂直拉伸、水平压缩带；
Ⅸ. 垂直压缩、水平压缩带；Ⅹ. 垂直拉伸、水平拉伸带
1. 采空区；2. 移动影响边界线

开采沉陷使坡体失去下卧支撑，尤其对于黄土梁端部"V"型深切沟谷边坡，在重力作用下易形成滑坡。例如，陕西铜川矿区许多采动滑坡多见于陈家河流域山势陡险的黄土梁端头，该区域采深较小，采动程度较大，开采对于山体的扰动大，加上具备滑坡临空面的地形条件，导致了采动滑坡的发生。

2. 开采移动变形促使潜在滑裂面的生成及古滑坡体的复活

对具备产生滑坡地质条件的山体斜坡，如岩体中存在软弱层（面），在开采影响下这种层（面）极易形成滑裂面。

（1）采动岩体产生垂直方向的移动变形。在岩层弯曲下沉过程中，由于软弱层的抗拉强度和抗压强度较小，在采空区上方竖向拉伸带的软弱层首先被拉裂而产生离层。同样，处于煤柱上方竖向压缩带的软弱层则被挤压破碎，其内聚力减小，强度显著降低。而岩层弯曲产生的层间错动，使软弱层上部岩体相对于下部岩体滑移。受自重的水平分力和其他因素的影响，可能发展成为沿此滑裂面的滑坡。

（2）采动岩体在弯曲下沉时将产生水平移动变形。在采空区边界上方，覆岩上部的水平移动指向采空区，而下部水平移动指向支撑压力区，上覆地层产生附加剪应力，使采空区边界上方的软弱层受剪切乃至破裂。同时，无论处于水平拉伸和压缩变形区，其软弱层强度较低，此处产生的拉伸和压缩变形值也较其他层位大，加剧了破裂带的发展，在岩体自重和水文因素等作用下软弱层上部岩体将向临空方向滑移。

（3）岩体移动变形是一个动态过程。当工作面推进到不同位置时，上覆岩体移动变形的性质是不同的，软弱层（面）的破坏经历了较复杂的动态变形过程，如图 5.28 所示。

对覆岩中任意一点 A（A 点取在夹层Ⅲ中），当工作面推进到位置 1 时，A 点开始移动；工作面推进到位置 2 时，A 点产生最大水平拉伸变形和最大垂直压缩变形；工作面推进到位置 3 时，A 点变形为零；工作面继续推进至位置 4 时，A 点产生最大水平压缩变形和最大垂直拉伸变形；工作面推过位置 5 后，A 点处于充分采动区内，其变形值逐

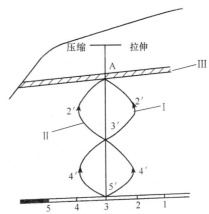

图 5.28　岩体动态变形曲线

Ⅰ. 水平变形曲线；Ⅱ. 垂直变形曲线；
Ⅲ. 软弱层

渐趋于零。在充分采动区内的岩层每一点都经历了水平方向的拉-压和垂直方向的压-拉过程。岩体中的软弱层或构造带，其强度较小，在拉伸与压缩变形过程中将首先产生破坏。随着工作面的推进，充分采动区面积增大，软弱破碎带不断

延伸，当破裂面与开采裂缝贯通时，即可能发生采动滑坡。

3. 开采裂缝的形成破坏了斜坡的整体性，加速了斜坡破坏的进程

地下开采对斜坡稳定性的影响还表现在开采裂缝的形成和发展。裂缝可使岩土体开裂，同时也加剧了地表水的渗透，降低了采动斜坡的稳定性。开采裂缝的发育与地表移动变形密切相关，见图5.29。

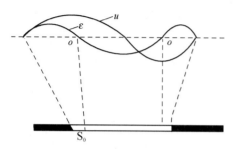

图 5.29　地表水平移动变形曲线
u. 水平移动曲线；ε. 水平变形曲线；
S₀. 拐点偏距

由于移动变形分布的不均匀性，地表产生相对拉伸与压缩区，其分界点位于采空区内侧上方的拐点 o 处。水平移动与变形值的大小与开采厚度成正比，也与采深和岩性有关。在采空区外侧的地表拉伸变形带，最易产生开采裂缝。同时，开采裂缝的分布受地质构造的控制，往往可追踪裂隙构造发展。当在采动区内存在断层或回采工作面在断层附近停留时，会引起断层"活化"，使断层上、下盘沿断层面相对移动，在断层面露头处地表产生较大裂缝。当采空区停采线位于滑坡体后缘附近时，对山体稳定性破坏极大。因为永久性的地表与岩层移动变形使后缘产生开采裂缝，加速了滑坡的进程。

综上所述，开采变形破坏了岩（土）体的力学强度，尤其是近地表土层中产生的附加体积变形，改变了土体的初始孔隙比，导致地表水的渗透和土体渗透特性改变，开采引起的裂缝和剪切破坏面加剧了水的渗透，极大地降低了地表土层的凝聚力和内摩擦角，从而导致采动斜坡的整体破坏。

5.3.2　采动山体破坏过程模拟实验

1. 实验模型及位移观测方法

以韩城象山煤矿采煤引起的象山滑坡为实验模型。象山斜坡总长度 1000m，相对高差 230m，地下开采 3 号煤层，采深 180～295m，采厚 2m，煤层倾角 6°～23°，自上而下布设了多个工作面。象山斜坡地质剖面见图 2.12。根据第二章对象山斜坡变形破坏时间与地下采煤时间的分析，确定直接影响斜坡破坏的开采活动为 308、310、312、314 四个工作面，实验模型包括上述四个工作面和斜坡前缘厂区，沿倾向长度 750m，模型比例尺 1/250，模型长度 3m。模型剖面及测点布设如图 5.30 所示。

沿地表及岩层内部布设了两排观测点，并在夹层Ⅰ、Ⅱ和断层两侧布设了五排观测点，测点总数为 160 个，并在模型四周的框架上布设了 6 个控制点。由于

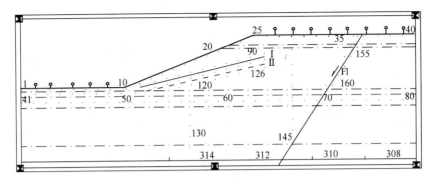

图 5.30　实验模型剖面及测点布设

测点数目众多，采用近景摄影方法测定模型测点的位移。

外业摄影采用时间基线视差法作业，模型开采分四步进行，在模型开采前和每步开采基本稳定后各摄影一次，共摄影五次。内业数据处理中采用"直线内插法"对所测量的变形视差进行改正，以消除摄影方位元素变化的影响。

本次实验摄影比例尺为 1/41.887。经过测量误差分析，像点及框标量测精度为 0.042mm，相当于实地 10mm，满足了模型实验要求。

2. 采动斜坡变形动态特征

308 工作面开采后，停采边界位于 35 号测点正下方，开采属于非充分采动，最大下沉值为 2.55mm，最大水平移动为 1.09mm，移动边界角 66°。采动影响未波及斜坡范围。这与实地开采 308 工作面后斜坡及坡前厂区保持稳定的实际情况是一致的。

310 工作面开采后，停采边界位于 29 号测点正下方。地表移动变形继续增大，最大下沉值为 7.29mm，最大水平移动值 1.47mm。同时，水平移动方向均指向采空区中央。移动边界角为 53.5°。采动影响范围扩大，但仍未波及斜坡前缘及厂区。该工作面开采后，断层继续活化，两侧对应点错动值达 1.2mm。

312 工作面后，停采边界位于 20 号测点正下方。地表移动出现异常，如图 5.31 所示。

该工作面开采后，地表移动影响范围波及坡前电厂区。斜坡及厂区地表均产生背向采空区而指向下坡方向的水平

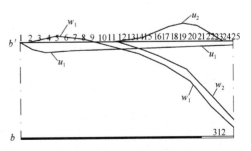

图 5.31　312 工作面开采后岩层与
地表移动曲线

w_1. 地表下沉曲线；u_1. 地表水平移动曲线；
w_2. 夹层 II 下方岩层下沉曲线；
u_2. 夹层 II 下方岩层水平移动曲线

移动。其中 5 号测点背向采空区的水平位移达 0.628mm，相当于实地 157mm 这与实地观测的位移量 208mm 是接近的。同时，Ⅰ号、Ⅱ号软弱夹层之间岩体水平移动背向采空区而指向下坡方向，Ⅰ号夹层以上岩体移动量较大。Ⅱ号夹层以下岩体水平移动指向采空区中央，可见Ⅱ号夹层以下岩层为正常的开采移动区。Ⅰ号、Ⅱ号夹层上、下方岩体均产生了相对移动，斜坡及坡前厂区地表沿Ⅰ号、Ⅱ号夹层产生滑动。位于采空区上方的地表测点 25～26 号点及 29～30 号点之间产生了裂缝，这种裂缝是由于斜坡体开始向下滑移致使后缘产生开裂造成的。

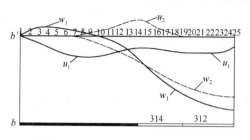

图 5.32　314 工作面开采后岩层与
地表移动曲线

w_1. 地表下沉曲线；u_1. 地表水平移动曲线；
w_2. 夹层Ⅱ下方岩层下沉曲线；
u_2. 夹层Ⅱ下方岩层水平移动曲线

314 工作面开采后，停采边界位于 14 号测点正下方。开采移动曲线见图 5.32。

该工作面开采后地表滑移加剧，坡前厂区地表产生水平位移和隆起抬升，如表 5.6 所示。

表 5.6　坡前厂区地面水平移动与抬升值

测点号	3	4	5	6	7	8	9	10
水平移动/mm	−1.72	−2.64	−2.89	−3.183	−3.728	−3.016	−2.89	−3.435
抬升量/mm	1.34	1.113	0.77	0.67	0.671	0.461	0.335	0.461

表 5.6 中，10 号测点的水平移动量达 3.435mm（相当于实地 858.8mm），这与实地观测位移量 755mm 接近。同时，Ⅰ号、Ⅱ号夹层上、下方岩体继续产生相对错动，Ⅱ号夹层以下岩层移动仍指向采空区。该工作面开采后，地表出现数条裂缝，其中最明显的是追踪 312 工作面开采后的两条裂缝，分布在 25～26 号点及 29～30 号点之间。该两条裂缝均位于采空区中央，按一般开采沉陷规律应自行闭合。因此，这些裂缝不是开采裂缝，而是斜坡整体性滑移产生的后缘拉裂。

3. 采动斜坡破坏机理分析

实验结果表明，308、310 工作面开采后，总的移动变形符合开采沉陷的基本规律，斜坡及坡前电厂区未受采动影响，整个斜坡呈稳定状态。但是，开采引起断层活化，破碎带产生水平拉伸，断层上、下盘产生相对错动。

312 工作面开采后，岩层与地表移动特点与 308、310 工作面开采后明显不同，Ⅰ号、Ⅱ号软弱夹层处岩体产生蠕变错动。Ⅱ号夹层以下岩层为正常的采动影响区。上部岩体开始沿Ⅰ号、Ⅱ号软弱层滑移，推动挤压厂区地表向西移动。此时采动斜坡已开始产生整体性蠕动。

314 工作面开采后，斜坡滑动加剧，后缘产生滑坡裂缝。滑坡体后缘位于25～26 号或29～30 号测点之间。滑坡面沿Ⅰ号、Ⅱ号软弱层延伸到厂区地面以下。由于斜坡沿软弱层向厂区蠕滑，厂区表土层在向西移动的同时，受侧向挤压产生隆起破坏。但是，厂区的Ⅱ号夹层以下岩体未产生移动和抬升。这表明厂区地表位移和抬升不是开采沉陷直接引起的，而是斜坡沿下坡方向滑动造成的。

5.3.3　采动山体滑裂面的形成机制

采用有限元数值模拟分析上述实验模型中斜坡滑裂面的形成机制。计算程序采用地下工程二维弹塑性有限元分析软件。该程序既能有效地模拟地下开采效应，又适用于斜坡应力场计算，已在采矿和岩土工程中应用[121,122]。计算单元主要采用四边形等参单元，软弱夹层采用古德曼（Goldman）节理单元模拟，F_1 断层破碎带和黄土层采用一般单元模拟。

1. 应力分析

计算结果表明，采动前斜坡的应力状态与地表斜坡形态有关，软弱夹层对应力分布没有明显影响，斜坡的最大主应力 σ_1、最小主应力 σ_3 及最大剪应力 τ_{max} 的分布特征与自然状态下的斜坡一致；地下开采后，斜坡主应力状态发生改变：采空上方垂直主应力减小，水平主应力增大，而煤柱上方应力特征相反。在 F_1 断层单元产生应力下降槽乃至拉应力区；在两夹层之间最大主应力 σ_1 产生集中，在斜坡后缘更甚；最小主应力 σ_3 在夹层处产生局部拉应力区；最大剪应力 τ_{max} 在夹层附近产生集中，夹层本身的剪应力减小，表明该处已产生变形，坡前厂区附近应力分布复杂，拉压应力交替出现，表明该处可能成为斜坡滑移的剪切出口。

2. 塑性分析

由于地下开采直接导致了软弱夹层及斜坡后缘产生应力集中和拉应力区。采动前斜坡仅在后缘拐角及断层处产生小范围的拉裂区和塑性区，308 工作面开采后，断层带和斜坡后缘中部产生小范围塑性区；310 工作面开采后，斜坡后缘拐角产生塑性区并开始沿软弱夹层向下坡方向发展；312 工作面开采后，塑性区继续沿软弱夹层向下坡发展，在坡脚处产生沿夹层的塑性区和拉裂带；314 工作面开采后，塑性屈服区显著增加，在坡脚至电厂区一带的塑性区已发展到软弱层上、下岩体中，表土层产生拉裂区。

3. 位移分析

当采空区位于斜坡后缘（地表为平地）时，移动变形符合开采沉陷基本规律；当开采区达到斜坡下方时，软弱层上下产生相对移动，在坡前厂区地表产生指向下坡而背向采空区方向的水平移动，并产生抬升。位移特征与模型实验结果基本一致。

4. 斜坡滑动机制分析

斜坡滑裂面的形成受地下开采制约。当采空区位于斜坡后缘时，后缘岩体首先引起应力变化，产生塑性屈服乃至拉裂。随着采空区向前发展，塑性区沿软弱夹层不断向下坡方向延伸。在斜坡岩土产生开采移动变形的同时，后缘岩体在重力作用下开始沿着屈服的软弱夹层产生剪切蠕动，并推动前缘坡体产生顺层剪切滑移。电厂区的移动即是斜坡体沿软弱夹层向下坡方向蠕动所致，地表抬升是由于表土岩层受推动挤压而鼓起所造成的。

第六章　黄土覆盖矿区地表沉陷与变形预计模型

黄土覆盖矿区地表沉陷变形是黄土层开采沉陷变形与采动土体附加变形两者的叠加，前者是由基岩面不均匀沉陷导致的，包括基岩面的开采沉陷和地表开采沉陷变形，利用随机介质理论原理导出相应的预计模型；后者包括地下水位变化引起的饱和黄土固结变形、采动地表土体单元体积变形、采动黄土层浸水湿陷变形、采动山坡侧向滑移变形。利用土力学理论和模拟研究结果建立地表附加变形的预计模型。

6.1　基岩开采沉陷预计模型

黄土覆盖条件下基岩变形破坏类型包括"三带"型、"断陷"型和"切冒"型。由于后两种类型基岩沉陷变形已失去连续性，很难用数学模型来描述，本章仅研究"三带"型中的弯曲下沉、断裂下沉、充分下沉三种状态的开采沉陷计算模型。

6.1.1　基岩面弯曲下沉计算模型

在基岩控制层断裂沉陷之前，最上部基岩为黄土层荷载的承载体，处于弹塑性弯曲状态，可视为受黄土层荷载作用下的简支板，其垂直应力状态如图 6.1 所示。在采空区以外，岩层的沉陷主要是边缘附近应力集中引起变形所导致的。黄土层荷载在采空区以外的边缘应力集中较小，采空区内侧基岩面在上部黄土荷载作用下产生弯曲下沉，从而导致地表沉陷。基岩面可视为支撑在采空区四周边界之上的受黄土荷载作用的简支板[122]，如图 6.2 所示。

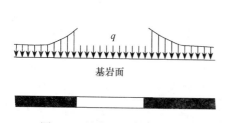

图 6.1　基岩面垂直受力状态

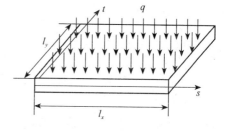

图 6.2　垂直荷载作用下基岩面的弯曲模型

简支板两个方向的几何尺寸分别为采空区两个方向的尺寸 l_x、l_y，厚度为 h，在垂直荷载作用下产生竖向位移 $W(s, t)$，即为基岩面的下沉函数。由以下挠度方程解算

$$\mathbf{V}^2\mathbf{V}^2 W(s,t) = q/D \tag{6.1}$$

式中：$\mathbf{V}^2$——Laplace 算子；

　　　D——基岩上部控制岩层抗弯强度，$D = \dfrac{Eh^3}{12\,(1-\mu^2)}$，其中 h、E、μ 分别

　　　　　为岩板的厚度、弹性模量和泊松比；

　　　q——黄土层等效荷载。

采用维纳解方程解算式（6.1）得

$$W(s,t) = W_{jm} \cdot \sin\frac{\pi \cdot s}{L_x} \cdot \sin\frac{\pi \cdot t}{L_y} \tag{6.2}$$

式中：$W_{jm} = \dfrac{16q}{\pi^6 D}\left(\dfrac{l_x^2 \cdot l_y^2}{l_x^2 + l_y^2}\right)$ 为常数项，表示最大挠度值，即基岩面中部最大下沉

量。式（6.2）即是基岩面的弯曲下沉公式。

6.1.2　基岩面断裂下沉计算模型

在开采尺寸超过基岩控制层断裂临界尺寸的情况下，基岩面产生断裂型沉陷，岩层的完整性遭到破坏，在基岩面上形成沉陷盆地。此时，基岩面沉陷量随开采宽度增加而变大，最大下沉量尚未达到该地质采矿条件下的最大值，因此断裂型沉陷可视为基岩非充分采动状态，其沉陷特征符合随机介质移动规律，可按照有限开采的概率积分法叠加原理建立基岩面断裂下沉计算模型，如图 6.3 所示。

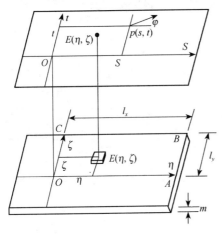

图 6.3　断裂下沉计算模型

图 6.3 中，两个坐标系分别为开采坐标系 η、O、ζ 和基岩面沉陷坐标系 S、O、t，其水平投影重合。坐标原点在采空区边界的左下角。煤层厚度为 1 的单元体 $E(\eta,\ \zeta)$ 开采引起基岩面上任一点 $P(s,\ t)$ 的下沉 $W_e(s,\ t)$ 为[13]

$$W_e(s,t) = \frac{1}{r_j^2} \cdot \mathrm{e}^{\frac{-\pi(s-\eta)^2 + (t-\zeta)^2}{r_j^2}} \tag{6.3}$$

式中：r_j——基岩开采沉陷主要影响半径。设煤层半无限开采条件下基岩面的最大下沉量为 W_{j0}，则整个矩形区域 $OABC$ 厚度为 m 的煤层开采，引起的基岩面任意点 $P(x,\ y)$ 的下沉 $W_j(x,\ y)$ 为式（6.4）在矩形区域的定积分

$$W_j(s,t) = W_{j0} \cdot \int_0^{l_x}\int_0^{l_y} \frac{1}{r_j^2} \cdot \exp\{-\pi[(s-\eta)^2 + (t-\zeta)^2]/r_j^2\}\mathrm{d}\zeta\mathrm{d}\eta \tag{6.4}$$

为了计算方便可将上式变换为以 x 和 y 主断面上对应下沉函数 $W^0(s)$，$W^0(t)$ 的叠加形式，即

$$\begin{cases} W_j(s,t) = \dfrac{1}{W_{j0}} W_j^0(s) \cdot W_j^0(t) \\[2mm] W_j^0(s) = C_t \cdot [W_j(s) - W_j(s - l_x)] \\[2mm] W_j^0(t) = C_s \cdot [W_j(t) - W_j(t - l_y)] \end{cases} \tag{6.5}$$

式（6.5）中右边各项为半无限开采条件下主断面上的下沉函数，C_s、C_t 分别为走向与倾向主断面上基岩面最大下沉分布系数，在半无限开采时该系数为 1.0，非充分有限开采条件下小于 1.0。式（6.5）中各项按以下通式确定

$$W_j(t) = W_{j0} \cdot \int_0^\infty \frac{1}{r_j} \cdot \exp[-\pi(t-\zeta)^2/r_j^2] \mathrm{d}\zeta \tag{6.6}$$

将上式中的变量 t 分别以 $(t-l_y)$，s，$(s-l_x)$ 代替，即得式（6.5）中的各式。

当基岩面沉陷存在拐点偏距 d_j 时，对基岩沉陷产生影响的计算开采边界为矩形区域 $OABC$ 向内移 d_j，若保持计算坐标系原点不变，式（6.4）变为

$$W_j(s,t) = W_{j0} \cdot \int_{d_j}^{l_x - d_j} \int_{d_j}^{l_y - d_j} \frac{1}{r_j^2} \cdot \exp\{-\pi[(s - d_j - \eta)^2 + (t - d_j - \zeta)^2/r_j^2]\} \mathrm{d}\eta \mathrm{d}\zeta \tag{6.7}$$

对积分变量进行变换，考虑拐点偏距的影响，并设有限开采的基岩面最大下沉量 W_{jm}，则有

$$W_{jm} = W_{j0} \cdot C_s \cdot C_t \tag{6.8}$$

式中：W_{jm}——有限开采时基岩面的最大下沉量。基岩面下沉函数的叠加表达式为

$$\begin{cases} W_j(s,t) = \dfrac{1}{W_{j0}} W_j^0(s) \cdot W_j^0(t) \\[3mm] W_j^0(s) = \dfrac{W_{jm}}{C_s} \cdot \int_0^{l_x - 2d_j} \dfrac{1}{r_j} \cdot \exp[-\pi(s - d_j - \eta)^2/r_j^2] \mathrm{d}\eta \\[3mm] W_j^0(t) = \dfrac{W_{jm}}{C_t} \cdot \int_0^{l_y - 2d_j} \dfrac{1}{r_j} \cdot \exp[-\pi(t - d_j - \zeta)^2/r_j^2] \mathrm{d}\zeta \end{cases} \tag{6.9}$$

式（6.9）即为基岩面上任意点及主断面上下沉量的概率积分预计函数，其中有限开采的最大下沉分布系数 C_s、C_t 将在本节后面讨论。

6.1.3 基岩面充分下沉计算模型

在开采尺寸超过基岩面充分开采临界尺寸的情况下，基岩面上的下沉已经达到充分状态，最大下沉值不再增加。随着开采尺寸的增大，基岩面上形成具有"平底"的超充分采动下沉盆地。令式（6.9）中 $C_s=1$，$C_t=1$，$W_{jm}=W_{j0}$，可得充分采动型沉陷计算模型。

充分采动可视为有限开采的特例，可简化为半无限开采。令式（6.9）中的积分上限 $l_x \to \infty$，$l_y \to \infty$，则充分采动条件下基岩面下沉可以表示为走向和倾向主断面上两个半盆地下沉函数的叠加。考虑拐点偏距 d_j 时，半盆地内基岩面上的下沉函数 $W(s, t)$ 为

$$\begin{cases} W_j(s,t) = \dfrac{1}{W_{j0}} W_j^0(s) \cdot W_j^0(t) \\[2mm] W_j^0(s) = W_{j0} \cdot \displaystyle\int_0^\infty \dfrac{1}{r_j} \exp[-\pi(s - d_j - \eta)^2/r_j^2] \mathrm{d}\eta \\[2mm] W_j^0(t) = W_{j0} \cdot \displaystyle\int_0^{l_y - 2d_j} \dfrac{1}{r_j} \cdot \exp[-\pi(t - d_j - \zeta)^2/r_j^2] \mathrm{d}\zeta \end{cases} \tag{6.10}$$

式中：q_j、r_j、d_j——具有黄土层荷载作用下，充分采动型基岩下沉预计参数。后面将通过等效开采宽度将其转化为常规开采沉陷模型。

6.2　地表开采沉陷与变形计算模型

6.2.1　地表下沉预计

黄土层地表开采沉陷变形是基岩面不均匀沉陷在土层中影响传递的结果。讨论沿主断面的情况。

基岩面上沿倾向和走向主断面的下沉函数为 $W_j^0(t)$ 及 $W_j^0(s)$。按概率积分法原理，在基岩面下沉盆地主断面上任意位置 t 和 s，基岩单位下沉引起的地表点 y 或 x 的单元下沉函数 $W_e(y-t)$ 及 $W_e(x-s)$ 为

$$\begin{cases} W_e(y-t) = \dfrac{1}{r_t} \exp[-\pi(y-t)^2/r_t^2] \\[2mm] W_e(x-s) = \dfrac{1}{r_t} \exp[-\pi(x-s)^2/r_t^2] \end{cases} \tag{6.11}$$

式中：r_t——土层开采沉陷主要影响半径。考虑基岩面下沉函数 $W_j^0(t)$、$W_j^0(s)$ 及基岩下沉量在土层中的下沉衰减系数 q_t，可得倾向和走向主断面上地表下沉分层预计函数，即

$$\begin{cases} W^0(y) = \displaystyle\int_{-a_1}^{a_2} q_t \cdot W_j^0(t) \cdot W_e(y-t) \mathrm{d}t \\[2mm] W^0(x) = \displaystyle\int_{-a_3}^{a_4} q_t \cdot W_j^0(s) \cdot W_e(x-s) \mathrm{d}s \end{cases} \tag{6.12}$$

式中：$a_i (i=1, 2, 3, 4)$——基岩面倾向和走向主断面上各侧下沉边界到坐标原点的水平距离。将式（6.11）代入式（6.12）得

$$\begin{cases} W^0(y) = \displaystyle\int_{-a_1}^{a_2} q_t \cdot W_j^0(t) \cdot \dfrac{1}{r_t} \exp[-\pi(y-t)^2/r_t^2] \mathrm{d}t \\[2mm] W^0(x) = \displaystyle\int_{-a_3}^{a_4} q_t \cdot W_j^0(s) \cdot \dfrac{1}{r_t} \exp[-\pi(x-s)^2/r_t^2] \mathrm{d}s \end{cases} \tag{6.13}$$

式中：$W_j^0(t)$、$W_j^0(s)$——基岩面主断面上的下沉函数，分别由式（6.2）、式（6.5）、式（6.9）、式（6.10）确定。

1. 基岩弯曲型地表下沉

将相应的主断面下沉函数式（6.2）代入式（6.13），得地表沉陷盆地内主断面及任意点的下沉预计函数：

$$\begin{cases} W(x,y) = \dfrac{1}{W_m} \cdot W^0(x) \cdot W^0(y) \\ W^0(y) = W_m \cdot \displaystyle\int_0^{l_y} \left(\sin \dfrac{\pi \cdot t}{l_y} \right) \cdot \dfrac{1}{r_t} \cdot \exp[-\pi(y-t)^2/r_t^2]\mathrm{d}t \\ W^0(x) = W_m \cdot \displaystyle\int_0^{l_x} \left(\sin \dfrac{\pi \cdot s}{l_x} \right) \cdot \dfrac{1}{r_t} \cdot \exp[-\pi(x-s)^2/r_t^2]\mathrm{d}s \end{cases} \quad (6.14)$$

式中：最大下沉量 W_m 取决于黄土层下沉衰减系数 q_t 和基岩面最大下沉量 W_{jm}，由下式确定

$$W_m = q_t \cdot W_{jm} \quad (6.15)$$

2. 基岩断裂型地表下沉

将相应的主断面下沉函数式（6.9）代入式（6.14），得地表沉陷盆地内主断面及任意点的下沉预计函数

$$\begin{cases} W(x,y) = \dfrac{1}{W_m} \cdot W^0(x) \cdot W^0(y) \\ W^0(y) = \dfrac{W_m}{C_t} \cdot \displaystyle\int_{-a_j}^{a_j} \left\{ \int_0^{ly-2d_j} \dfrac{1}{r_j} \cdot \exp[-\pi(t-d_j-\zeta)^2/r_j^2]\mathrm{d}\zeta \right\} \cdot \dfrac{1}{r_t} \cdot \exp[-\pi(y-t)^2/r_t^2]\mathrm{d}t \\ W^0(x) = \dfrac{W_m}{C_s} \cdot \displaystyle\int_{-a_j}^{a_j} \left\{ \int_0^{lx-2d_j} \dfrac{1}{r_j} \exp[-\pi(s-d_j-\eta)^2/r_j^2]\mathrm{d}\eta \right\} \cdot \dfrac{1}{r_t} \cdot \exp[-\pi(x-s)^2/r_t^2]\mathrm{d}s \\ W_m = q_t \cdot W_{jm} \end{cases}$$

$$(6.16)$$

3. 基岩充分下沉型地表下沉

将式（6.16）中的 C_s、C_t 均设为 1.0，则得地表沉陷盆地内主断面及任意点的下沉预计函数。

6.2.2 地表水平移动预计

地表水平移动视为基岩不均匀下沉在土层中影响传播至地表的结果，在此讨论主断面上的水平移动。现有的概率积分法在假定单元开采引起的岩（土）变形保持体积不变的条件下，可导出相应的地表水平移动预计公式，但实际资料证

实，厚黄土层矿区地表水平移动的范围一般大于地表下沉范围，在下沉盆地的边缘地带往往存在明显的水平变形。本书数值计算和相似模拟试验表明，采动土体单元在地表附近的竖直变形和水平变形绝对值并不相等，导致土体单元体积变形，其特征主要由水平变形所控制。单元水平变形、竖直变形和体积变形具有相同的分布特征。因此，若地表开采沉陷变形中考虑土体单元体积变形的叠加效应，现有概率积分法关于采动单元体积不变的假设不适用于厚黄土层地表水平移动与变形预计。

设地表单元的位置坐标为 x，地表主断面上竖直变形、水平变形和体积变形的最大值分别为 B_z、B_x、B_v，三种变形在地表横向发育半径为 r_z、r_x、r_v，定义相对位置坐标 $\lambda_z = x/r_z$，$\lambda_x = x/r_x$，$\lambda_v = x/r_v$，则可设竖直变形分布函数 $B_z \cdot \varepsilon_z(\lambda_z)$，水平变形分布函数为 $B_x \cdot \varepsilon_x(\lambda_x)$，单元体积变形分布函数为 $B_v \cdot \varepsilon(\lambda_v)$。三者之间存在以下关系

$$B_x \cdot \varepsilon_x(\lambda_x) = B_v \cdot \varepsilon(\lambda_v) - B_z \cdot \varepsilon_z(\lambda_z) \tag{6.17}$$

由于单元体积变形与竖直变形和水平变形具有相同的分布特征函数，且体积变形与水平变形的横向发育半径相同。若不考虑变形的符号特性，并顾及三个变形值之间满足 $B_x - B_z = B_v$，则式（6.17）可变换为

$$\varepsilon_x(\lambda_x) = k_0 \cdot \varepsilon_z(\lambda_z) + (1-k_0) \cdot \varepsilon_z(\lambda_x) \tag{6.18}$$

式中 $k_0 = B_z/B_x$，表示地表土体单元最大竖直变形与相应水平变形的比值，按照概率积分法关于体积不变的假设，k_0 的含义是概率积分法中最大垂直变形与最大水平变形的比值，$0 \leqslant k_0 \leqslant 1$。

式（6.18）右边包含两项变形函数，第一项为单元体竖直变形函数，其竖直变形发育半径 r_z 与单元下沉函数中的主要影响半径 r_t 相同。第二项已转化为单元体竖直变形函数，但式中 r_x 表示水平变形发育半径 r_x，与单元下沉函数中的主要影响半径 r_t 并不相同。设主断面上单元开采引起的地表单元水平移动为 $U_e(y-t)$ 及 $U_e(x-s)$，由式（6.18）可得

$$\frac{\partial U_e(x-s)}{\partial x} = k_0 \frac{\partial W_e(x-s, r_t)}{\partial z} + (1-k_0) \frac{\partial W_e(x-s, r_x)}{\partial z} \tag{6.19}$$

上式右边，第一项的单元下沉函数中主要影响半径为 r_t；第二项的单元下沉函数中主要影响半径为 r_x，参照概率积分法水平移动公式推导过程，可得

$$\begin{cases} U_e(y-t) = -[2\pi B_1 \cdot k_0 \cdot (y-t)/r_t^3] \cdot \exp[-\pi(y-t)^2/r_t^2] \\ \quad - [2\pi B_{1y}(1-k_0) \cdot (y-t)/r_y^3] \cdot \exp[-\pi(y-t)^2/r_y^2] \\ U_e(x-s) = -[2\pi B_3 \cdot k_0 \cdot (x-s)/r_t^3] \cdot \exp[-\pi(x-s)^2/r_t^2] \\ \quad - [2\pi B_{3x}(1-k_0) \cdot (x-s)/r_x^3] \cdot \exp[-\pi(x-s)^2/r_x^2] \end{cases} \tag{6.20}$$

式中 $B_i (i=1,3)$ 为地表倾向和走向主断面上左侧的水平移动比例系数。

整个基岩面主断面上不均匀下沉 $W(t)$ 及 $W(s)$ 引起的地表水平移动 $U^0(y)$ 及 $U^0(x)$ 为

$$\begin{cases} U^0(y) = \displaystyle\int_{-a_1}^{a_2} q_t \cdot W_j^0(t) \cdot U_e(y-t)\mathrm{d}t \\[4mm] U^0(x) = \displaystyle\int_{-a_3}^{a_4} q_t \cdot W_j^0(s) \cdot U_e(x-s)\mathrm{d}t \end{cases} \tag{6.21}$$

式中：$W_j^0(t)$、$W_j^0(s)$——基岩面主断面上的下沉函数，分别由式（6.2）、式（6.8）、式（6.9）和式（6.10）确定。

对于基岩弯曲型下沉情形，将相应的主断面下沉函数式（6.2）代入式（6.21），得地表沉陷盆地内主断面的水平移动预计函数

$$\begin{cases} U^0(y) = -2\pi B_1 \cdot k_0 \cdot W_m \cdot \displaystyle\int_{-a_1}^{a_2} \left(\sin\frac{\pi \cdot t}{l_y}\right) \cdot \left[(y-t)/r_t^3\right] \cdot \exp\left[-\pi(y-t)^2/r_t^2\right]\mathrm{d}t \\[4mm] \quad -2\pi B_{1y} \cdot (1-k_0) \cdot W_m \cdot \displaystyle\int_{-a_1}^{a_2} \left(\sin\frac{\pi \cdot t}{l_y}\right) \cdot \left[(y-t)/r_x^3\right] \cdot \exp\left[-\pi(y-t)^2/r_x^2\right]\mathrm{d}t \\[4mm] U^0(x) = -2\pi B_3 \cdot k_0 \cdot W_m \cdot \displaystyle\int_{-a_3}^{a_4} \left(\sin\frac{\pi \cdot s}{l_x}\right) \cdot \left[(x-s)/r_t^3\right] \cdot \exp\left[-\pi(x-s)^2/r_t^2\right]\mathrm{d}s \\[4mm] \quad \cdot W_m \cdot \displaystyle\int_{-a_3}^{a_4} \left(\sin\frac{\pi \cdot s}{l_x}\right) \cdot \left[(x-s)/r_x^3\right] \cdot \exp\left[-\pi(x-s)^2/r_x^2\right]\mathrm{d}s \end{cases} \tag{6.22}$$

对于基岩断裂下沉和充分下沉情形，将相应的主断面下沉函数式（6.9）和式（6.10）代入式（6.21），得地表沉陷盆地内主断面的水平移动预计函数

$$\begin{cases} U^0(y) = -2\pi B_1 \cdot k_0 \dfrac{W_m}{C_t} \cdot \displaystyle\int_{-a_1}^{a_2} \left\{\int_0^{l_y-2d_j} \frac{1}{r_j} \cdot \exp\left[-\pi(t-d_j-\zeta)^z/r_j^2\right]\mathrm{d}\zeta\right\} \\[4mm] \quad \cdot \left[(y-t)/r_t^3\right] \cdot \exp\left[-\pi(y-t)^2/r_t^2\right]\mathrm{d}t - 2\pi B_{1y} \cdot (1-k_0) \cdot \dfrac{W_m}{C_t} \\[4mm] \quad \cdot \displaystyle\int_{-a_1}^{a_2} \left\{\int_0^{l_y-2d_j} \frac{1}{r_j} \cdot \exp\left[-\pi(t-d_j-\zeta)^2/r_j^2\right]\mathrm{d}\zeta\right\} \cdot \left[(y-t)/r_y^3\right] \cdot \exp\left[-\pi(y-t)^2/r_y^2\right]\mathrm{d}t \\[4mm] U^0 = -2\pi B_3 \cdot k_0 \dfrac{W_m}{C_s} \cdot \displaystyle\int_{-a_3}^{a_4} \left\{\int_0^{l_x-2d_j} \frac{1}{r_j} \cdot \exp\left[-\pi(s-d_j-\eta)^2/r_j^2\right]\mathrm{d}\eta\right\} \\[4mm] \quad \cdot \left[(x-s)/r_t^3\right] \cdot \exp\left[-\pi(x-s)^2/r_t^2\right]\mathrm{d}s - 2\pi B_{3x} \cdot (1-k_0) \cdot \dfrac{W_m}{C_s} \\[4mm] \quad \cdot \displaystyle\int_{-a_3}^{a_4} \left\{\int_0^{l_x-2d_j} \frac{1}{r_j} \cdot \exp\left[-\pi(s-d_j-\eta)^2/r_j^2\right]\mathrm{d}\eta\right\} \cdot \left[(x-s)/r_x^3\right] \cdot \\[4mm] \quad \exp\left[-\pi(x-s)^2/r_x^2\right]\mathrm{d}s \end{cases} \tag{6.23}$$

上述公式中的各符号的含义与前相同。

6.2.3　地表变形预计

将各地表下沉函数式（6.14）和式（6.16）分别对 y 及 x 求一阶、二阶导数可得倾向及走向主断面上地表倾斜 $I^0(y)$、$I^0(x)$ 及曲率 $K^0(y)$、$K^0(x)$；将地

表水平移动函数式（6.22）和式（6.23）分别对 y 及 x 求一阶导数可得倾向及走向主断面上地表水平变形 $E^0(y)$ 及 $E^0(x)$。上述各式导数的解析式较为复杂，这里仅列出应用较多的基岩断裂型与充分开采型地表变形计算公式。主断面上倾斜变形预计公式

$$
\begin{cases}
I^0(y) = \dfrac{W_m}{C_t} \displaystyle\int_{-a_1}^{a_2} \left\{ \int_0^{l_y-2d_j} \dfrac{1}{r_j} \exp[-\pi(t-d_j-\zeta)^2/r_j^2]d\zeta \right\} \\
\qquad \cdot \dfrac{-2\pi(y-t)}{r_t^3} \cdot \exp[-\pi(y-t)^2/r_t^2]dt \\[2mm]
I^0(y) = \dfrac{W_m}{C_s} \displaystyle\int_{-a_3}^{a_4} \left\{ \int_0^{l_y-2d_j} \dfrac{1}{r_j} \exp[-\pi(s-d_j-\eta)^2/r_j^2]d\eta \right\} \\
\qquad \cdot \dfrac{-2\pi(x-s)}{r_t^3} \cdot \exp[-\pi(x-s)^2/r_t^2]ds
\end{cases}
\tag{6.24}
$$

主断面上曲率变形预计公式

$$
\begin{cases}
K^0(y) = \dfrac{W_m}{C_t} \displaystyle\int_{-a_1}^{a_2} \left\{ \int_0^{l_y-2d_j} \dfrac{1}{r_j} \cdot \exp[-\pi(t-d_j-\zeta)^2/r_j^2]d\zeta \right\} \\
\qquad \cdot \dfrac{-2\pi}{r_t^3}\left(1-\dfrac{2\pi(y-t)^2}{r_t^2}\right) \cdot \exp[-\pi(y-t)^2/r_t^2]dt \\[2mm]
K^0(x) = \dfrac{W_m}{C_s} \displaystyle\int_{-a_3}^{a_4} \left\{ \int_0^{l_x-2d_j} \dfrac{1}{r_j} \cdot \exp[-\pi(s-d_j-\eta)^2/r_j^2]d\eta \right\} \\
\qquad \cdot \dfrac{-2\pi}{r_t^3}\left(1-\dfrac{2\pi(x-t)^2}{r_t^2}\right) \cdot \exp[-\pi(x-s)^2/r_t^2]ds
\end{cases}
\tag{6.25}
$$

主断面上水平变形预计公式

$$
\begin{cases}
E^0(y) = -2\pi B_1 \cdot k_0 \cdot \dfrac{W_m}{C_t} \cdot \displaystyle\int_{-a_1}^{a_2} \left\{ \int_0^{l_y-2d_j} \dfrac{1}{r_j} \cdot \exp[-\pi(t-d_j-\zeta)^2/r_j^2]d\zeta \right\} \\
\qquad \cdot \left(\dfrac{1}{r_t^3}\right)\left(1-\dfrac{2\pi(y-t)^2}{r_t^2}\right) \cdot \exp[-\pi(y-t)^2/r_t^2]dt \\
\qquad -2\pi B_{1y} \cdot (1-k_0) \cdot \dfrac{W_m}{C_t} \cdot \displaystyle\int_{-a_1}^{a_2} \left\{ \int_0^{l_y-2d_j} \dfrac{1}{r_j} \cdot \exp[-\pi(t-d_j-\zeta)^2/r_j^2]d\zeta \right\} \\
\qquad \cdot \left(\dfrac{1}{r_t^3}\right)\left(1-\dfrac{2\pi(y-t)^2}{r_t^2}\right) \cdot \exp[-\pi(y-t)^2/r_x^2]dt \\[2mm]
E^0(x) = -2\pi B_{3x} \cdot k_0 \cdot \dfrac{W_m}{C_s} \cdot \displaystyle\int_{-a_3}^{a_4} \left\{ \int_0^{l_x-2d_j} \dfrac{1}{r_j} \cdot \exp[-\pi(s-d_j-\eta)^2/r_j^2]d\eta \right\} \\
\qquad \cdot \left(\dfrac{1}{r_t^3}\right)\left(1-\dfrac{2\pi(x-t)^2}{r_t^2}\right) \cdot \exp[-\pi(x-s)^2/r_t^2]ds \\
\qquad -2\pi B_{3x} \cdot (1-k_0) \cdot \dfrac{W_m}{C_s} \cdot \displaystyle\int_{-a_3}^{a_4} \left\{ \int_0^{l_x-2d_j} \dfrac{1}{r_j} \cdot \exp(-\pi(s-d_j-\eta)^2/r_j^2)d\eta \right\} \\
\qquad \cdot \left(\dfrac{1}{r_t^3}\right)\left(1-\dfrac{2\pi(x-t)^2}{r_t^2}\right) \cdot \exp[-\pi(x-s)^2/r_x^2]ds
\end{cases}
\tag{6.26}
$$

对于充分下沉型情况，上式中取 $C_s = C_t = 1$。

6.2.4　最大移动变形量计算模型

1. 基岩面的最大沉陷量

1）弯曲下沉状态

基岩面在不同沉陷模式下最大下沉量的形成机制不同。对于弯曲型下沉，最大下沉量取决于基岩面弯曲的最大挠度，与基岩控制层的力学特性及开采工作面的走向与倾向宽度有关，而与煤层开采厚度无直接关系。基岩面弯曲最大挠度（即最大下沉量）W_{jm} 由下式确定

$$W_{jm} = \frac{16q}{\pi^6 D}\left(\frac{l_x^2 \cdot l_y^2}{l_x^2 + l_y^2}\right) \tag{6.27}$$

式中

$$D = \frac{Eh^3}{12(1-v^2)} \tag{6.28}$$

式中：h、E、v——基岩最上部控制岩层的厚度、弹性模量和剪切模量；

q——黄土层等效荷载。

其他符号含义与式（6.2）相同。

2）断裂下沉状态

该模式对应于非充分开采情形。最大下沉量与采动程度密切相关，而采动影响程度的大小与黄土层等效荷载作用及宽深比本身有关。基岩面最大下沉量按下式计算

$$W_{jm} = m \times q_j \times \cos\alpha \times n_{j1} \cdot n_{j3} \tag{6.29}$$

式中：下沉系数 q_j——充分采动基岩下沉系数；

m、α——煤层厚度和倾角；

n_{j1}、n_{j3}——倾向和走向方向的基岩面采动程度系数，但这里指在黄土层等效荷载作用下的采动程度系数。按开采沉陷理论 n_{j1} 和 n_{j3} 为

$$\begin{cases} n_{j1} = \sqrt{k \cdot \dfrac{l'_y}{H_j}} = \sqrt{k \cdot \lambda_{yw}} \\ n_{j3} = \sqrt{k \cdot \dfrac{l'_x}{H_j}} = \sqrt{k \cdot \lambda_{xw}} \end{cases} \tag{6.30}$$

式中 k 为基岩特性参数，取决于基岩的综合硬度，对于坚硬岩层、中硬岩层和软弱岩层，k_0 一般取 0.7、0.8、0.9；在已知基岩充分采动角 φ_w 的情况下，可取 $k_0 = 0.5 \cdot \tan\varphi_w$。$\lambda_{yw}$、$\lambda_{xw}$ 分别为倾向和走向上基岩在黄土层荷载作用下的等效宽深比。λ_{yw}、λ_{xw} 与其实际宽深比 λ_{yz}、λ_{xz} 的关系由表 3.7 和图 3.12 确定，也可按式（3.20）由黄土层自重荷载确定等效开采宽度后计算等效宽深比。当

$n_{j1} \geqslant 1$, $n_{j3} \geqslant 1$ 时，取值为 1。

断裂型基岩最大下沉量按下式计算

$$W_{jm} = m \times q_j \times \cos\alpha \times \sqrt{k \cdot \lambda_{yw}} \cdot \sqrt{k \cdot \lambda_{xw}} \qquad (6.31)$$

在断裂下沉状态下，为了方便以 W_{jm} 取代 W_{j0} 进行叠加，在预计模型中均除以最大下沉分布系数 C_s、C_t。概率积分下沉分布系数在采空区中央位置达到最大，C_s、C_t 按下式确定

$$\begin{cases} C_s = \displaystyle\int_0^{l_x - 2d_j} \frac{1}{r_j} \cdot \exp\left[-\pi\left(\frac{l_x}{2} - d_j - \eta\right)^2 \middle/ r_j^2\right] \mathrm{d}\eta \\ C_t = \displaystyle\int_0^{l_y - 2d_j} \frac{1}{r_j} \cdot \exp\left[-\pi\left(\frac{l_y}{2} - d_j - \zeta\right)^2 \middle/ r_j^2\right] \mathrm{d}\zeta \end{cases} \qquad (6.32)$$

3）充分下沉状态

充分开采型基岩最大下沉量达到该地质采矿条件下的最大下沉值，与黄土层荷载基本无关。将断裂型最大下沉计算式中的 n_{j1}，n_{j3} 均设定为 1.0，则基岩面最大下沉量为

$$W_{jm} = W_{j0} = q_j \cdot m \cdot \cos\alpha \qquad (6.33)$$

2. 地表最大下沉量 W_m

地表最大下沉量取决于基岩面最大下沉量 W_{jm} 和土层中的下沉衰减系数 q_t

$$W_m = q_t \cdot W_{jm} \qquad (6.34)$$

式中 q_t 定义为黄土层下沉衰减系数（简称土层下沉系数，也可用 η_t 表示）。根据第三章的分析，该系数主要取决于基岩下沉模式或宽深比 λ，也与黄土层厚度有关。在图 3.19 中，黄土层厚度为 125m 的基准模型条件下，$\lambda = 1.4$ 基岩充分下沉时，土层下沉衰减系数为 0.89，视为土层充分下沉衰减系数。$\lambda \leqslant 1.4$ 时下沉衰减系数变化规律见图 3.19。设土层充分下沉衰减系数与黄土层厚度呈反比，当黄土厚度趋于零时，下沉衰减系数为 1.0。构建黄土层下沉衰减系数为

$$q_t = n_{t1} \cdot n_{t3} (1 - \sqrt{H_t/100}) \qquad (6.35)$$

式中：H_t——土层厚度；

$\quad\quad n_{t1}$、n_{t3}——倾向和走向方向上黄土层采动影响系数，分别定义为不同倾向、走向宽深比 λ 对应的下沉衰减系数与充分下沉衰减系数的比值。根据模拟研究结果图 3.19 确定 n_t 与宽深比 λ 的关系，如表 6.1 所示。

表 6.1 不同宽深比 λ 对应的黄土层采动影响系数 n_t

λ	0.11	0.17	0.22	0.28	0.33	0.39	0.44	0.5	0.56	0.61	0.67	0.72
n_t	1	0.89	0.81	0.74	0.67	0.67	0.67	0.7	0.7	0.71	0.72	0.73
λ	0.78	0.83	0.89	0.94	1	1.06	1.11	1.17	1.22	1.28	1.33	1.4
n_t	0.73	0.73	0.74	0.73	0.73	0.73	0.73	0.74	0.74	0.83	0.96	1

综上所述，地表最大下沉量计算式为

$$W_m = W_{jm} \cdot q_t = m \times q_j \times \cos\alpha \times n_{j1} \cdot n_{j3} \cdot n_{t1} \cdot n_{t3} \cdot (1 - \sqrt{H_t/100}) \qquad (6.36)$$

上式表明，对于基岩充分下沉模式（走向和倾向宽深比 λ 均大于 1.4），无论基岩采动程度系数 n_{j1}，n_{j3} 还是土层采动影响系数 n_{t1}，n_{t3} 均取为 1.0。对于断裂下沉模式，直接由式（6.36）计算地表最大下沉量。对于基岩弯曲型下沉模式，基岩面最大下沉量 W_{jm} 按式（6.27）计算，土层下沉衰减系数 q_t 根据基岩走向和倾向的宽深比由式（6.35）确定。

3. 地表移动最大变形量

利用主断面上的移动变形预计公式可计算任意地表点的移动变形值，从而确定最大变形值及其位置。在半无限开采或基岩充分下沉状态下，地表最大变形值计算公式为

地表最大倾斜值 I_m

$$I_m = \pm \frac{W_m}{\sqrt{r_j^2 + r_t^2}} \qquad (6.37)$$

地表最大曲率值 k_m

$$k_m = \mp 1.52 \frac{W_m}{r_j^2 + r_t^2} \qquad (6.38)$$

地表（走向）最大水平移动值 U_m

$$U_m = k_0 \cdot B_3 \frac{W_m}{\sqrt{r_j^2 + r_t^2}} + (1 - k_0) \cdot B_{3x} \cdot \frac{W_m}{r_x} \qquad (6.39)$$

地表（走向）最大水平变形值 ε_m

$$\varepsilon_m = 1.52 \cdot k_0 \cdot B_3 \frac{W_m}{r_j^2 + r_t^2} + 1.52 \cdot (1 - k_0) \cdot B_{3x} \cdot \frac{W_m}{r_j^2 + r_x^2} \qquad (6.40)$$

6.2.5　预计参数的确定方法

1. 基岩下沉系数 q_j

在半无限开采条件下，基岩下沉系数 q_j 主要取决于基岩综合强度，与厚度也有一定关系。基岩强度越高时，离层发育程度较高，下沉系数较小。基岩厚度越大时，下沉系数也有减小的趋势[120]。一般对于坚硬岩层、中硬岩层和软弱岩层，其下沉系数分别为 0.50～0.65、0.65～0.80、0.80～0.90。

在有实际资料的情况下，q_j 可根据充分开采条件下地表实测最大下沉量 W_0，按下式确定

$$q_j = \frac{W_0}{(1 - \sqrt{H_t/100}) \cdot m \cdot \cos\alpha} \qquad (6.41)$$

上式中各符号含义与前面相同。

2. 主要影响半径 r

基岩沉陷影响半径 r_j、土层沉陷影响半径 r_t、地表水平变形影响半径 r_x，主要影响半径与基岩或土层厚度及其特性有关，可按下面经验公式确定

$$\begin{cases} r_j = V_j \cdot \sqrt{H_j} \\ r_t = V \cdot \sqrt{H_t} \\ r_x = r_j + r_t \end{cases} \tag{6.42}$$

式中 V_j、V_t 为反映地层特性的参数。其值随基岩或土层强度增大而变大。基岩为软弱、中硬和坚硬岩层时，对应的经验值 $V_j = 7.0 \sim 11.0$；黄土层对应的 $V_t = 4.0 \sim 6.0$。

3. 基岩拐点偏距 d_j

d_j 与岩层厚度 H_j 呈正比，由下式确定

$$d_j = f_j \cdot H_j \tag{6.43}$$

式中 f_j 为反映岩层特性的参数，与基岩综合硬度有关，其值可根据实测资料按最小二乘法确定。基岩为软弱、中硬和坚硬岩层时，对应的经验值 $f_j = 0.08 \sim 0.14$。

4. 水平移动比例系数 B

包括开采引起的水平移动比例系数 B_1，B_3 和土体单元体积变形引起的水平移动比例系数 B_{1y}，B_{3x}。对于走向方向

$$\begin{cases} B_3 = b \cdot \sqrt{r_j^2 + r_t^2} \\ B_{3x} = b \cdot \sqrt{r_j^2 + r_x^2} \end{cases} \tag{6.44}$$

式中 b 定义为水平移动系数，是主断面上最大水平移动值与最大下沉值之比值，根据实测资料确定。对于厚黄土层矿区，其经验值可取 $b = 0.25 \sim 0.40$。对于近水平煤层开采，倾向的水平移动比例系数 B_1 可按下山或上山开采深度及其主要影响半径来确定，也可与走向取相同值。

5. 水平变形特性参数 k_0

k_0 的含义是地表单元最大垂直变形与最大水平变形的比值，但按上述定义不便于确定，由于地表下沉和水平移动都是采用主要影响半径来描述地表移动变形的横向发育特征，可按地表下沉与水平移动的主要影响半径之比来确定。若有实测地表下沉和水平移动数据时，按实际下沉与水平移动边界至采空区边界的距离之比确定 k_0，若没有实测资料时，可根据主要影响半径参数计算

$$k_0 = \frac{\sqrt{r_j^2 + r_t^2}}{\sqrt{r_j^2 + r_x^2}} \tag{6.45}$$

在正常情况下 $0 \leqslant k_0 \leqslant 1$。厚黄土层矿区一般可取 $k_0 = 0.5$。

6. 基岩沉陷半盆地长度 a_j

指走向和倾向基岩面下沉盆地边界至开采边界之平距，取 $a_j \geqslant 1.4r_j$ 可保证足够的定积分解算精度，即

$$a_1 = 1.4r_j, a_2 = l_y + 1.4r_j, a_3 = 1.4r_j, a_4 = l_x + 1.4r_j \tag{6.46}$$

综上分析，在厚黄土层地表开采沉陷预计中，除了地质采矿的几何参数外，所需的特定参数包括基岩下沉系数 q_j，基岩特性参数 V_j、f_j，土层特性参数 V_t，水平移动系数 b，水平变形特性参数 k_0，其余参数属于中间变量。

6.3 采动黄土层排水固结引起的地表沉陷预计模型

6.3.1 开采沉陷区地下水位下降曲面

在黄土覆盖矿区，地下水位以下的饱和黄土体所受的荷载由土粒和孔隙水共同承担。当开采引起饱和黄土体产生超静孔隙水压力导致土体中的孔隙水被排出，孔隙水所承担的应力减小，土粒所承担的应力增大，即土粒的有效应力增加，从而使土体产生固结压密。在地下水位下降范围内土粒的压密向上影响传递至地表，便在地表产生附加沉陷变形。

饱和黄土层的失水主要表现为地下水位的下降。开采沉陷区地下水位变化可根据上覆岩土体的变形破坏带高度及其分布形态来推断。一般情况下在采空区中央上方的地下水位下降最多，采动后的地下水位形态曲面类似于地表下沉盆地形态。沿主断面上地下水位下降曲线如图 6.4 所示。

由于土层中孔隙水渗透特性的变化主要与土体单元开采变形破坏有关，可将地下水下降的范围边界由开采沉陷主

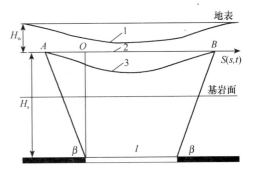

图 6.4 主断面上地下水位下降形态
1. 地表附加沉降曲线；2. 原始地下水位线；
3. 地下水位降深曲线 $D(s)$

要影响传播角 β 来确定。图 6.4 中 $AB = l_x + 2H_s \cdot \cot\beta$。对于地下水位下降曲线的形态，一些文献将其视为抛物线，本书也将曲线 $D(s)$ 视为以采空区中央为对称轴的抛物线。地下水位最大降深为 h_0，根据图 6.4 中的几何关系，并设倾向主

断面上地下水位下降分布与走向相同，则走向与倾向主断面上任意一点的地下水位降深 $h(s)$，$h(t)$ 为

$$\begin{cases} h(s) = a_0 \cdot (s - l_x/2)^2 + h_0 \\ h(t) = b_0 \cdot (t - l_y/2)^2 + h_0 \end{cases} \tag{6.47}$$

式中，$0 \leqslant s \leqslant l_x$，$0 \leqslant t \leqslant l_y$。式（6.47）中 $a_0 = -h_0/(l_x/2 + H_s \cdot \cot\beta)^2$，$b_0 = -h_0/(l_y/2 + H_s \cdot \cot\beta)^2$，各符号含义如图 6.4 所示。因此，已知原始地下水位 H_s 与地下水位最大下降深度 h_0 及开采尺寸等参数时，即可确定地下水位下降分布函数。

6.3.2　地下水位下降区土体单元固结计算模型

天然黄土具有较大的孔隙比 e_0，由于采动引起地下水流失，在上覆土体自重应力作用下，孔隙体积将减小，土体产生压缩。地下水位以下土层为饱和土，假定土粒和孔隙水均为不可压缩，则土体的压缩是由于土体的孔隙比减小所造成的。如图 6.4 所示，开采前黄土层的原始水位线深为 H_w，地下水位以下为饱和土层，在饱和土层内任意深度 z 处取一长度和宽度均为 1 的单元土体 $\mathrm{d}z$，其所受的总应力为 σ，其中孔隙水所承担的应力为 u_w，作用在土粒中的有效应力为 $\sigma' = \sigma - u_w$，未排水前单元土体 $\mathrm{d}z$ 所受的总应力为上覆黄土层的自重应力

$$\sigma = H_w \cdot \gamma_0 + (z - H_w) \cdot \gamma_z \tag{6.48}$$

式中：γ_0——地下水位以上土体容重；

γ_z——地下水位以下饱和土体容重。

孔隙水应力为

$$u_w = (z - H_w) \cdot \gamma_w \tag{6.49}$$

式中 γ_w 为孔隙水的容重，则作用在土体单元的有效应力为

$$\delta = p - p_w = H_w \cdot \gamma_0 + (Z - H_w) \cdot (\gamma_Z - \gamma_w) \tag{6.50}$$

在土体单元中的孔隙水排出以后，孔隙水应力被转移至土颗粒承担，土体骨架的应力增量为

$$\Delta u = u_w = (z - H_w) \cdot \gamma_w \tag{6.51}$$

设黄土的压缩性用孔隙压缩系数 a_e 表示，即 $a_e = -\Delta e/\Delta u$（Δe 为孔隙比增量）。

设饱和黄土的初始孔隙比为 e_0，排水后孔隙比的增量为 Δe，则土体单元因排水而产生的压缩为 $\mathrm{d}v$

$$\mathrm{d}v = -\mathrm{d}z \cdot \Delta e/(1 + e_0) = -\frac{a_e \cdot (z - H_w) \cdot \gamma_w}{(1 + e_0)} \cdot \mathrm{d}z \tag{6.52}$$

令 $f(z) = -\dfrac{a_e \cdot (z - H_w) \cdot \gamma_w}{(1 + e_0)}$ 表示土体单元特性及其所处位置的函数，则

上式变为

$$dv = f(z) \cdot dz \tag{6.53}$$

上式表明，土体单元因排水产生的压缩量与其压缩系数、初始孔隙比和地下水位下降量（$z-H_w$）相关。

6.3.3　土体固结引起的地表沉陷变形计算模型

1. 地表下沉预计函数

讨论走向主断面的情形。在地下开采引起的黄土层中地下水位下降函数 $h=h(s)$ 中，s 坐标的原点在采空区边界左下角正上方。h 表示任意位置 s 处水位的最终下降高度。据式（6.52）可知，土体单元因水位下降 h 产生的总压缩量 v 为

$$v = \int_{H_0}^{(H_0+h)} \frac{a_e \cdot (z - H_0) \cdot \gamma_w}{(1+e_0)} \cdot dz = \frac{a_e \cdot \gamma_w}{2(1+e_0)} h^2 \tag{6.54}$$

定义 $A_0 = \dfrac{a_e \cdot \gamma_w}{2(1+e_0)}$ 为土层压缩因子，该参数取决于土层特性，与所处位置及水位无关，顾及式（6.47）可得地下水位下降 h 产生的总压缩量 $S(s)$

$$S(s) = A_0 \cdot h(s)^2 = A_0 \cdot [a_0 \cdot (s - l_x/2)^2 + h_0]^2 \tag{6.55a}$$

同理可得倾向主断面上地下水位下降 h 产生的总压缩量函数式 $S(t)$

$$S(t) = A_0 \cdot h(s)^2 = A_0 \cdot [b_0 \cdot (t - l_y/2)^2 + h_0]^2 \tag{6.55b}$$

上式表明，土层竖向压缩量 S 与原始地下水位无关，是地下水位下降量 h 的二次函数，随位置坐标而变。将土体单元的垂直压缩量 S 视为厚度变化的采空单元，依照随机介质理论原理，在深度 H_w 处土层垂直压缩 S 时，影响传递至地表的下沉函数 $W_S^0(x)$ 为

$$W_S^0(x) = \int_{-a_1}^{a_2} A_0 \cdot \left\{ [a_0 \cdot (s - l_x/2)^2 + h_0]^2 \cdot \frac{1}{r_s} \cdot \exp(x - s)^2 / r_s^2 \right\} ds \tag{6.56a}$$

对于倾向主断面，参照与走向相同的方法可得下沉函数 $W_S(y)$ 为

$$W_S^0(y) = \int_{-a_3}^{a_4} A_0 \cdot \left\{ [b_0 \cdot (t - l_y/2)^2 + h_0]^2 \cdot \frac{1}{r_s} \cdot \exp(y - t)^2 / r_s^2 \right\} dt \tag{6.56b}$$

式中：a_i（$i=1$，2，3，4）——走向和倾向主断面上坐标原点至地下水位下降边界的距离；

r_s——土层垂直压缩主要影响半径，$r_s = H_w/\tan\beta$。

依据随机介质理论的叠加原理，由式（6.58）可得地表任意一点（x，y）的下沉函数 $W_S(x, y)$ 为

$$W_S(x,y) = \frac{1}{S_m} \cdot W_S^0(x) \cdot W_S^0(y)$$

$$= \frac{1}{S_m} \cdot \left[\int_{-a_1}^{a_2} A_0 \cdot \{ [a_0 \cdot (s - l_x/2)^2 + h_0]^2 \cdot \frac{1}{r_s} \cdot \exp[(x-s)^2]/r_s^2 \} ds \right]$$

$$\cdot \left[\int_{-a_3}^{a_4} A_0 \cdot \{ [b_0 \cdot (t - l_y/2)^2 + h_0]^2 \frac{1}{r_s} \cdot \exp[(y-t)^2/r_s^2] dt \right]$$

$$\tag{6.57}$$

2. 地表水平移动预计函数

讨论主断面的情形。参照上一节利用随机介质理论推导地表水平移动预计公式的方法，得到水位下降面上任意点 s 的单位土体压缩引起的地表单元水平移动函数为

$$\begin{cases} Ue(y-t) = -2\pi B_1 \cdot (y-t)/r_s^3 \cdot \exp[-\pi(y-t)^2/r_s^2] \\ Ue(x-s) = -2\pi B_3 \cdot (x-s)/r_s^3 \cdot \exp[-\pi(x-s)^2/r_s^2] \end{cases} \tag{6.58}$$

将式（6.56a）和式（6.56b）代入上式，并对整个水位下降区域进行积分得地表水平移动函数 $U_S^0(x)$ 及 $U_S^0(y)$

$$\begin{cases} U_S^0(y) = \int_{-a_3}^{a_4} -2\pi B_1 \cdot A_0 \cdot [b_0 \cdot (t - l_y/2)^2 + h_0]^2 \cdot [(y-t)/r_s^3] \\ \qquad\qquad \cdot \exp[-\pi(y-t)^2/r_s^2] dt \\ U_S^0(x) = \int_{-a_1}^{a_2} -2\pi B_3 \cdot A_0 \cdot [a_0 \cdot (s - l_x/2)^2 + h_0]^2 \cdot [(x-s)/r_s^3] \\ \qquad\qquad \cdot \exp[-\pi(x-s)^2/r_s^2] ds \end{cases}$$

$$\tag{6.59}$$

地下水位下降引起的附加水平变形和其他变形可参照前面的做法。

3. 预计参数的确定方法

土层固结地表沉陷与变形预计所需参数包括几何参数：开采尺寸 l_x、l_y；基岩与土层厚度 H_j、H_t，地下水位原始深度 H_w；原始地下水位至开采煤层深度 H_s；地下水位最大降深 h。

开采沉陷参数：基岩主要影响角正切 $\tan\beta$，土层主要影响半径 r_s；积分下限和上限 a_1、a_2、a_3、a_4；水平移动系数 b 及其比例系数 B_1、B_3，其中 $H_s = H_j + H_t - H_w$，$r_s = V_t \cdot \sqrt{H_w}$，$a_1 = a_3 = r_s$，$a_2 = r_s + l_y$，$a_4 = r_s + l_x$，$B_1 = B_3 = b \cdot r_s$。

上述公式所涉及的参数含义与前面相同。

固结变形的特定预计参数包括：

（1）地下水位以下土层的初始孔隙比 e_0。通过试验取得，根据黄土取样试验

结果，可取 $e_0 = 0.5 \sim 1.0$。

（2）土层的孔隙压缩系数 a_e。根据试验结果，在常规自重压力下黄土层的压缩系数可取 $a_e = 0.06 \sim 0.20 \text{MPa}^{-1}$；黄土层的容重 r_w，可取 $r_w = 1.6 \sim 1.85 \text{MPa/m}$。

地下水位降深曲线方程的系数 a_0、b_0 及土层的压缩因子 A_0 作为中间变量，由上述参数计算确定。

6.4 采动黄土层湿陷引起的地表沉陷计算模型

建立采动黄土层湿陷变形计算模型作了以下简化和假设：

（1）仅计算黄土自重湿陷变形，不考虑外载荷作用。

（2）将地表采动裂缝发育范围作为湿陷性黄土层的浸水影响范围。

（3）假定浸水影响范围内黄土是在采动过程中全部完成湿陷变形。

（4）由于稳态地表移动盆地中央的压缩变形区同样产生过复杂的动态变形和采动裂缝，可假定盆地边缘最大拉伸变形位置所包含的区域全部为浸水影响范围，浸水深度达到该地质采矿条件的最大值。

确定采动黄土层的浸水影响深度和范围是建立黄土层湿陷变形计算模型的关键。先讨论走向主断面的情况。地表拉伸变形的一般分布规律如图 6.5 所示。

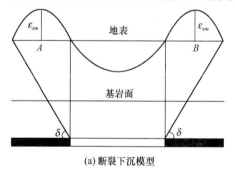

(a) 断裂下沉模型　　　　　　　　　(b) 充分下沉模型

图 6.5　地表水平变形分布

在采空区边界外侧的 A 和 B 处达到最大拉伸变形 ε_{xm}，该处裂缝发育深度也达到最大值 h_{xm}，根据地表采动裂缝的深度计算公式（4.27），可得

$$h_{xm} = \frac{E}{\mu \cdot \gamma} \cdot \varepsilon_{xm} - \frac{1-\mu}{\mu \cdot \gamma} \cdot c \qquad (6.60)$$

式中各符号含义与式（4.27）相同。若不考虑地下水位下降引起的地表附加变形，则最大拉伸水平变形值 ε_{xm} 按式（6.26）由定积分确定。对于半无限开采的情形，在位置坐标 $x_m = -0.4\sqrt{r_j^2 + r_s^2} + d_j$ 处，地表拉伸变形达到最大值 ε_{xm}，由式（6.40）计算。代入式（6.60）得该地质采矿条件下的最大浸水影响深度。

在最大拉伸变形 A，B 之间的开采沉陷区域，黄土层的浸水影响深度均达到最大值 h_{xm}。因此，在 $x_m \leqslant x \leqslant l_x + |x_m|$ 时，黄土层的浸水影响深度由下式确定

$$h_{xm} = \frac{E}{\mu \cdot \gamma} \cdot 1.52 k_0 \cdot B_3 \cdot \frac{W_m}{r_j^2 + r_t^2} + 1.52(1-k_0) \cdot B_{3x} \cdot \frac{W_m}{r_x^2} - \frac{1-\mu}{\mu \cdot \gamma} \cdot c$$

(6.61)

在 AB 以外的边缘区，当 $x \leqslant -x_m$ 及 $x \geqslant |x_m| + l_x$ 时，采动浸水影响深度 $h_x(x)$ 由下式确定

$$h_x(x) = \frac{E}{\mu \cdot \gamma} \cdot \varepsilon(x) - \frac{1-\mu}{\mu \cdot \gamma} \cdot c$$

(6.62)

当 $\varepsilon(x) = \varepsilon_{x0} = \frac{1-\mu}{E} \cdot c$ 时，浸水影响深度 $h_x(x_0) = 0$。由式（6.61）和式（6.62）可绘出采动黄土层地表浸水影响的一般曲线，如图 6.6 所示。

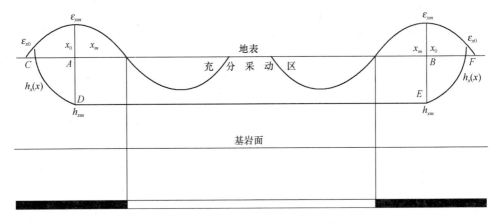

图 6.6　采动黄土层浸水影响曲线

将上述各式中的 x 变换成 y，可得倾向主断面上采动黄土层地表浸水影响深度函数 $h_y(y)$。

对于地表移动盆地任意一点 (x, y) 的浸水影响深度函数 $h(x, y)$，可参照概率积分法开采沉陷的叠加原理由下式确定

$$h(x, y) = \frac{1}{h_m} \cdot h_x(x) \cdot h_y(y)$$

(6.63)

设黄土层的自重湿陷系数为 η，湿陷性黄土层厚度随位置而变化的函数 $d(x, y)$，采动黄土层湿陷引起的地表附加沉陷为 $W_h(x, y)$，则 $W_h(x, y)$ 由下式确定

$$W_h(x, y) = \eta \cdot h(x, y) d(x, y) \geqslant h(x, y)$$

(6.64a)

$$W_h(x, y) = \eta \cdot d(x, y) d(x, y) \leqslant h(x, y)$$

(6.64b)

6.5　黄土沟壑区采动斜坡滑移预计模型

6.5.1　地表滑移附加水平移动与下沉预计

实际资料和模拟研究表明，在黄土山区斜坡条件下地表产生的塑性滑移变形，使土体单元的体积变形与相同平地条件不同，其特征与开采竖直变形和斜坡倾角及坡体组合形态有关。为了利用已有平地条件的预计模型，将斜坡条件下的单元体积变形分解成正常平地下的体积变形和塑性滑移引起的体积变形增量，据此构建地表斜坡采动滑移变形预计模型。参照式（6.18），地表单元水平变形可写成如下形式

$$\varepsilon_x(\lambda_x) = k_1 \cdot \varepsilon_z(\lambda_z) + k_2 \cdot \varepsilon_z(\lambda_x) + \varepsilon_h(\lambda_h) \tag{6.65}$$

式（6.65）中右边前两项与式（6.18）的含义相同，第三项为塑性滑移体积变形增量 $\varepsilon_h(\lambda_h)$，而 $\dfrac{d[\varepsilon_h(\lambda_h)]}{dx}$ 的分布特征与土体单元的竖直变形 $\varepsilon_z(\lambda_z)$ 分布相同，根据其数学关系可得

$$\varepsilon_h(\lambda_h) = k_h \cdot \int \varepsilon_z(\lambda_z) \cdot dx = k_h \int \frac{\partial W_e(\lambda_z)}{\partial z} \cdot dx$$
$$= -k_h \cdot [2\pi B_3 \cdot (x)/r_t^3] \cdot \exp[-\pi(x)/r_t^2] \tag{6.66}$$

根据单元水平滑移增量 $P_e(y-t)$ 及 $P_e(x-s)$ 与上式的数学关系 $\dfrac{\partial P_e(y-t)}{\partial y} = \varepsilon_h(\lambda_h)$，可得

$$\begin{cases} \Delta P_e(y-t) = \int k_h \cdot \varepsilon_h(\lambda_h) dy = k_h \cdot \dfrac{B_1}{r_t} \cdot \exp[-\pi(y-t)^2/r_t^2] \\ \Delta P_e(x-s) = \int k_h \cdot \varepsilon_h(\lambda_h) dx = k_h \cdot \dfrac{B_3}{r_t} \cdot \exp[-\pi(x-s)^2/r_t^2] \end{cases} \tag{6.67}$$

令上式中 $R(x, \theta) = k_h \cdot B_3$，$R(y, \theta) = k_h \cdot B_1$，则整个基岩面主断面上不均匀下沉 $W_j^0(t)$ 及 $W_j^0(s)$ 引起的地表斜坡滑移水平移动 $\Delta U^0(y)$ 及 $\Delta U^0(x)$ 为

$$\begin{cases} \Delta U^0(y) = \int_{-a_1}^{a_2} q_t \cdot W_j^0(t) \cdot R(y,\theta) \cdot \dfrac{1}{r_t} \cdot \exp[-\pi(y-t)^2/r_t^2] dt \\ \Delta U^0(x) = \int_{-a_3}^{a_4} q_t \cdot W_j^0(s) \cdot R(x,\theta) \cdot \dfrac{1}{r_t} \cdot \exp[-\pi(x-s)^2/r_t^2] ds \end{cases} \tag{6.68}$$

将上式中 $R(x, \theta)$、$R(y, \theta)$ 提到积分式以外，则积分表达式与式（6.13）和式（6.14）的地表下沉表达式 $W^0(y)$、$W^0(x)$ 相同。因此，$\Delta U^0(y)$ 及 $\Delta U^0(x)$ 可写为如下形式

$$\begin{cases} \Delta U^0(y) = R(y,\theta) \cdot W^0(y) \\ \Delta U^0(x) = R(x,\theta) \cdot W^0(x) \end{cases} \tag{6.69}$$

地表斜坡滑移与开采沉陷量及参数 R 有关。山坡滑移量随地表倾角增大而变大，也与土层的塑性特征有关。因此，将参数 R 定义为

$$\begin{cases} R(x,\theta) = p_3 \cdot \tan\theta \\ R(y,\theta) = p_1 \cdot \tan\theta \end{cases} \tag{6.70}$$

式中：p_1、p_3——地表滑移特性参数；

θ——主断面上地表倾角，正向坡时为正，反向坡时取负值。

代入式（6.69）得

$$\begin{cases} \Delta U^0(y) = p_1 \cdot \tan\theta \cdot W^0(y) \\ \Delta U^0(x) = p_3 \cdot \tan\theta \cdot W^0(x) \end{cases} \tag{6.71}$$

由于地表斜坡滑移水平移动将会引起地表点的附加下沉 $\Delta W^0(y)$ 及 $\Delta W^0(x)$，按下式计算

$$\begin{cases} \Delta W^0(y) = p_1 \cdot \tan^2\theta \cdot W^0(y) \\ \Delta W^0(x) = p_3 \cdot \tan^2\theta \cdot W^0(x) \end{cases} \tag{6.72}$$

6.5.2　滑移预计参数的确定方法

上述预计模型涉及的参数主要包括滑移特性参数 p_1、p_3 和地表倾角 θ，其余参数与平地条件相同。倾角 θ 属于几何参数，由主断面上地表剖面线的斜率确定，滑移特性参数 p_1、p_3 根据最大下沉点的水平移动量确定。设地表最大开采沉陷量为 W_m，若在该处存在水平位移，则可视为是斜坡滑移量 ΔU，滑移特性参数

$$p = \Delta U/(\tan\theta \cdot W_m) \tag{6.73}$$

地表滑移特性参数 p_1、p_3 也可根据实测下沉和水平移动值来确定。例如，设走向主断面上任意点的下沉实测值 $W(x)$、实测水平移动量为 $U(x)$、地面坡度为 $\theta(x)$，则参数 $p(x)=[U(x)-U^0(x)]/[\tan\theta(x) \cdot W(x)]$，其中 $U^0(x)$ 为平地条件下的水平移动预计值。根据实测数据按最小二乘原理确定地表滑移特性参数。但是，滑移特性参数还与斜坡位置坐标有一定的关系，处于沟谷或坡顶附近的点与下坡中间的点滑移特性参数应该有所差别，其规律性有待进一步研究。

第七章 黄土覆盖矿区开采沉陷理论模型的应用

本章对几个工作面进行开采沉陷预计分析来说明理论模型的应用。根据各工作面地质采矿条件参数，计算出各自的开采宽深比和基岩面上的黄土层等效荷载，对基岩开采沉陷状态进行判别，计算出基岩面最大下沉量和地表最大下沉量。同时，针对预计模型编制计算机程序，对各种状态下的开采沉陷变形、黄土层固结变形、采动黄土层湿陷变形、采动山坡滑移变形分别进行预计和变形破坏特征分析，并提出开采沉陷区数字地形图预测更新的途径。

7.1 基岩开采沉陷模式判别与地表最大下沉量计算

7.1.1 黄土层等效荷载

根据表 2.13 计算出 Y905、B40301、D508、Y2205 四个观测站的地质采矿参数，见表 7.1。基岩面上的黄土层自重荷载 q_0 由式（3.22）计算。其中黄土层的平均容重取 $\gamma_t = 18 \mathrm{kN/m^3}$，各观测站黄土层自重荷载计算结果列于表 7.1。

根据倾向开采宽度 l_y 和基岩厚度 H_j，计算宽深比 λ 值，由式（3.9）确定黄土层的等效荷载系数 k。作用于基岩面上的黄土层等效荷载 $q = q_0 \cdot k$，计算结果列于表 7.1。

表 7.1 地质采矿参数与黄土层等效荷载系数

观测站名称	Y905	B40301	D508	Y2205
土层厚度 H_t/m	110	125	103	125
基岩厚度 H_j/m	72	267	77	370
倾向采宽 l_y/m	102	150	136	85
走向采长 l_x/m	300	800	645	220
宽深比 λ	1.42	0.56	1.77	0.23
等效荷载系数 k	1	0.6	1	0.5
土层自重荷载 q_0/MPa	1.98	2.25	1.85	2.25
等效荷载 q/MPa	1.98	1.35	1.85	1.13

7.1.2 基岩开采沉陷状态

首先计算各工作面基岩厚度 H_j 与开采厚度 m 之比（深厚比），结果列于

表 7.2。按式（3.18）判别基岩开采沉陷特征是否属于"三带"型或"断陷"型，并确定其沉陷状态。与基岩沉降状态有关的参数包括：

（1）基岩控制层的厚度 d 与抗拉强度 S_t。由于基岩最上部坚硬岩层直接控制着基岩面的沉陷模式，在地质柱状查出基岩最上部岩层的厚度，缺乏实际资料，这里均取 $d=5\mathrm{m}$，其抗拉强度指标 S_t 对于坚硬岩层、中硬岩层和软弱岩层分别取 15MPa、10MPa、5MPa。

（2）充分采动角 φ_w。取决于基岩综合强度，按普氏硬度系数确定。基岩强度越高时，充分采动角越小。对于坚硬岩层、中硬岩层和软弱岩层的充分采动角 φ_w 分别取 55°、57°、60°。

（3）主要影响角正切 $\tan\beta_j$。属于常规概率积分法预计参数，主要取决于基岩综合强度。参照开采沉陷理论，对于坚硬岩层、中硬岩层和软弱岩层 $\tan\beta_j$ 分别取 1.6、1.8、2.0。

（4）拐点偏距 d_j。按式（6.43）确定，对于坚硬岩层、中硬岩层和软弱岩层 f_j 分别取 0.08、0.11、0.14。

基岩在黄土层荷载作用下的断裂临界开挖宽度 l_{d0}（或 L_0）和充分开采临界开挖宽度 l_{z0}（或 L_z），分别由式（3.13）和式（3.16）确定。计算结果列于表 7.2。

表 7.2　基岩面开采沉陷状态判别

观测站名称	Y905	B40301	D508	Y2205
基岩硬度	中硬	坚硬	软弱	中硬
m/mm	1940	8000	2400	2000
H_j/m	37	33	32	185
H_t/m	110	125	103	125
H_j/m	72	267	77	370
q/MPa	1.98	1.35	1.85	1.13
l_y/m	102	150	136	85
d/m	5	5	5	5
S_t/MPa	10	15	5	10
f_j	0.11	0.14	0.08	0.11
$\tan\beta_j$	1.8	1.6	2	1.8
φ_w/(°)	57	55	60	57
l_{d0}/m	32	98	24	102
L_w/m	93	374	89	480
L_{z0}/m	72	310	61	392
沉陷模式	充分	断裂	充分	弯曲

为了说明基岩在黄土层荷载作用下充分临界开采宽度与无荷载作用的差别，按式（3.16）中的第一项计算出对应无黄土层荷载作用的充分临界开采宽度 L_w，结果列于表 7.2。所有工作面在黄土荷载作用下的充分临界开采宽度 L_z 均小于 L_w，说明荷载作用使基岩面更快达到充分开采。

当实际开挖宽度 $l_y < l_{d0}$ 时，基岩处于弯曲型开采沉陷状态；当 $l_{d0} \leqslant l_y \leqslant l_{z0}$ 时，基岩处于断裂型开采沉陷状态；当 $l_y \geqslant l_{z0}$ 时，基岩处于充分下沉状态，通过计算所得的判别结果见表 7.2。

7.1.3　地表最大下沉量

1. 最大下沉量预计的步骤

黄土覆盖矿区地表最大下沉值按以下步骤进行预计：

（1）列出工作面开采的有关地质采矿参数和基岩与黄土层特性参数，并确定走向和倾向的宽深比。

（2）计算黄土层等效荷载系数和工作面的等效宽深比。

（3）计算基岩面断裂下沉和充分下沉的临界开采尺寸，确定该工作面条件下基岩开采沉陷状态。

（4）根据等效宽深比确定基岩和土层的采动影响系数，并计算地表最大下沉量。

2. 断裂下沉和充分下沉状态

预计参数包括：

（1）下沉系数 q_j。对于坚硬岩层、中硬岩层和软弱岩层，其下沉系数分别为 0.70、0.75、0.80。

（2）基岩特性参数 k。对于坚硬岩层、中硬岩层和软弱岩层，分别取 0.7、0.8、0.9。

（3）等效宽深比 λ_{yw}、λ_{xw}。根据等效荷载 q 和实际宽深比 λ_{yz}、λ_{xz} 由表 3.7 或图 3.12 确定，结果列于表 7.3。

（4）基岩采动程度系数 n_{j1}、n_{j3}。根据上述参数由式（6.30）计算，结果列于表 7.3。当 n_{j1}、n_{j3} 计算结果大于 1.0 时，取值 1.0。

（5）黄土层下沉衰减系数 q_t。由实际宽深比 λ_{yz}、λ_{xz} 从表 6.1 查得黄土层采动影响系数 n_{t1}、n_{t3}，按式（6.35）计算 q_t 值，结果列于表 7.3。

将上述参数值代入式（6.36），计算出各观测站地表最大下沉值，结果列于表 7.3。在断裂沉陷状态下，由于黄土层的荷载作用使等效开采宽度变大，加载后的采动程度变大，导致地表最大下沉量变大。当实际宽深比本身较大时，黄土层荷载作用可能导致基岩开采沉陷状态发生改变。

表 7.3　地表最大下沉量计算结果

观测站	Y905	B40301	D508	Y2205
m/mm	1940	8000	2400	2000
α	9	3	7	2
H_t/m	110	125	103	125
λ_{yz}	1.42	0.56	1.77	0.23
λ_{xz}	4.17	3	8.38	0.59
q/MPa	1.98	1.35	1.85	1.13
λ_{yw}	1.42	0.69	1.77	0.3
λ_{xw}	4.17	3	8.38	0.75
k	0.8	0.7	0.9	0.8
q_j	0.75	0.65	0.85	
n_{j1}	1	0.69	1	0.49
n_{j3}	1	1	1	0.77
W_j/mm	1437	3611	2025	72
n_{t1}	1	0.7	1	0.8
n_{t3}	1	1	1	0.73
q_t	0.9	0.62	0.9	0.52
W_m/mm	1286	2244	1819	37
实测 W_0/mm	1326	2205	2420	40
ΔW/mm	-40	42	-600	-3

3. 弯曲下沉状态

最大下沉量的预计参数中包括基岩抗弯强度 D，由式（6.28）根据基岩最上部控制层的厚度及其弹性模量与泊松比 E、μ 计算。表 7.2 中 Y2205 属于弯曲型沉陷状态，取 $h=5\mathrm{m}$，$E=20\,000\mathrm{MPa}$，$u=0.3$，由式（6.27）计算出基岩面的最大下沉值，按式（6.36）预计地表最大下沉量，结果列于表 7.3。

将地表最大下沉量预计结果 W_m 与对应的实测值 W_0 比较，其差值列于表 7.3。除 D508 工作面外，各观测站预计偏差 ΔW 较小，可以满足要求。根据实测资料分析可知，D508 工作面开采后，黄土层中产生了明显的地下水位下降和山坡滑移变形，因而实际下沉量大于预计结果。

7.2　地表沉陷变形预计程序设计

7.2.1　程序基本功能

黄土覆盖矿区地表沉陷与变形预计涉及地表开采沉陷预计、排水固结变形、黄土层湿陷变形和山坡滑移的附加变形预计等复杂的数学模型，须编制实用计算程序，才能快捷准确地进行地表移动变形预计。根据第六章构建的预计模型，采用 VC 语言编程，实现黄土覆盖矿区开采沉陷与变形预计的电算化。预计程序包括地表开采沉陷与变形预计模块（简称开采沉陷模块）、饱和黄土层固结变形预计模块（简称固结计算模块）、黄土层湿陷变形预计模块（简称湿陷计算模块）和山区地表滑移变形预计模块（简称滑移计算模块），其中开采沉陷预计模块包括弯曲下沉型、断裂下沉与充分下沉型预计子模块，计算三种沉陷模式下地表主断面及全盆地下沉、水平移动和倾斜、曲率与水平变形，而充分下沉子模块是其他各个模块的基础。每个预计模块均包括参数处理、计算实施和后处理三个子模块。参数处理子模块主要将地质采矿参数转化为预计模型所需的预计参数，也包括最大下沉量 W_m 和最大下沉分布系数 C_s、C_t 的计算。后处理子模块主要将计算结果按特定格式要求输出，以便于绘图及可视化应用。程序功能设计见图 7.1。

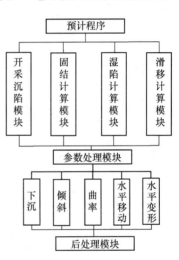

图 7.1　程序设计框图

7.2.2　程序编制与检验

1. 程序编制

在程序编制中，主要是重复调用半无限开采地表移动盆地走向主断面的移动与变形计算的各个子过程。在程序编码时，对于移动变形值的计算是在确定预计参数和已知数据的基础上，直接调用了计算函数。在预计点位置坐标输入时，计算出地表 $-2(r_j + r_t)$ 到 $l_x + 2(r_j + r_t)$ 范围内，每隔 Δx、Δy 米的格网点下沉、倾斜、曲率、水平移动、水平变形值，并利用后处理模块保存在指定的文件中，以便查找与应用。

预计程序中的开采沉陷预计模块包括三种沉陷模式，其中又以断裂下沉模式的开采沉陷与变形预计数学模型最为复杂，它涉及的计算函数在其他模块中都需要调用。断裂下沉模式的预计界面如图 7.2 所示。其他模块与图 7.2 基本相同，只在参数输入界面上有所差别。

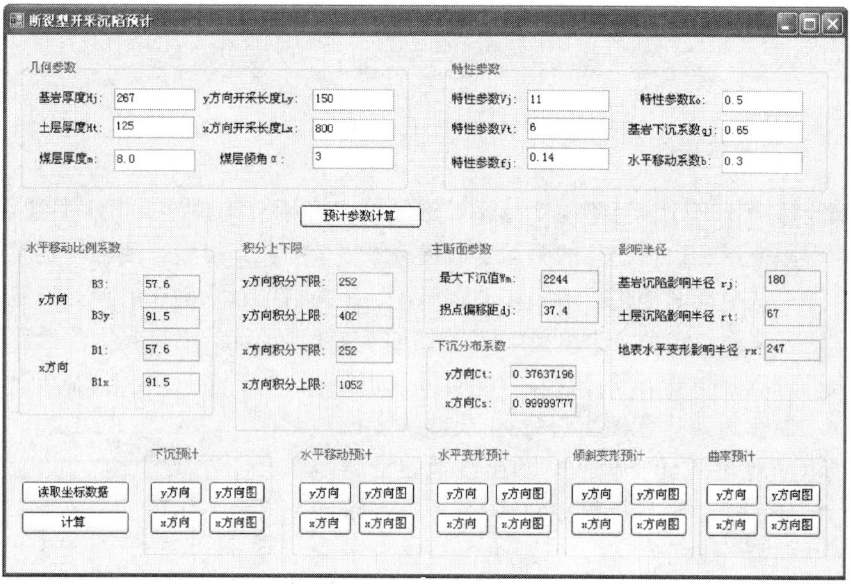

图 7.2　断裂下沉模式开采沉陷预计界面

2. 计算模块运行正确性检验

首先检验断裂下沉预计模块的运行正确性。在程序预处理模块中编制一个常规单一介质概率积分法计算模块，利用手工查表计算概率积分分布系数，检验该模块的正确性。在断裂下沉预计模块中将土层和岩层的特性参数取相同值，即视为单一介质取相同的预计参数进行计算。同时将综合主要影响半径 $r_0 = \sqrt{r_j^2 + r_t^2}$ 代入单一介质的率积分法预计模块，将两者计算结果进行对比，其值完全相同，表明所建立的双层介质预计模型符合随机介质理论的基本原理，所编制的预计程序运行正确。将开采尺寸变大到充分下沉状态，根据最大下沉值的变化特征检验该模块运行的正确性。在断陷下沉预计模块中，取控制层断裂距 $l = 0$，将预计结果单一介质的概率积分法（取拐点偏距为 0）预计值进行对比，结果相同。

将水平移动中的水平变形特征参数赋值为 $k_0 = 1.0$，水平移动公式转化为常规概率积分法水平移动函数，与单一介质的率积分法计算结果对比检验预计模块运行正确。

7.3　地表开采沉陷与变形预计实例

以 B40301 工作面为实例，利用预计程序对断裂型开采地表沉陷与变形进行预计。

1. 预计参数

根据前面的开采下沉模式研究，该工作面上覆基岩属于坚硬岩层类型，其开采的几何参数和基岩与土层特性参数见表 7.4。

表 7.4　几何参数与特性参数

参数符号	H_j/m	H_t/m	H_0/m	m/m	L_x/m	L_y/m	α/(°)
取值	267	125	392	8000	800	150	3
参数符号	V_j	V_t	f_j	k_0	q_j	b	W_m/mm
取值	11	6	0.14	0.5	0.65	0.3	2244

根据表 7.4 计算相应的预计参数，如表 7.5 所示。计算过程由程序自动完成。

表 7.5　B40301 工作面地表移动预计参数

参数符号	r_j/m	r_t/m	r_x/m	d_j/m	B_1	B_{1y}
取值	180	67	247	37.4	57.6	74.1
参数符号	B_3	B_{3x}	a_1/m	a_2/m	a_3/m	a_4/m
取值	57.6	74.1	252	402	252	1052

2. 预计步骤

打开预计程序，选择开采沉陷预计模块，再选择断裂下沉与充分下沉型预计子模块，进入其运行界面，根据参数界面要求输入表 7.4 和表 7.5 中的各项预计参数。由于是近水平煤层开采，走向、倾向下山和上山方向的预计参数取为相同值。预计程序规定，沿煤层走向为 X 轴，原点位于采空区左边界正上方，指向采空区为正；倾向为 Y 轴，原点位于采空区下山边界正上方，指向上山为正。工作面沿 X 方向推进长度 800m，沿 Y 方向宽度 150m。地表预计点间距取 $\Delta x = \Delta y = 10$m。程序执行计算后，打开 E 盘目录下指定计算结果文件夹 "40301. dat"，包括 5 个文件，即 "xch. dat"、"qx. dat"、"ql. dat"、"spyd. dat" 和 "spbx. dat" 文件，分别为下沉、倾斜、曲率、水平移动和水平变形预计值。

3. 预计结果及分析

倾向和走向主断面上地表最大移动变形值计算结果见表 7.6。

表 7.6　B40301 工作面地表最大移动变形预计值

最大移动变形值	下沉 W_m/mm	倾斜 i_m/(mm/m)	曲率 k_m /(mm/m²)	水平移动 U_m/mm	水平变形 ε_m/(mm/m)
倾向	2244	17.1	+0.16/−0.35	782	5.39
走向	2244	11.7	0.092/−0.092	672	4.14

根据预计结果绘出走向主断面上基岩下沉曲线 W_j 和地表移动变形曲线，如图 7.3 所示。

该工作面开采地表最大下沉量为 2244mm，位于采空区中央上方地表。走向方向地表下沉曲线以基岩沉陷拐点为反对称。最大倾斜值位于拐点正上方地表，最大正曲率与最大负曲率相同，两者位置分别位于煤柱上方和采空区上方，以拐点为对称分布，拐点上方曲率为零。走向水平移动和水平变形最大值及零值点的位置与倾斜和曲率相同，但分布特征相同，由于水平移动和水平变形考虑了地表单元的体积变形特征，所导出的分布函数与倾斜和曲率并不相似，其分布曲线也不具备相似特征，水平移动和水平变形范围大于下沉、倾斜、曲率的分布范围，在盆地边缘附近水平位移量大于下沉量，在采空区中央的下沉平底中的水平变形值不为零，其他移动变形值为零。上述曲线符合开采沉陷规律和厚黄土层矿区地表移动基本特征。

为了反映所建立的预计模型与现有的单一介质概率积分法预计结果的差别，在计算地表最大下沉值时不考虑黄土层荷载作用，直接用实际开采宽深比 $\lambda_z = 0.56$ 代替等效宽深比 $\lambda_w = 0.69$，计算得地表最大下沉量为 1817mm，取综合主要影响半径 $r_0 = \sqrt{r_j^2 + r_t^2} = 192$m，按常规概率积分法获得的走向地表下沉曲线 w_0，如图 7.3 所示。由于主要影响半径按土层和基岩的特性参数确定，两个预计曲线具有相同的分布特征，但双层介质预计模型所得的下沉曲线 w 与实测曲线 w_s 更为接近。

该工作面在倾向处于断裂下沉状态，地表最大下沉量为 2244mm，根据预计结果绘出倾向主断面上基岩下沉曲线和地表移动变形曲线，如图 7.4 所示。

基岩和地表最大下沉点位于采空区中央上方地表。基岩和地表下沉曲线明显较走向方向为陡，不再以拐点上方或者以采空区边界为反对称。与走向方向相比，采空区上方地表下沉量增大，煤柱上方地表下沉量减小，分布特征与实际资料和模拟实验结果基本相同。倾斜最大值不再位于拐点正上方，而是偏向煤柱一侧，曲率拐点位于煤柱上方，最大正曲率位于煤柱上方地表，最大负曲率位于采空区中央上方，其值大于最大正曲率值。水平移动和水平变形的范围大于下沉范围，其最大值位置及分布特征都与倾斜和曲率不同，最大水平压缩变形位于采空区中央上方地表。上述移动变形预计曲线反映了黄土覆盖矿区地表开采沉陷变形的一般特征。

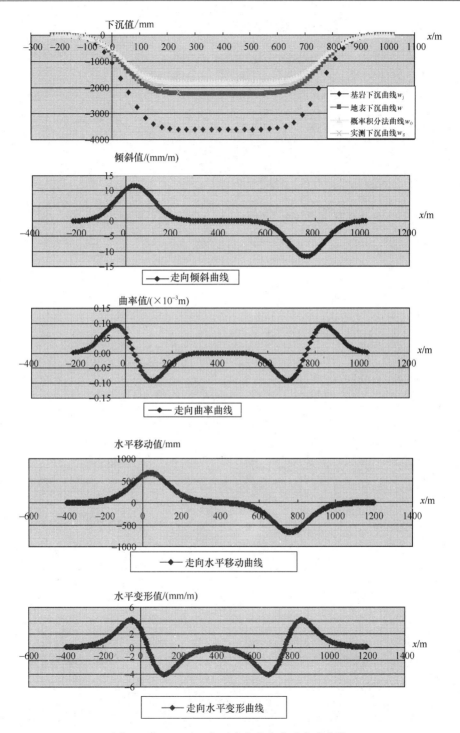

图 7.3 B40301 工作面走向地表移动变形曲线

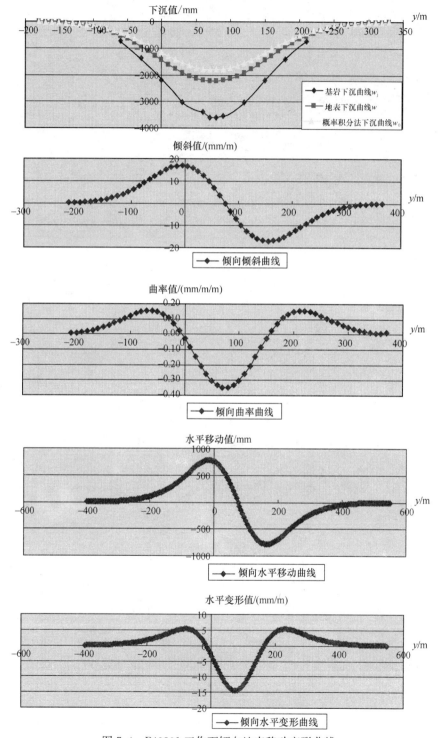

图 7.4　B40301 工作面倾向地表移动变形曲线

7.4　山坡滑移影响下地表移动预计实例

以 Y905 工作面走向主断面为例，在计算平地条件下地表沉陷变形值的基础上，利用程序的滑移预计模块计算地表山坡滑移变形量，并分析地表开采沉陷与滑移变形的叠加效应。

1. 预计参数

该工作面上覆基岩属于中硬岩层类型，其开采的几何参数、基岩与土层特性参数及预计参数如表 7.7 所示。地表滑移特性参数由地表最大下沉点处的实测水平位移来确定，根据实测资料分析，该参数 p_3 一般取值为 $0.5\sim1.5$。

表 7.7　Y905 工作面几何参数、特性参数及预计参数

几何参数	H_j/m	H_t/m	H_0/m	m/mm	L_x/mm	L_y/m	α/(°)	V_j
取值	72	110	182	1940	300	102	9	9
特性参数	V_t	f_j	k_0	q_j	b	W_m/mm	r_j/m	r_t/m
参数值	5	0.11	0.5	0.75	0.3	1286	77.4	52.4
预计参数	r_x/m	d_j/m	B_3	B_{3x}	a_3/m	a_4/m	p_3	
参数值	129	8	27.8	45	180	480	1	

2. 平地条件下地表沉陷与变形预计

由于 Y905 工作面开采基岩面属于充分下沉状态，利用开采沉陷预计模块中的充分下沉型预计子模块计算平地条件下的移动变形值，绘出走向主断面上的下沉曲线和水平移动曲线，如图 7.5（a）和（b）所示。

平地条件下的地表移动预计模型和曲线特征与前面一致。水平移动和水平变形影响范围大于下沉范围。采空区中央倾斜和曲率均为零，但水平变形不为零。由于该曲线是假定平地条件下的预计曲线，它与滑移预计曲线相叠加后，即为地表实际移动曲线。

3. 地表滑移变形预计

根据 Y905 观测站地形图及地表走向主剖面简化后确定不同位置坐标的地表倾角，如表 7.8 所示。

表 7.8　走向主剖面地表坡度角

位置坐标/m	$x \leqslant -40$	−20	0	20	40	60	80	100
坡角 $\theta/(°)$	0	20	20	20	15	105	5	0
位置坐标/m	120	140	160	180	200	220	240	
坡角 $\theta/(°)$	−5	−10	−15	−15	−15	−15	−15	0

　　将预计点的位置坐标及其对应坡度角输入滑移预计模块界面读数框，预计出地表滑移水平移动及附加下沉值。将平地条件预计结果和山坡地表滑移变形预计结果进行叠加，获得山区条件下地表下沉和水平移动的叠加曲线，如图 7.5 所示。

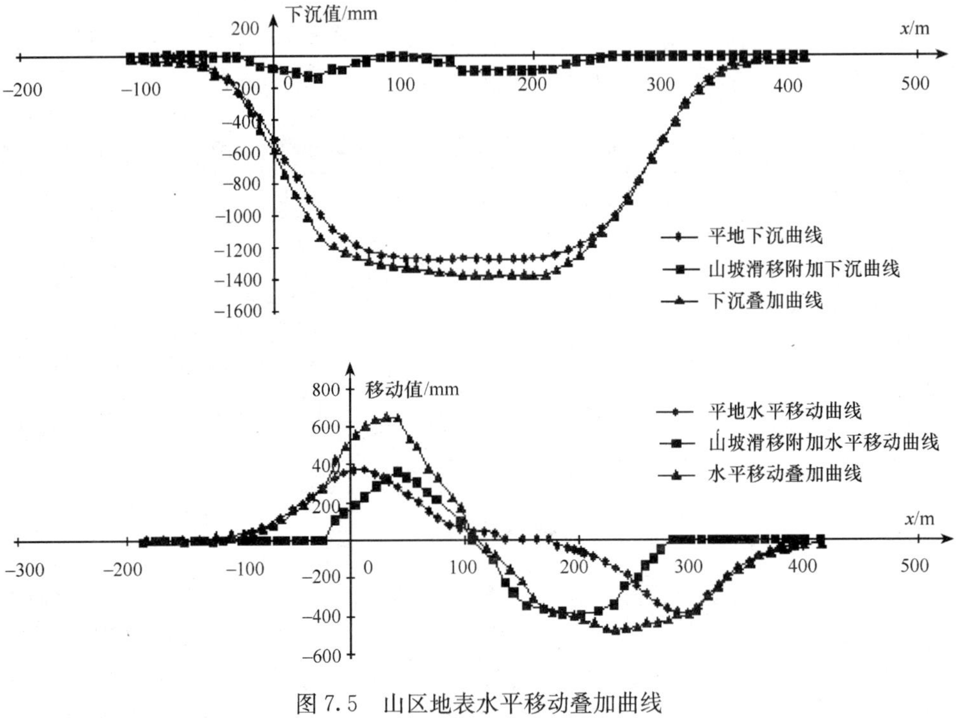

图 7.5　山区地表水平移动叠加曲线

　　分析图 7.5 与表 7.8 表明，滑移水平移动特征与地表斜坡倾角和坡向有关。当坡向和开采水平移动方向一致时，使地表水平移动量增大，反之则减小。在山谷附近（$x=100\text{m}$）山坡滑移量为零。由于两种移动量叠加的结果，在采空区中央地表最大下沉点附近存在较大的水平位移。曲率和水平变形叠加曲线特征较为复杂，在此不再介绍。

7.5　采动黄土层固结变形计算实例

　　开采引起的地下水位下降将导致土层固结变形，使地表产生附加沉陷变形。

以 H102 工作面为例，该工作面上覆黄土层厚度为 109m，资料记载开采前地下水原始深度为 60m，开采过程中地下水位最大下降 15m，其地质采矿参数如表 7.9 所示。

表 7.9　H102 工作面地质采矿参数

采深 H_0/m	基岩厚度 H_j/m	土层厚度 H_t/m	倾角 α/(°)	采厚 m/mm	工作面倾向与走向长度/m		地下水位深度/m	
					l_y	l_x	开采前	开采后
135	26	109	6	1300	45	130	60	72

该工作面上覆基岩为中硬岩层，开采沉陷与固结变形相应预计参数列于表 7.10。

表 7.10　固结变形计算参数

主要影响角正切 $\tan\beta$/(°)	水位至煤层深度 H_s/m	积分下限 α_3/m	积分上限 α_4/m	水位最大降深 h_0/m	土层压缩系数 a_e/MPa	土的容重 r_w/(MPa/m)	初始孔隙比 e_0	压缩因子 A_0/(×10^{-3}/m)	土层主要影响半径 r_s/m	水平移动系数 b
1.8	75	42	172	15	0.15	0.018	0.75	0.77	38.7	0.3

由上述参数计算出地下水位降深方程系数 $a_0 = 1.05 \times 10^{-3}$。代入式（6.56），得主断面上地表下沉计算式。计算过程由固结变形计算模块完成。地下水位下降引起的地表的地表下沉与水平移动曲线如图 7.6 所示，地表附加倾斜、曲率和水平变形曲线如图 7.7 所示。

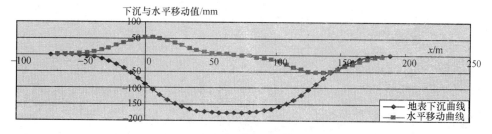

图 7.6　地下水位下降引起的地表附加下沉与水平移动曲线

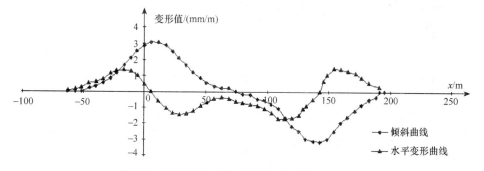

图 7.7　地下水位下降引起的地表附加变形曲线

地下水位引起的最大下沉值为 177mm，最大水平移动量为 53mm，最大倾斜值 3mm/m，最大水平变形值 1.8mm/m。上述附加移动量与正常的开采沉陷量叠加，将导致地表变形加剧。同时，实际开采中，采动黄土层的固结变形主要取决于地下水的流失状态。当地表开采沉陷变形量本身较小时，对于地下水位降深较大和存在建筑物荷载作用的区域，往往不能忽视上述附加变形对采动建筑的影响。

7.6　黄土沟壑区采动变形破坏分析

7.6.1　B40301 工作面地表采动裂缝与湿陷变形分析

1. 地表采动裂缝发育范围及最大深度估算

地表采动裂缝发育深度和黄土层浸水湿陷深度主要取决于地表拉伸变形特征。根据该工作面地表走向和倾向主断面上的最大拉伸变形值（表 7.6），由式（6.60）计算采动裂缝最大深度 h_{xm}。走向方向上地表最大拉伸变形 $\varepsilon_{xm}=4.14$mm/m，位置坐标 $x_m=-50$m，倾向方向上地表最大拉伸变形 $\varepsilon_{ym}=5.39$mm/m，位置坐标 $y_m=-77$m。根据研究区采样试验结果确定黄土层的压缩模量 $E=8.8$MPa，凝聚力 $C=25$kPa，泊松比 $\mu=0.3$，$\gamma=18$kPa/m，代入式（6.60）得

$$h_{xm} = \frac{8.8}{0.3 \times 0.018} \times 0.00414 - \frac{1-0.3}{0.3 \times 0.018} \times 0.025 = 3.5\text{m}$$

$$h_{ym} = \frac{8.8}{0.3 \times 0.018} \times 0.0054 - \frac{1-0.3}{0.3 \times 0.018} \times 0.025 = 5.6\text{m}$$

地表产生裂缝的最小拉伸变形 $\varepsilon_{x0}=\dfrac{1-\mu}{E} \cdot c=2$mm/m，根据图 7.3 和图 7.4 查得其位置坐标为：$x_0=-140$m；$y_0=-142$m。据此分别绘出走向主断面和倾向主断面上采动裂缝深度如图 7.8 所示。

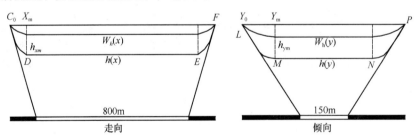

图 7.8　采动黄土层裂缝深度计算图

2. 地表黄土层湿陷变形量计算

在走向主断面上 CDEF 和倾向主断面上 LMNP 范围为地表湿陷性黄土浸水

影响区域，其湿陷引起的最大附加下沉量按式（6.64）计算。根据研究区采样试验结果确定地表黄土层的自重湿陷系数 $\eta=0.115$ 得

$$W_h(x) = 0.115 \times 3.5\text{m} = 0.40\text{m}$$

$$W_h(y) = 0.115 \times 5.6\text{m} = 0.65\text{m}$$

上述结果表明，如果裂缝发育深度范围内黄土层完全产生浸水影响并发生湿陷变形，则走向和倾向地表最大湿陷量分别达 0.40m 和 0.65m。应该指出，浸水影响深度内黄土层并非一定发生完全湿陷变形，并且湿陷性黄土层厚度也不会均匀分布，若黄土层不具有自重湿陷特性或者在裂缝形成期间未受到浸水影响，则上述湿陷变形不会发生或湿陷量变小，也可能仅在局部范围内产生一定的湿陷下沉。

7.6.2　D508 工作面黄土层采动破坏分析

1. 地表水平变形的分布

D508 工作面上覆基岩属于软弱岩层类型，其开采几何参数、基岩与土层特性参数及移动变形预计参数如表 7.11 所示。利用预计程序计算走向和倾向主断面上地表移动变形值。由于采动裂缝和土体剪切破坏主要与开采沉陷引起的水平变形有关，主断面上地表水平变形分布曲线如图 7.9 所示。

表 7.11　D508 工作面几何参数与特性参数

参数	H_j/m	H_t/m	H_0/m	m/m	L_x/m	L_y/m	$\alpha/(°)$
取值	77	103	180	2400	645	136	7
参数	V_j	V_t	f_j	k_0	q_j	b	W_m
取值	7	5	0.08	0.5	0.85	0.30	1819
参数	r_j	r_t	r_x	d_j	B_1	B_{1y}	
取值	61.4	50.7	112.1	7.2	23.9	38.3	
参数	B_3	B_{3x}	a_1	a_2	a_3	a_4	
取值	23.9	38.3	179	315	179	824	

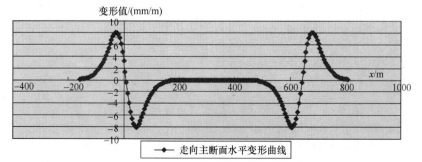

图 7.9　地表水平变形分布曲线

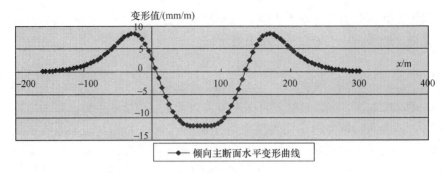

图 7.9　地表水平变形分布曲线（续）

地表最大拉伸变形在走向为 8.02mm/m；倾向为 8.34mm/m，位于煤柱上方地表；最大压缩变形在走向为 −8.05mm/m，位于开采边界附近的采空区上方；倾向为 −11.87mm/m，位于采空区中央位置。根据主断面上水平变形预计结果计算地表移动盆地内任意点在主方向上的水平变形值[77]。上述计算由程序完成，根据计算结果绘制地表下沉盆地内拉伸水平变形分布等值线，如图 7.10所示。

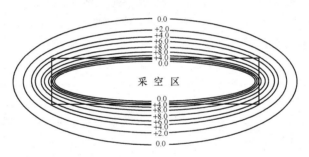

图 7.10　D508 工作面开采地表拉伸水平变形
等值线分布（单位：mm/m）

地表水平拉伸变形集中在采空区边界以外区域，在采空区上方地表为压缩变形区域。

2. 地表开采裂缝的发育特征

地表拉伸裂缝主要发生在采空区外侧的水平拉伸变形区。根据地表拉伸变形等值线图 7.10，按式（6.62）估算采动裂缝发育深度。由于没有实验数据，参照该工作面地表 Q3 黄土的基本力学特性，取经验值 $E=12$MPa，凝聚力 $C=0.05$mPa，泊松比 $\nu=0.3$，$\gamma=18$kPa/m，代入式（6.62）计算出地表拉伸变形区内任意点的裂缝深度，绘制出地表拉伸裂缝深度等值线分布如图 7.11所示。

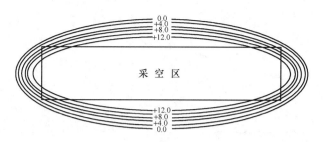

图 7.11　D508 工作面地表拉伸裂缝深度等值线分布

地表裂缝最大深度为 12.1m，走向方向上裂缝深度略小于倾向方向，裂缝发育范围其间。在最大拉伸变形以内的区域，由于经历了复杂的动态变形过程，开采裂缝同样经历了"开裂—扩展—趋于闭合"的过程，在此过程中地表裂缝深度发育与采空区外侧相同，甚至可能增大。

3. 黄土层的剪切破坏分析

在黄土层内部，土体产生剪切破坏的开采水平变形临界值 ε_{xm} 取决于黄土层的强度参数 C、φ 值，与土层深度 H_z 呈线性关系，由式（4.23）确定，其中系数 a、b 由式（4.22）确定，同样取黄土层压缩模量 $E=12\text{MPa}$，泊松比 $\nu=0.3$，$\gamma=18\text{kPa/m}$，凝聚力 $C=0.05\text{MPa}$，内摩擦角 $\varphi=28°$，代入式（4.22）得

$$a = 0.018 \times \left[\frac{0.3}{12} - \tan^2\left(45° - \frac{28}{2}\right) \times \frac{1-0.3}{12} \right] = 0.071\text{mm/m}^2$$

$$b = 2 \times 0.05 \times \tan^2\left(45° - \frac{28}{2}\right) \times \frac{1-0.3}{12} = 3.5\text{mm/m}^2$$

在上述条件下，土体剪切破坏的采动变形临界值 ε_{xm} 按下式确定

$$\varepsilon_{xm} = (0.071 \cdot H_z + 3.5) \qquad (\text{mm/m})$$

显然，地表附近产生剪切破坏的临界水平变形 $\varepsilon_{x0}=3.5\text{mm/m}$，在土层内部，$\varepsilon_{xm}$ 随着深度增加而变大。在任意深度 H_z，当开采变形值 $\varepsilon \geqslant \varepsilon_{xm}$ 时，土体将发生剪切破坏。D508 工作面土层厚度 $H_t=103\text{m}$，土层最深部的土岩交界面处产生剪切破坏的临界开采变形值 $\varepsilon_{xH}=10.8\text{mm/m}$。讨论 D508 工作面走向情况，在基岩面充分下沉状态下，工作面前方基岩面附近的最大水平变形值可按式（6.40）计算。在土岩交界面附近，$H_t=0$，$r_t=0$，$B_3=B_{3x}=b \cdot r_j$，$W_m=W_{jm}=2025\text{mm}$（见表 7.3），利用表 7.11 中的参数值代入式（6.40）得基岩面附近的最大水平变形值

$$\varepsilon_m = 1.52 \cdot b \cdot r_j \cdot \frac{W_{jm}}{r_j^2} = 1.52 \times 0.3 \times \frac{2025}{61.4} = 15.04\text{mm/m}$$

上述 $\varepsilon_m > \varepsilon_{xH}$，可见基岩面附近的最大开采水平变形大于土体剪切破坏的临界变形值，表明土岩面附近的黄土层同样产生剪切破坏，破坏带贯通了整个黄土层上

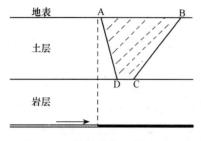

图 7.12　等效荷载系数 k 与 λ 的
关系曲线

下。根据临界变形值 ε_{xH} 在土岩面附近发生的位置坐标 x_H 和地表临界变形 ε_{x0} 出现的位置坐标 x_0，可确定走向剖面上黄土层发生剪切破坏的区域。从图 7.12 中查出满足 $\varepsilon_x \geqslant \varepsilon_{x0} = 3.5\mathrm{mm/m}$ 对应的区域 $-70\mathrm{m} \leqslant x_0 \leqslant -3\mathrm{m}$；由式（6.40）简化后计算出满足 $\varepsilon_x \geqslant \varepsilon_{xH} = 10.8\mathrm{mm/m}$ 对应的位置 $-33\mathrm{m} \leqslant x_H \leqslant -18\mathrm{m}$，因此工作面上方黄土层中的采动剪切破坏区域如图 7.12 所示。

　　图 7.12 中 ABCD 区域为该工作面上方黄土层产生剪切破坏的范围。由于采空区上方土层同样经历了上述采动变形影响而产生剪切破坏，因此以 BC 线为界的开采影响区域黄土层均产生了贯通上下的整体性剪切破坏，已分裂成块体并沿剪切面产生错动，导致地表形成台阶状沉陷破坏。上述分析从开采沉陷变形与土力学原理上揭示了该工作面上方黄土层和地表采动破坏的形成机理，合理解释了上述工作面地表变形破坏的实际情况。

7.7　开采沉陷区数字地形图预测更新

　　矿区大比例尺数字地形图一般通过数字测图系统实测成图或纸质地形原图扫描矢量化成图。在煤矿生产中，多采用实测方法更新地形图。由于造成矿区地形变化和土地破坏的主要原因是采煤导致的大面积地面沉降，在矿区规划设计时非常重视对开采沉陷的定量预测，以作为制定矿区规划和开采方案设计的参考。利用黄土覆盖矿区开采沉陷预计模型及其预计软件能较准确地预计矿区地表移动变形值，若将下沉预计信息直接反映到数字地形图上而绘出开采沉陷区地形更新图，可给地形图的工程应用带来很大的便利。

　　利用 GIS 技术实现原始地形 DEM 和预计下沉 DEM 的自动叠加处理，可实现矿区地形图的自动更新，但必须开发出专门的应用系统。可在现有数字成图系统中通过简单的数据处理，实现矿区大比例尺地形图的预测更新[123]。

7.7.1　预计点坐标数据采集

　　开采沉陷区内最大水平移动量一般小于最大下沉的 1/3，充分采动区内水平移动通常很小甚至接近于零。从地图应用角度考虑，地形图上平面位置的成图误差一般为 0.5mm。因此，对于矿区常用的 1：5000 或 1：2000 地形图，若开采沉陷区的预计水平移动量小于 2.5m 或 1.0m（相当于开采煤层厚度小于 10m 或 4m），则地形图的变化主要表现在地形地物点的下沉，水平移动影响可不予考虑。因此，这里仅讨论采动区地形图高程更新方法。

1. 确定地形图更新范围

受采动影响的区域即为地形图更新范围。采动影响范围与采空区大小及移动影响边界角有关。采区边界至影响区边界的水平偏距 L_0 近似满足下式

$$L_0 = H \times \cot\delta_0 \tag{7.1}$$

式中：H——开采深度；

δ_0——移动影响边界角，一般取 $50°\sim70°$。将地形图更新范围适当扩大有利于采动区边界附近的图形数据处理，如 DEM 建模与等高线加密等。可取 $L_0=1.0\sim1.5H$（$H<200\text{m}$ 时取上限；$H>500\text{m}$ 时取下限）。在打开的矿区数字地形图中，输入采空区边界点的平面坐标（若采区坐标系与地形图坐标系不一致则要进行坐标转换），绘出采空区边界，并利用绘图编辑命令沿采空区边界向外平移 L_0 值，绘出地形图更新边界，将该范围内的图形复制存盘。

2. 从地形图上提取高程信息

设计部门一般没有矿区地形图的原始测量数据，开采沉陷预计点的高程信息只能从数字地形图上直接提取。利用数字成图系统的数据处理功能可将等高线和高程注记点及控制点生成带高程信息的地形点坐标数据文件，其数据格式因成图系统而异。

3. 高程内插与地形点加密

开采沉陷预计中通常以格网形式生成预计点坐标，合理的格网间距 d_0 与采深 H 有关，一般取 $d_0=0.05H\sim0.08H$（$H<200\text{m}$ 时取上限；$H>500\text{m}$ 时取下限）。当预计点不规则分布但间距不大于 d_0 时，同样可以满足预计要求。显然，图上地形点的密度很难满足预计对点位分布的要求，尤其对于等高线和高程注记稀少的平坦地区以及村庄较密集的区域，必须按一定方法对地形点内插加密，生成满足要求的预计点坐标数据文件。高程内插与地形点加密可采用 3 种方法：

（1）根据提取的地形点坐标数据文件，利用数字成图系统生成三角网数字高程模型，根据开采沉陷预计点的格网划分要求，由系统自动内插出方格网结点的高程，并生成预计点（规则的格网结点）坐标数据文件。显然，该法生成的预计点高程都是近似内插值而非地形图上的原有高程信息，因而预计点高程精度较低。

（2）利用数字成图系统由地形点坐标数据文件生成三角网，按预计点的密度

要求采用手工内插加密高程点。将原始地形点连同内插点信息一起生成预计点坐标数据文件。该法生成的预计点高程信息仅有少数点是精度有所降低的内插值。

（3）根据数字地形原图上的高程注记点和控制点直接在图面生成三角网并内插高程点。对于有等高线但密度不满足预计要求的地方，利用数字成图系统的等高线内插功能加密等高线，形成有足够高程信息的新地形图，由该图生成满足要求的预计点坐标数据文件。

4. 预计点坐标数据编辑与格式转换

利用数字成图软件将预计点坐标展绘在屏幕上，查看预计点在采动区内的分布是否符合预计要求，采用人机交互编辑方法删除或加密高程点。对照原图检查地形复杂处和边界附近地形点高程是否异常，修改后存盘。

当预计软件的坐标系统与地形图坐标系不一致时，可利用数字成图系统的坐标转换功能先作坐标系变换。在进行预计前，须编制简单程序将上述坐标数据转换成符合开采沉陷预计软件要求的格式。

7.7.2　地表沉陷预计模型

现有开采沉陷预计方法可分为影响函数法，剖面函数法，数值分析法和力学分析法等。其中有限元法和边界元法以及基于大变形的岩石力学预测法在揭示覆岩内部变形和采动应力场变化规律上，具有较大的优越性。但对地表沉陷预计精度和实用性而言，基于随机介质理论的概率积分法在我国应用最为普遍。该法较精确合理地描述了地表沉陷盆地的分布形态，具有理论严密及便于编程计算等优点。由随机介质理论导出的几种较典型的概率积分预计模型如下。

1）常规的概率积分模型

针对近水平煤层单一矩形工作面开采建立的地表沉陷预计模型。任意点下沉可描述为单元开采的下沉影响函数在矩形开采域的定积分。该模型适用于较简单地质采矿条件的开采沉陷预计。

2）扩展的概率积分模型

将常规概率积分法加以推广，基于曲面积分原理导出了倾斜曲面煤层不规则工作面开采的地表沉陷预计模型，并开发了专门的 SPDP 预测系统。该模型适用于复杂开采条件的地表沉陷预计。

3）非充分开采的概率积分模型

通过引入开采沉陷率和修正拐点偏距的波茨曼函数，对常规概率积分法加以改进，使之更适应于非充分开采条件下的地表沉陷预计。

4）基于倾角变化的随机介质理论模型

将倾斜煤层单元开采分解为水平和垂直的开采分量，依据随机介质理论原理建立了基于倾角变化的开采沉陷通用预计模型。该模型适用于任意倾斜煤层的开采沉陷预计。

5）概率积分法分层预计模型

本书针对厚黄土层矿区的特点，将地表沉陷视为基岩面不均匀沉降在土层中传播影响至地表的结果，利用随机介质理论导出了概率积分法分层预计模型，并开发了相应的预计程序，适用于黄土覆盖矿区的地表沉陷预计。

只要按矿区具体地质采矿条件选用合适的概率积分预计模型及预计参数，可以将地表沉陷预计的相对误差控制在10％以内，能够满足矿区地形图预测更新对下沉预计精度的要求。这里选用适合厚黄土层矿区的地表沉陷分层预计模型。

7.7.3　采动区地形图更新的步骤

1. 采动区下沉预计

根据选择的开采沉陷预计模型及其软件对预计点坐标文件中的所有点进行预计，生成点号与原文件相同的下沉预计数据文件。

2. 更新高程数据文件生成

下沉预计数据文件包含预计点的平面坐标和下沉预计值。由于点号顺序与预计点坐标文件完全相同，可将两个文件中相同点号的高程减去其下沉量即得到该点的预计高程值，用此预计高程取代预计点坐标文件中的原始高程，点号和平面坐标不变，由此生成一个与数字成图系统坐标文件格式相同的更新高程数据文件。考虑到地形图精度要求与数据处理方便，可将下沉量小于5cm的点高程视为不变。

3. 地形图更新方法

在相同的数字成图系统中，将原地形图的高程点、控制点及等高线图层删除。打开更新高程数据文件并构建DEM，重新生成等高线并进行高程点注记，再将更新图插入矿区地形图中。由于原始地形图中所提取的高程数据经内插加密后，在重构DEM模型及重新生成等高线时，不可避免会产生误差。因此，在地形图更新区域的边界附近，即使高程未有改变，重新生成的等高线也可能与原图不完全一致，可利用系统图幅接边功能或其他的接边程序处理等高线，使之平滑连接，形成完整的矿区地形更新图。

7.7.4　地形图预测更新实例

以陕西某黄土覆盖矿区为例。选用概率积分法分层预计模型及其预计程序，对单一矩形工作面开采的地表下沉进行预计。以南方 CASS7.0 数字地形地籍成图系统为操作平台,对采动区数字地形图进行预测更新。

1. 确定预计参数

采区地质采矿参数及根据第三章有关经验公式确定的地表下沉预计参数如表 7.12 所示。

表 7.12 下沉预计的几何参数与特性参数

几何参数	岩层厚 /m	土层厚 /m	采深 /m	煤层厚 /m	走向长度 /m	倾向长度 /m	煤层 倾角/(°)	
参数值	70	90	160	4.6	580	185	4	
预计参数	下沉系数		主要影响半径/m		拐点偏距/m		采动程度系数	
	岩层	土层	岩层	土层	岩层	土层	走向	倾向
参数值	0.87	0.94	100	57	8.0	4.0	1.0	1.0

2. 生成预计点坐标数据文件

(1) 确定地形图更新范围。在 CASS7.0 中输入采区数字地形图,利用"工具"菜单的"画复合线"命令,输入工作面四角点坐标绘出开采边界线,取水平偏距 $L_0 = 240m$,点选"编辑"菜单的"偏移拷贝"命令生成地形图更新范围,以复合多边形 ABCD 表示(图 7.13);点选"地物编辑"菜单的"批量删剪"命令,删除多边形 ABCD 以外的图形,编辑后以文件名 GX01. DWG 保存。

(2) 高程点内插与等高线加密。取预计点合理间距 $d_0 = 12m$,打开图形文件 GX01. DWG(已留备份),利用"等高线"菜单的"由图面建立 DTM"命令,直接由图面生成三角网并内插高程点。利用"等高线内插"命令加密等高线,直至图面上高程点密度和等高线间距满足预计点间距要求。

(3) 生成高程点坐标文件。利用"工程应用"菜单的"高程点生成数据文件"命令和"等高线生成数据文件"命令,分别生成两个数据文件 gd01. dat 与 gd02. dat,其中等高线"滤波阈值"取 $d_0/3$(即 4M)。利用"数据处理"菜单的"数据合并"命令,将两个数据文件合并生成高程点坐标文件 GCD. DAT,其数据格式为"点号,东坐标,北坐标,高程"。删除控制点、高程点和等高线图层,改名 GX02. DWG 保存。

(4) 数据格式转换。由于分层预计软件要求预计点坐标格式为"点号,北坐标,东坐标",编制简单的 VB 坐标转换程序由 GCD. DAT 文件生成预计点坐标文件 YJD. DAT。

3. 生成采动区更新高程数据文件

（1）下沉预计。根据预计参数表 7.12 及专用预计程序，计算 YJD. DAT 文件中所有点的下沉量，下沉预计数据自动保存在文件 xch. dat 中。其格式为"点号，北坐标，东坐标，下沉预计值"，前三项内容与预计点坐标 YJD. DAT 文件相同。

（2）数据转换。编制简单的 VB 程序由 GCD. DAT 文件和 XCD. DAT 文件生成更新高程数据文件 GXG. DAT，它与 GCD. DAT 文件的唯一区别是用下沉后的更新高程取代了原始高程。

4. 地形图更新实现

打开图形文件 GX02. DWG 和数据文件 GXG. DAT。利用"等高线"菜单的"由数据文件建立 DTM"命令生成三角网并绘制等高线，等高距与原地形图相同。参照原图进行编辑后，以文件名 GX03. DWG 存盘。

将更新后的地形图 GX03. DWG 与原图 GX01. DWG 比较可知：图幅边缘非下沉区的地形点高程及等高线形状差别很微小，说明重新构建的 DTM 和内插等高线基本保持了原来的精度。将更新后的图形文件插入矿区地形图中，对接边处的等高线作平滑处理，完成该采区地形图更新。更新前后的地形图对比如图 7.13 所示。

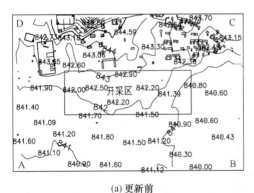
(a) 更新前

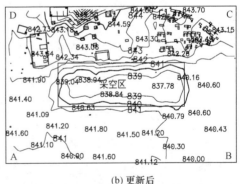
(b) 更新后

图 7.13　开采沉陷区数字地形图

上面通过实例介绍了开采沉陷区数字地形图预测更新的一种简便方法。预测更新后的地形图直观地反映了经过开采以后的沉陷区域地形情况。在建立矿区专用地理信息系统时，用更新图作为基础图件直接进入 GIS 可提高空间分析的效率。

第八章　黄土覆盖矿区开采沉陷监测与数据处理

矿区开采沉陷监的常规方法是采用全站仪和水准仪等仪器测定测点标志的三维坐标，来获取观测线上少量离散点的沉降变形信息[124]。西部黄土覆盖矿区地形起伏较大，开采沉陷分布特征较为复杂，采用上述方法在监测效率和精度上都存在局限性。近年来，GPS 定位技术和合成孔径雷达遥感技术（InSAR）已广泛应用于工程变形监测领域。本书针对黄土沟壑区开采沉陷变形的特点，探讨了 GPS 和 InSAR 技术在地表沉陷监测中的应用，并介绍开采沉陷监测数据处理与可视化的技术方法。

8.1　GPS 技术在开采沉陷监测中的应用

全球定位系统（GPS）技术以其全天候、高精度、高效率等显著特点，已在工程变形监测领域推广应用。它包括静态相对定位和动态相对定位（RTK）两种模式。前者测量精度高、观测值稳定可靠，尤其适合于小变形体的高精度位移监测，如采动区地表沉陷变形监测[125]；后者测量速度快，效率高，适合于沉陷量大的地表移动监测，如采放工作面地表开采沉陷的快速动态监测。本节介绍 GPS 静态定位和 RTK 技术在矿区开采沉陷监测中的应用。

8.1.1　静态 GPS 技术用于地表沉陷变形监测

1. GPS 监测布网方案

陕西渭北某矿开采工作面上方地表为黄土塬，中部有沟壑，地形起伏较大。开采煤层倾角 3°，平均厚度 12m，平均采深 400m。工作面采宽 155m，开采长度 700m。上覆岩层以砂岩、粉砂岩和石灰岩为主，地表为黄土层所覆盖。采用走向长壁式放顶煤开采法，顶板管理为全部跨落法。在该工作面上方布设地表移动观测站。由于该矿井没有积累开采沉陷方面的实测资料，在进行地表移动观测站设计时，参考类似条件的黄土覆盖矿区确定设计参数，其取值如表 8.1 所示。

表 8.1　地表移动观测站设计参数 (°)

充分采动角	边界角			移动角			最大下沉角	移动角修正值		
	走向	下山	上山	走向	下山	上山		走向	下山	上山
56	61	60	63	72	71	74	88	15	14	15

该工作面开采后地表走向主断面
将达到充分采动，故设置两条观测线。
一条沿煤层走向主断面，另一条沿倾
向主断面布设，走向和倾向观测线互
相垂直并相交。观测线的长度须确保
超出采动影响范围，以便确定采动影
响边界角。两条观测线共布设 22 个监
测点。由于沉降区域范围较大且矿区
控制点距离观测站位置较远，地形起
伏较大，将监测点和三个矿区高级控
制点组成 GPS 监测网，其点位布设如
图 8.1 所示。

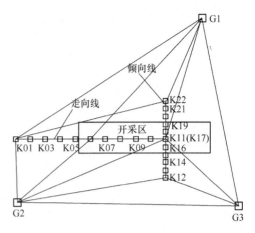

图 8.1　开采沉陷 GPS 监测网布设图

2. 外业观测与数据处理

矿区地表移动监测的内容是在采动过程中，定期、重复地测定各监测点在不
同时期内空间位置的变化。

在埋设控制点和测点之前，采用 RTK 将监测点按设计位置进行现场标定，
监测点标志采用强制对中标石。

监测点的观测采用 GPS 静态方式按 E 级网标准施测。其测量技术要求包括：

(1) 基线边长相对中误差不低于 $\delta=\sqrt{(10mm)^2+(10\times10^{-6}s)^2}$（$s$ 为基线
长，单位 km）。

(2) 同步环坐标分量闭合差和全长闭合差均不低于 6×10^{-6} 及 10×10^{-6}。

(3) 复测基线长度较差不低于 $2\sqrt{2}\delta$。

(4) 最弱边相对中误差不低于 1/20 000。

GPS 网数据处理的步骤是先进行自由网平差，然后再进行约束平差，这一过
程中包含了坐标成果的转换工作，但由于监测网是多期重复性观测，如果每次数
据处理过程中都要进行成果的转换，势必会引入多种误差，遮盖了监测网微小的
变形量。为了获得高精度的变形数据，同时也能够反映实际变化情况，本次监测
直接在 WGS-84 坐标系下采用无约束条件网平差。在解算出各监测点的三维坐标
后，计算下沉和水平移动量[125]。

3. GPS 监测结果

根据 GPS 测量平差结果绘出走向主断面和倾向主断面上的地表最终下沉曲
线，如图 8.2 所示。

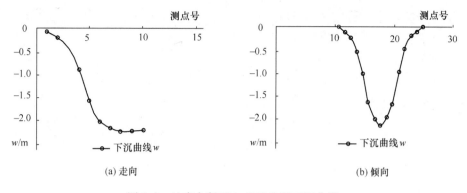

(a) 走向　　　　　　　　　　　(b) 倾向

图 8.2　地表主断面上 GPS 监测下沉曲线

8.1.2　RTK 技术用于综放采场地面沉陷动态监测

目前，RTK 用于三维坐标测量的精度已达到厘米级。由于 GPS 高程异常的影响，监测点的绝对高程测量精度一般较低。但是，对于矿区综放开采地面沉陷监测而言，所涉及的只是测点在不同时间段的高程之差，因而对同一测点不同时段的 GPS 高程测量值的较差，已在很大程度上消除了高程异常的影响。由于综放采场地表移动的绝对量大，相对测量精度要求较低。为了检验 RTK 技术用于矿区地表移动监测的精确性与可靠性，以铜川矿区某地表移动观测站为试验，在全站仪平面坐标测量和水准高程测量的基础上，采用 RTK 对监测点进行三维坐标测量。

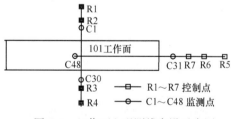

图 8.3　工作面上观测线布设示意图

观测站如图 8.3 所示。布设两条观测线，分别为走向线 R5R7 和倾向线 R1R4。

在观测开始之前，将观测线上的各个控制点 R1～R7 与矿区控制点用 GPS 联测，得到各个控制点在矿区坐标系中的坐标，采用四等水准测量控制点高程。

在首次观测和开采过程中进行全面观测时，采用 RTK 对试验监测点进行数据采集，将所得高程与同一观测时段的该点水准测量结果的较差，作为该点处的高程异常。对 48 个监测点进行 6 次观测，与全站仪测量结果比较，各测点平面位置偏差平均为 2.3cm。与水准测量高程比较，各测点 RTK 测量值的偏差平均为 4.4cm，但两种测量方法得到的同一监测点高程变化值的（即同一测点的下沉值）最大偏差为 2.5cm，平均为 1.6cm。这表明采用 RTK 方法进行测点绝对高程测量的精度虽然不高，但获得的测点下沉值精度不低于 2cm。对于综放开采区，地表最大下沉量一般超过 1000mm，上述精度可以满足地表移动观测精度要求。因此，快速 GPS 定位技术可在综放采区地表移动监测中应用，从而减轻开采沉陷观测的外业工作量，提高监测效率。

8.2 开采沉陷监测数据处理

目前开采沉陷监测结果一般以测点各次测量的三维坐标形式表示。为了分析地表移动变形的分布规律，须计算各种地表移动变形指标如下沉、倾斜、曲率、水平移动和水平变形等，并依据观测数据确定开采沉陷预计的各种参数[126]。利用计算机技术可实现开采沉陷监测数据的自动处理。

8.2.1 开采沉陷观测数据处理的内容与流程

1. 观测数据处理的内容

经过数据采集获取的观测站和控制点的平面坐标和高程数据，即作为数据处理与分析的基础数据，主要包括观测站名称或代号、观测日期、观测点的三维坐标等。开采沉陷数据处理内容包括实测数据计算与处理、预计参数求取、多观测站实测参数综合分析等。

（1）实测数据计算与处理，主要包括地表移动变形参数值（下沉、水平移动、水平变形、曲率、倾斜）的计算，据此绘制实测移动变形分布曲线图等。

（2）移动变形值分布规律研究，根据实测地表移动曲线确定移动参数，包括边界角、移动角和最大下沉角及超前影响角、最大下沉速度滞后角等。

（3）预计参数求取，主要是根据实测数据，计算和分析该工作面地表的变形参数，为相似地质条件下的开采沉陷预计提供参考参数。这些参数中，少数参数（如下沉系数 q 等）可以是各种预计方法通用的，大部分参数随预计方法不同而不同。

（4）多观测站实测参数综合分析，针对多个观测站的实测资料，在进行上述各项工作后，可对这些观测站参数进行综合分析，采用数理统计方法建立各个参数与地质采矿条件数据之间的函数关系。

2. 观测数据处理的流程

开采沉陷观测数据处理可按照数据预处理、数据输入与管理、移动变形计算、图形绘制与可视化、参数计算与结果的输出等步骤进行，其处理与分析流程如图 8.4 所示。

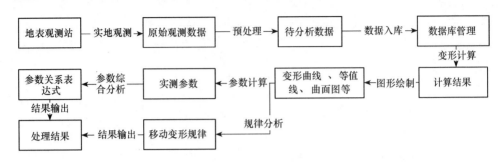

图 8.4　数据处理与分析流程

8.2.2　地表移动变形计算模型

在进行地表移动观测数据计算和处理之前，应对所获取的数据进行检查。数据检查完成后即可进行地表移动变形值的计算，具体包括各观测点的下沉和水平移动；相邻两观测点之间的倾斜和水平变形；相邻两线段的曲率变形等。移动变形值计算具体方法如下：

（1）m 次观测时 n 点的下沉量为

$$w_n = H_n^0 - H_n^m \qquad (\text{mm}) \tag{8.1}$$

式中：w_n——n 的下沉值；

　　　H_n^0、H_n^m——首次和 m 次观测时 n 点的高程（mm）。

（2）相邻两点之间的倾斜为

$$i_{n\sim n+1} = \frac{w_{n+1} - w_n}{l_{n\sim n+1}} \qquad (\text{mm/m}) \tag{8.2}$$

式中：$l_{n\sim n+1}$——n 号点和 $n+1$ 号点之间的水平距离（m）；

　　　w_n、w_{n+1}——n 号点和 $n+1$ 号点的下沉量（mm）。

（3）n 号点附近的曲率为

$$k_n = \frac{2(i_{n+1\sim n} - i_{n\sim n-1})}{l_{n+1\sim n} + l_{n\sim n-1}} \qquad (\times 10^{-3}/\text{m}) \tag{8.3}$$

式中：$i_{n+1\sim n}$、$i_{n\sim n-1}$——$n+1$ 号点至 n 号点和 n 号点至 $n-1$ 号点的倾斜，（mm/ m）；$l_{n+1\sim n}$ 为 $n+1$ 号点至 n 号点和 n 号点至 $n-1$ 号点的水平距离（m）。

（4）n 号点的水平移动为

$$u_n = (L_n^m - L_n^0) \times 1000 \qquad (\text{mm}) \tag{8.4}$$

式中：L_n^m 和 L_n^0——m 次观测和首次观测 n 号点至观测线控制点的水平距离（m）。

（5）n 号点和 $n+1$ 号点的水平变形为

$$\varepsilon_{n+1\sim n} = \frac{l_{n+1\sim n}^m - l_{n+1\sim n}^0}{l_{n+1\sim n}^0} \times 1000 \qquad (\text{mm/m}) \tag{8.5}$$

式中：$l_{n+1\sim n}^{0}$、$l_{n+1\sim n}^{m}$——在首次和 m 次观测时 $n+1$ 号点至 n 号点的水平距离（m）。

8.2.3　观测数据处理系统设计

1. 系统的层次结构

针对开采沉陷数据处理的过程和特点，将其数据处理系统划分为用户层、应用逻辑层和数据存储层等不同的层次结构。用户层主要完成系统与用户之间的交互，应用逻辑层主要进行各种数据的计算处理，数据存储层主要完成数据的管理，系统的层次结构如图 8.5 所示。

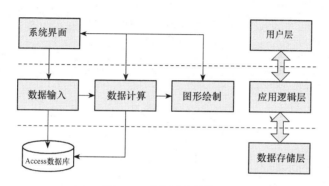

图 8.5　系统层次结构图

2. 系统的功能模块设计

矿区开采沉陷数据处理系统主要完成观测站数据管理、沉陷参数计算、变形曲线的自动绘制、预计参数的求解以及数据的二维和三维可视化等内容。通过对开采沉陷数据处理流程的分析，系统应该具备工作面管理、观测线管理、观测站信息管理、变形参数计算、变形曲线绘制、预计参数计算、等值线与剖面线绘制等功能模块。系统功能模块结构如图 8.6 所示。

系统各模块的功能如下：

（1）工作面管理，主要管理各个工作面信息，包括新建、修改、增添、浏览、删除等功能，工作面的信息包括名称、角点个数、煤层倾角、开采深度等信息。

（2）观测信息管理，包括观测线管理、观测期管理、观测数据管理等子功能，如图 8.7 所示。各功能主要实现相应信息的添加、修改和删除等数据管理功能。

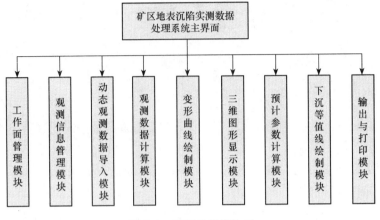

图 8.6　系统功能模块图

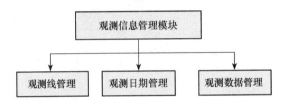

图 8.7　观测信息管理功能模块图

（3）动态观测数据导入。主要实现 GPS-RTK 等观测数据导入，一般以文件形式进行。

（4）数据计算。包括下沉、水平移动、水平变形、倾斜、曲率等计算子功能，如图 8.8 所示。本模块主要通过编写代码完成各个工作面具体观测线各个观测期数据的下沉、水平变形、水平移动、曲率、倾斜等的计算以及全盆地动态观测数据的移动变形各参数值计算。

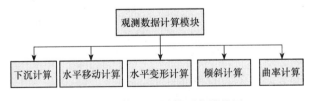

图 8.8　观测数据计算功能模块图

（5）曲线绘制。包括下沉曲线、水平移动曲线、水平变形曲线、曲率曲线以及倾斜曲线等子功能，如图 8.9 所示。主要完成绘制诸如下沉量、水平变形、水平移动、曲率、倾斜等的曲线分布图，绘制时以观测线长度为横轴，以相应的参数作为纵轴。

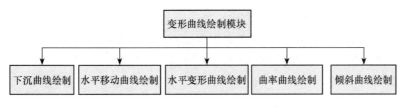

图 8.9　变形曲线绘制功能模块图

（6）预计参数求取。开采沉陷预计的参数主要有地表下沉系数、地表水平移动系数、拐点偏移距以及主要影响角正切和主要影响半径。该模块主要实现这些参数的计算，包括上述各种参数计算的子功能，如图 8.10 所示。

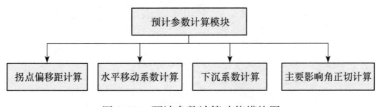

图 8.10　预计参数计算功能模块图

（7）下沉等值线的绘制。主要完成沉陷等值线绘制，全盆地沉陷可视化。本模块可以通过接口调用 surfer 软件加以实现。surfer 可以实现等值线的快速绘制。

（8）三维图形显示。该模块主要通过下沉数据构建规则格网（grid）或不规则三角网（TIN）实现三维显示。本模块可以通过接口调用 surfer 软件加以实现。surfer 可以对格网化的数据建立三维表面模型。

（9）成果输出与打印。主要完成各种数据和图表的输出与打印。

3. 数据库设计

本数据处理系统需要建立开采沉陷数据库，以便对各种输入的数据和计算结果进行保存。管理数据最常用的方式是利用各种商用数据库，如 Access、SQL Server 等。由于本系统主要处理矿山沉陷监测的实测数据，属性数据较多，考虑到程序的可移植性和开发投入，选用 Access2003 数据库来实现。在开采沉陷观测中应对工作面、观测线和观测站数据进行统一管理，建立如下几个数据表。

1）工作面信息表（WorkfaceInfo）

工作面信息表主要实现对工作面信息的管理。数据表主要字段应包括观测工作面编号、走向长度、倾向长度、开采深度、煤层倾角、所在矿区名称等，各字段均为必填项目，其数据表设计结构如图 8.11 所示。

2）观测线信息表（MealineInfo）

观测线信息表主要实现对各个工作面上观测线数据的管理。数据表主要字段应包括观测线编号、观测站数目、观测线方向等，各字段均为必填项目，数据表的结构如图 8.12 所示。

图 8.11　工作面表

图 8.12　观测线表

图 8.13　观测点信息表

3）观测站数据表（DataInfo）

观测站数据表主要实现对各个观测线上观测数据的管理。数据表主要字段应包括观测点名称、观测点的坐标（X、Y、Z），观测日期等，各字段均为必填项目，数据表的结构如图 8.13 所示。

在 Access 数据库建立以上数据表后，应创建各数据表之间的关系，工作面、观测线和观测站三个数据表之间均存在一对多的关系，工作面和观测线数据可以通过 facenum 字段加以关联，观测线和观测站数据之间可以通过 mealinenum 字段加以关联，各数据表之间应实施"参照完整性"、"级联更新相关字段"、"级联删除相关记录"，以确保数据库结构的完整性。数据库中表之间的关系如图 8.14 所示。

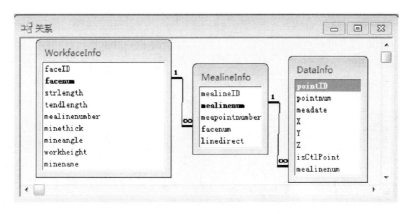

图 8.14　数据库中表之间的关系图

4. 系统程序实现

移动变形计算采用可视化程序实现，建立可视化程序必须建立必要的数据库并在可视化编程工具下设计必要的界面，编写相关代码。

由于程序的开发涉及数据调用，采用前台应用程序代码结合后台 Access 数据库开发模式，程序设计与实现将利用 C# 语言，在可视化的开发工具 Microsoft Visual Studio 2008 中进行界面设计和代码编写，程序运行需要 .NET Framework SDK3.5 的支持，数据存储在 Access2003 中，程序窗体在 Visual Studio 2008 中采用可视化的控件建立；程序界面使用常用的 Textbox、Label、Button、DataGrid、MenuStrip 等控件设置。

等值线绘制利用 ArcGIS Engine 来实现，主要使用 ArcGIS Engine 的 Map-Control、TOCControl、ToolBarControl 等相关控件，其中 MapControl 用于数据坐标点的显示，TOCControl 用于显示数据列表，ToolBarControl 用于显示相关的工具栏，在主窗体上通过菜单项（MenuStrip）调用不同的子窗体，各子窗体完成不同的处理功能，选择同一观测线上两个不同时期的观测数据即可完成计算，并可实现计算结果输出到文件。

8.2.4　移动变形曲线绘制

移动变形曲线是开采沉陷观测数据可视化基本形式，通过移动变形曲线可分析地表沉陷变形状态并可以进行预计参数分析。

1. 数据源

通过计算程序求得各测点的下沉 w、倾斜 i、曲率 k、水平移动 u、水平变形 ε 等变形值并将其存入文本文件，据此可绘制成二维曲线图。在二维曲线中，单个地表移动变形参数为 y 轴，沿观测线方向的直线长度（水平距离）为 x 轴，这种曲线图可借助 Excel、Grapher 等实现，也可通过程序实现。由于利用 C♯语言采用 GDI 绘图的方法不仅效率低而且复杂，因此调用 . NET 平台下的开源图表类库 ZedGraph 编程来实现移动变形曲线绘制。

2. 基于控件的曲线绘制

ZedGraph 是一个免费且开源的利用 C♯编写的 . NET 类库，可用于创建任意数据的二维线型、条型、饼型图表，也可以作为 Windows 窗体用户控件和 ASP 网页控件。利用 ZedGraph 控件绘制曲线基本方法如下：

（1）引用 ZedGraph 控件，随后在工具箱的 COM 组件类别中添加 ZedGraph 控件。

（2）拖放控件到窗体并设置相应的属性。将工具箱中的控件拖放到窗体时，类库的引用将自动添加。

（3）通过 ZedGraphControl 类实例化对象 myzgc，获取画图板对象，即 ZedGraphControl. GraphPane。在获取到一个 ZedGraphControl 对象之后，就可以在 myzgc. GraphPane 上绘制图形。

（4）在画图板上添加曲线，对曲线图设置 Linewidth、Symbol 等属性，使绘制的图形符合要求。

图 8.15　读取文件的界面

3. 移动变形曲线绘制

在移动变形曲线绘制模块中，首先在菜单中打开读取文件的窗体，先读取计算结果的文本文件，同时读取各观测点到控制点的距离数据文件，各点之间的数据应对应一致，读取数据后，将数据转化为数值格式保存到程序变量中，读取文件界面如图 8.15 所示。

文件读取完成后，利用 ZedGraph 绘制图形的基本方法编写相关响应函数，打开图形显示的窗体，完成移动变形曲线的绘制。首先，利用 GraphPane 类实例化对象获取 ZedGraph 控件的画板对象。然后，利用 Title 等属性设置图表的标题、坐标轴名称等信息，再利用 PointPairList 实例化对象，将文本文件中的数据添加到坐标对中。最后，利用 LineItem 类实例化对象，通过相关属性上设置曲线的线宽、颜色等属性，完成曲线绘制。图形显示的界面如图 8.16 所示。

由所绘制的地表移动变形曲线寻找对应的临界值点可计算移动角、边界角、最大下沉角等角量参数值。这些角量参数值可以确定地下开采对地表影响的大小，影响范围、影响时间等，也是留设各类保护煤柱的设计参数。

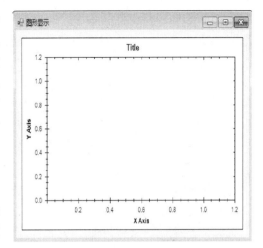

图 8.16　ZedGraph 图形显示界面

8.2.5　移动等值线绘制

等值线是制图对象某一数量指标值相等的各点连成的平滑曲线。绘制移动变形等值线，就是将观测所获取的离散数据，采用一定的数学方法加以变换，最终形成连续曲线的过程。等值线绘制方法主要有两类，包括以作图域上矩形网格（RG）划分为基础的等值线追索法以及以不规则三角形网络（TIN）为基础的线性插值法。由于开采沉陷数据采集具有规律性，采用矩形网格法。

该等值线绘制模块采用 ArcGIS Engine 所提供的函数来实现。ArcGIS Engine 是用于建立自定义应用程序的嵌入式地理信息系统（GIS）组件的一个完整类库，使用 ArcGIS Engine 可将 GIS 功能嵌入到应用程序中，也可建立自定义高级 GIS 应用程序。等值线绘制过程如下。

1. 数据准备

利用 Arc Map 平台将观测点的坐标数据（x，y）及其移动变形参数（z 值）文件数据进行读取并转化成 Shapefile 格式的数据文件。

2. 插值生成栅格数据

ArcGIS Engine 中提供了具有第三维属性值（z 值）的离散点数据内插生成栅格数据（RASTER）的方法，包含三种不同的插值方式，即反距离权重（IDW）插值法、样条函数（Spline）插值法、克里金（Kriging）插值法。

ArcGIS Engine 的 InterpolationOp 接口下提供了通过 GeoDataset 数据内插生成栅格数据的方法，可以对点类型的数据进行操作。该接口提供了 IDW、Krige、Spline、Trend、Variogram 等插值方法。IRasterRadius 接口提供了插值法生成栅格时搜索半径的控制方法。在程序中，采用 IDW 方法实现数据的插值和生成 RASTER 栅格数据的功能。插值功能的实现按以下步骤：

（1）添加一个点类型的数据集，作为生成栅格数据的数据源，数据源应该包含平面坐标值（x，y）和移动变形参数值（z）。

（2）通过 IFeatureClassDescriptor 接口创建一个对象，该对象是一个从数据集中提取了 z 值的新对象，是插值操作的一个输入对象。

（3）利用 IInterpolationOp 接口创建一个对象 pInterpolationOp，使用该接口的反距离加权插值（IDW）方法。

（4）获得对象 pInterpolationOp 的 IRasterAnalysisEnvironment 接口，利用该接口设置输出栅格数据的单元大小。

（5）利用 IRasterRadius 接口创建对象，通过该接口实现搜索半径的设置。

（6）进行反距离权重插值（IDW）操作，生成栅格数据。

（7）将生成的栅格数据加以保存和输出。

3. 等值线生成

ArcGIS Engine 的 ISurfaceOp 接口提供了控制表面操作的函数，主要是对栅格数据进行操作，其中的 Counter 方法可以用于创建具有一定等距间隔的等值线。利用栅格数据层生成等值线的界面如图 8.17 所示。生成等值线时，先读取由插值产生的栅格数据层，作为生成等值线的数据源，可设置相关的参数确定等值线的输出属性。

图 8.17　生成等值线界面

等值线生成按以下步骤进行：

（1）加载一个栅格数据集，作为生成等值线的数据源。

（2）利用 ISurfaceOp 接口创建一个 pSurfaceOp 对象，同时获得该对象的 IRasterAnalysisEnvironment 接口对象，利用 IRasterAnalysisEnvironment 接口的 OutWorkspace 属性改变等值线输出路径等信息。

（3）利用 IGeoDataset 创建对象 pOutputDataset 用于保存生成等值线的结果。

（4）执行 pSurfaceOp 对象的 ISurfaceOp 接口提供的 Counter 方法，生成等值线，将结果输出到 pOutputDataset 中。

（5）利用 IFeatureLayer 接口创建新图层对象，将 pOutputDataset 的数据传递到图层对象中加以显示，并将其设置为当前激活图层。

8.2.6　地表移动预计参数求取

根据实测数据求取预计参数是观测数据处理的重要工作。开采沉陷预计的准确性取决于预计参数的准确性，而参数准确性取决于求取参数的方法[126]。由我国学者刘宝琛、廖国华等提出的概率积分预计法已在矿区开采沉陷预计中广泛应用，是我国应用最为广泛的预计方模型之一。本书针对概率积分法进行预计参数求取。

1. 概率积分法预计参数求取方法

概率积分法的预计参数主要有下沉系数（q）、主要影响角正切（$\tan\beta$）、拐点偏移距（d）、水平移动系数（b）。概率积分法参数获取途径主要有两种：一种是通过实测地表移动资料反演预计参数；另一种是在没有实测资料的情况下参照邻近矿区或规程上的预计参数取经验值。采用实测资料反演求取预计参数时，主要有以下几种方法[127~129]。

1）利用特征点求参

根据参数的定义和特征点的实测资料直接求取预计参数。该法只适用于充分采动和超充分采动情况，并且计算误差较大。

2）正交实验法求参

利用数理统计学和正交性原理，从大量的试验点中挑选适量具有代表性的点，应用"正交表"求取预计参数。该方法可以较好地解决任意形状工作面开采时根据任意点实测值求取参数的问题，其缺点是计算工作量大，求参速度缓慢。

3）曲线拟合求参

根据剖面上所有的实测下沉和水平移动值来求取参数估计值。该方法求参数时，拟合函数形式必须是已知的，并可求得对各个参数的偏导数。该法适用于矩形工作面上方布置的观测站实测数据求参。

曲线拟合方法有台劳级数展开法（又称高斯-牛顿法）和麦夸尔特法。通常做法是根据地质采矿条件选定预计模型，确定拟合函数的形式，然后按台劳级数展开法或麦夸尔特法通过计算机程序来拟合求取实测参数。

2. 基于 Matlab 的最小二乘拟合函数

采用曲线拟合法进行参数求取实质上是最优化问题，可运用现有的 Matlab 软件中非线性最小二乘拟合函数来求取概率积分法预计参数。采用 Matlab 中的 lsqcurvefit、nlinfit 或 lsqcurvefit 拟合函数可解决曲线拟合问题，并建立用户交互界面。

采用 Matlab 解决曲线拟合问题可用多项式函数拟合和非线性最小二乘拟合。

在预计模型函数已知的情况下，一般采用非线性最小二乘拟合求参方法。Matlab 中所提供的非线性最小二乘拟合函数为 lsqcurvefit、nlinfit 和 lsqnonlin，其调用形式如下。

函数 lsqcurvefit 的调用形式

$$c = \text{lsqcurvefit}\ (fun,\ x_0,\ x,\ y) \tag{8.6}$$

式中：fun——需要拟合的非线性函数；

$\quad\quad x_0$——参数初始值；

$\quad\quad (x,\ y)$——所需拟合点的数据，函数最终返回拟合模型的系数矩阵。利用此函数可以在最小二乘原理下解决非线性曲线拟合问题，寻找最佳拟合系数。

函数 nlinfit 的调用形式为

$$beta = \text{nlinfit}\ (x,\ y,\ fun,\ beta0) \tag{8.7}$$

式中：$(x,\ y)$——所拟合点数据；

$\quad\quad fun$——需要拟合的非线性函数；

$\quad\quad beta0$——参数初始值。

函数 lsqnonlin 的调用形式为

$$c = \text{lsqnonlin}\ (fun,\ x_0) \tag{8.8}$$

式中：fun——需要拟合的非线性函数；

$\quad\quad x_0$——初始解向量。

3. 界面设计与拟合程序

为了更清楚地表达参数计算结果并绘制拟合前的离散观测点数据曲线以及拟合后的曲线，可利用 Matlab 软件的 GUIDE（GUI Builder）工具建立与用户的交互界面，建立包括文本框、按钮、菜单、图形显示框等控件，编写所需的响应函数，实现计算结果的可视化。除了常用的按钮（push button）和文本框（edit text）等控件外，还使用了显示曲线图的图表控件（axes），并使用 Menu Editor 工具来编辑和设置菜单，所设置的 GUI 运行界面如图 8.18 所示。

根据预计函数形式和预计参数的初始值，编写相应的 Matlab 程序代码，在进行参数计算时，利用下沉值和水平移动值分别进行拟合求解，最后根据工作面地质采矿条件综合确定概率积分法的预计参数。在参数计算前，先在下沉量或水平移动计算结果文件前补充其位置坐标数据，观测线为走向时仅需横坐标值，观测线为倾向时仅需纵坐标值，形成包含位置坐标和移动变形值的两列数据文件，列之间用空格分隔。

通过编写不同的菜单响应函数完成数据文件读取和参数初始值输入、结果输出等功能。

经过曲线非线性拟合后，可获得其拟合曲线图，同时将参数输出到指定的控件中，例如对下沉观测数据的拟合结果如图 8.19 所示。

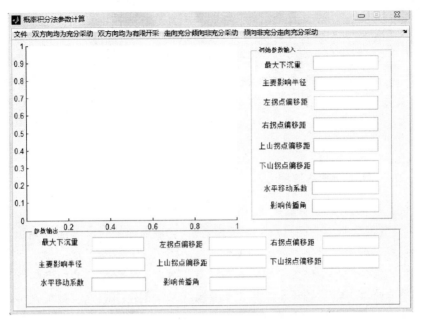

图 8.18 参数求取的 GUI 界面

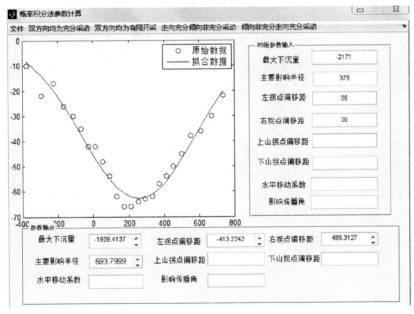

图 8.19 下沉观测数据的拟合结果

8.3 D-InSAR 技术在黄土覆盖矿区开采沉陷监测中的应用

合成孔径雷达差分干涉测量（D-InSAR）技术是 20 世纪 90 年代发展起来的

微波遥感技术，它具有全天时、全天候、覆盖面广、高精度地监测地表变形的能力，已成为极具潜力的对地观测技术之一。由差分干涉测量（D-InSAR）的原理可知，D-InSAR技术用于沉陷监测的精度可以达到厘米级甚至毫米级。但是，由于时间去相干和大气变化等因素影响了D-InSAR的测量精度，尤其在西部黄土覆盖矿区，地形起伏较大，且开采沉陷具有范围小、下沉量大和形变速度快的特点，影响了该技术在西部矿区沉陷监测中的应用。近年来，本书作者以陕西彬长矿区开采沉陷监测为实例，对这一课题进行了实验研究。

8.3.1　D-InSAR的基本原理

合成孔径雷达干涉测量技术（InSAR）是通过两幅天线同时观测（单轨模式），或两次近平行的观测（重复轨道模式），获取地面同一区域的两幅影像。由于地物目标与两个天线位置的几何关系，在两幅影像上产生了相位差，形成干涉条纹图。干涉条纹图中包含了斜距向上的点与两天线位置之差的精确信息，可以利用传感器高度、雷达波长、波束视向及天线基线距之间的几何关系，可精确地测量出图像上每一个地物点的三维位置及变化信息[130,131]。

InSAR一般有三种工作方式，即交叉轨道干涉测量、顺轨干涉测量和重复轨道干涉测量。前两种一般适用于机载雷达，重轨方式则适用于星载干涉雷达。现在大多数在轨的星载雷达卫星系统都采用重复轨道干涉测量模式，ERS-1/2和Envisat-ASAR均采用这种模式。它是用单天线平台在不同时间、不同轨道上获取干涉影像对，即用相邻轨道上两次对同一地区获取的影像来形成干涉。

差分干涉测量（D-InSAR）是指利用同一地区的两幅干涉图像，其中一幅是形变前获取的干涉图像，另一幅是形变后获取的干涉图像，然后通过差分处理（除去地球表面地形起伏因素）来获取地表形变的测量技术。如果在两次获取影像期间地面发生了形变，则采取一系列处理方法可从干涉相位中除去地形相位、大气效应相位、参考面相位、随机噪声相位等四项。D-InSAR获取地表形变信息的实现方法主要有三种，即二轨法、三轨法和四轨法[132]。

1. 二轨法

该方法最早是由Massonnet提出的，其基本思想是利用目标区域变化前后的两幅SAR影像生成干涉条纹图，再利用外部DEM生成模拟地形相位的条纹图，最后从主辅影像生成的干涉图中将外部DEM对应的地形相位移除，则得到形变相位，最后将其转换为雷达视线向的形变量。

双轨法的优点是外部DEM的获取比较容易，减少了一些工作量，是一种切实可行的方法。缺点是对于无DEM数据的地区无法采用上述方法；对有DEM的区域，如果选取的DEM精度不高，则可能引入新的误差，如DEM本身的高程误差、DEM 模拟干涉相位与真实 SAR 纹图的配准误差等，最终影响形变量获取的精度。

2. 三轨法

该方法最早由 Zebker 等（1994）提出，三轨法的基本思想是使用三幅 SAR 图像进行差分干涉测量，其中两幅影像选自发生形变前，第三幅选自发生形变后，取其中一幅作为公共主影像，另外两幅作为辅影像，两幅辅影像分别与公共主影像进行干涉处理，形变前的干涉图主要用来反映地形信息，形变后的干涉图主要反映地表形变信息。最后从形变后的干涉纹图中除去形变前的地形信息相位，便得到形变信息相位。

三轨法的优点是不需要事先准备外部 DEM，这一点对于一些没有地形数据的区域进行监测显得尤为重要，而且由于两幅干涉对共用一景影像，因此数据的处理相对比较简单，而且干涉图间的配准较容易实现。缺点就是相位解缠的好坏将直接影响最终结果。

3. 四轨法

四轨法主要用于那些很难挑选出合适的适合于三轨法的三幅影像的目标区域。四轨法的基本思想是获取形变前后的两对 SAR 影像，分别进行干涉处理，形成形变前后的两幅干涉相位图，形变前的主要用来生成 DEM，形变后的主要用来反映形变信息。接下来将二者进行差分，便可得到形变相位，再将相位转换为斜距从而计算出雷达视线向的形变量。该方法相当于是对目标区域发生形变前后的高程值进行比较，其差值便是形变量。

从根本上讲，四轨法和二轨法基本类似，不同的是二轨法采用外部 DEM，而四轨法采用干涉的方法生成 DEM。四轨法比三轨法更具有灵活性，影像的选择没有三轨法严格，但是由于没有公共影像，在进行影像的配准时便增加了很大的难度。

8.3.2　D-InSAR 数据处理方法

InSAR 数据处理的实质是从 SAR 影像的相位信息中提取出各目标点的高程信息，即获取目标区域内的数字高程模型（DEM）。SAR 影像进行干涉处理的基本思路是：获取目标区域内两幅不同视角观测得到的 SAR 单视复数影像，且两幅影像必须具备一定的相干性，通过对两幅影像进行配准、干涉，得到两幅影像的干涉相位图。该图像中的相位信息是缠绕的，具有 2π 的整周模糊度，即相位取值在（$-\pi$，π）之间，因此须经过解缠才能得到绝对相位。通过把相位信息转换为高程信息，最后将雷达坐标系统转换到地面坐标系，即可得到地面点的高程。

1. SAR 影像的选取

遥感数据源的选取是一个非常重要的环节。合成孔径雷达干涉测量最终处理结果是否正确，关键取决于 SAR 影像的选取是否合理。目前，可用于干涉测量的星载合成孔径雷达干涉的数据源主要有欧空局（European Space Agency，ESA）的 ERS-1/2、ENVISAT，加拿大的 RADARSAT 和日本的 JERS-1、ALOS 等。

在进行 InSAR 数据处理前，必须选取合理的用于干涉处理的 SAR 单视复数影像对。其中，合理的基线（时间基线、空间基线）选取是首要考虑的因素。根据不同的实际应用，时间基线和空间基线必须控制在一定的范围内，如果超出了一定范围，则两幅影像将不具备相干性。对于时间基线，必须选取观测期间形变前后的两幅影像。对于空间基线，如果基线过长则干涉条纹将过于稀疏，如果基线过短则条纹将过于密集。地形测绘一般要求长基线，但对于形变监测，则要求基线短一些，此时地形相位相对会减弱。当基线短到一定程度时，干涉相位可认为仅仅是形变相位。

影像选取可以参考 DESCW（display earth remote sensing swathe coverage）软件或 AUIG 软件，这些软件提供了干涉雷达数据的详细信息，包括传感器、影像获取时间、轨道号（oribit）、轨迹号（track）、帧号（frame）、干涉基线等。再结合时间基线和空间基线的要求选择合适的数据进行购买。

AUIG 软件可以选取日本的 ALOS 数据，如果要在欧空局订购雷达数据，除了 DESCW 外，还可以采用 Eolisa 软件进行数据的选取与购买。

2. SAR 数据的处理流程

图 8.20 为 InSAR 数据处理的基本流程图。

基于上面 InSAR 数据处理的基本流程，D-InSAR 数据处理的流程如图 8.21 所示。

SAR 数据处理的基本流程可分为几个部分，即 SAR 影像配准（包括粗配准、精配准）、影像重采样、生成干涉图、SAR 影像与干涉图的滤波、去平地效应、相位解缠、地理编码、DEM 生成与形变信息的获取。

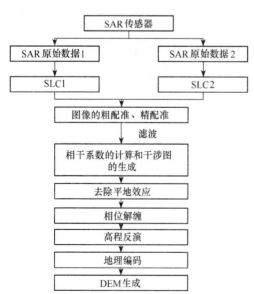

图 8.20　InSAR 数据处理流程

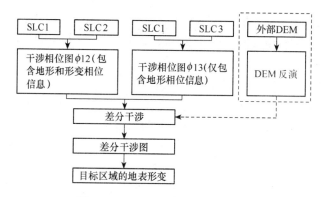

图 8.21　D-InSAR 数据处理流程

1）SAR 图像配准与影像重采样

SAR 影像的配准就是将同一目标区域内，卫星在不同时间以不同姿态获取的两幅影像的像素点一一的套合在一起。如果配准的误差超过一个像元，则两幅影像完全不相干，无法进行干涉处理，因此，要求两幅影像的配准精度达到亚像元级。配准的核心就是计算两幅影像中同名点的相对偏移量，接着将偏移量采用最小二乘法利用多项式进行拟合，则可以建立影像对坐标变换关系。从而可对辅影像进行插值重采样，完成影像的精配准。重采样的方法通常有最临近法、线性内插法、（4 点、6 点）立方体卷积插值法、（6 点、8 点或 16 点）有限长 sinc 函数法等。

2）生成干涉图、SAR 图像与干涉图的滤波

两幅 SAR 影像进行精配准后，将对应像素点进行复数共轭相乘即可产生干涉图。生成干涉图中的相位取值范围在 $-\pi$ 到 π 之间，即每个像素存在着整周模糊度的问题。生成干涉图的同时会生成一个相干系数图，用来表示两幅影像的相干程度。

SAR 原始图像和干涉图中都存在着大量的噪声，使得干涉图的信噪比比较低，严重影响着干涉测量的后续处理。因此，在干涉图生成后，首先要进行滤波处理，从而降低噪声，提高信噪比。

3）去平地效应

"平地效应"是指高度不变的平地引起干涉相位在距离向和方位向呈现周期变化的现象[42]。平地效应主要受天线高度、视线方向、基线长度和地球曲率等因素的影响。平地效应使干涉相位呈现密集的阴暗相间的干涉条纹，一定程度上掩盖了地形变化引起的干涉条纹变化，也增加了相位解缠的难度。因此，在相位解缠处理前，必须去除平地效应。

4）相位解缠

生成干涉图中的相位值只是一个主值，取值范围在 $-\pi$ 到 π 之间，存在整周

模糊度的问题，真实的相位则必须在这个主值的基础上加上 2π 的整数倍，这个过程称为相位解缠。相位解缠是 InSAR 处理中最关键的步骤，解缠的好坏直接影响到最后结果的精度。

5）地理编码

干涉图的地理编码实际上就是把干涉图在雷达坐标系中以行号、列号和高程为坐标的坐标系统，转化为椭球坐标系下的直角坐标系统（经度、纬度和高程）。

6）DEM 生成与形变信息的获取

地理编码得到了各像素点的大地坐标（B、L、H），经过横轴墨卡托投影（UTM 投影），可以将大地坐标投影到平面直角坐标系中，由此便生成了该区域的数字高程模型或形变图。

3. 影像配准方法

高精度复影像的配准是 D-InSAR 处理的基础。配准的精度是影响目标区域 DEM 生成和形变量测量的关键因素之一[133,134]。实验证明，配准的误差必须达到 1/8 像素以下才不会对生成的干涉条纹质量产生影响，对于高质量的干涉图则要求配准精度至少达到 1/10 像素。

影像的配准一般分两步进行，即粗配准和精配准。粗配准主要是计算辅影像相对于主影像在距离向和方位向上的粗略偏移量，其配准精度可达到几十个像素级。精配准则是在粗配准计算出偏移量的基础上，利用最小二乘法建立两幅影像的坐标转换关系，然后利用该关系对辅影像进行重采样，使得辅影像上的像元都精确地一一对应在主影像上，便完成了影像的配准工作。

对于雷达的干涉复影像进行配准一般采用基于窗口的自动匹配技术。基于窗口的影像匹配是将用于干涉的两幅 SAR 影像中的一幅作为主影像，另外一幅作为辅影像，先在主影像中选择一个局部匹配窗口，然后在辅影像中选择一个比匹配窗口大的搜索窗口，将匹配窗口在搜索窗口内以 0.1 个像素为间隔进行逐行搜索，从而可以在搜索窗口中找到与匹配窗口相匹配的窗口数据，达到两幅 SAR 影像的匹配[135~137]。

影像的粗配准相对较简单，一种是基于卫星轨道的粗配准，另一种是基于地面控制点的粗配准。

1）基于卫星轨道的粗配准

利用卫星精密轨道信息进行影像粗配准具体分为三个步骤，第一步先计算出主影像的中心点在轨道坐标系（椭球体）中的坐标值 (x, y, z)；第二步通过卫星轨道参数、多普勒方程、斜距方程和椭球方程计算出该中心点在辅影像中的像元坐标；第三步就是根据该点在主辅影像中的像元坐标计算出影像的偏移量。

2）基于地面控制点的粗配准

基于地面控制点的粗配准要求在影像上选取若干个控制点，然后根据两幅影像中的同名控制点来完成影像的粗配准。通常情况下，这些控制点必须是SAR影像中比较容易辨认的特征点。这些控制点一般都是靠经验进行手工选取的，由于 InSAR 数据是单视复影像，所以这种做法容易造成很大的误差，而且比较费时，最后得到的结果也不是很理想。为了解决这个问题，可以在目标区域内安装若干个角反射器，角反射器的物理特性使得它在雷达影像上表现为一个亮点，然后通过 GPS 精确测定它们的坐标和高程，这样两幅影像的粗配准便很容易实现。

影像的精配准实现方法比较复杂，目前用于精配准的方法主要有基于灰度匹配的相干系数法、基于幅度影像的相关系数法和基于相位匹配的平均波动函数法。

1）相干系数法

相干系数是用来衡量两幅用于干涉处理的 SAR 影像之间相似程度的一个指标。相干系数是个复数，实际应用中常常取它的绝对值来表示，取值范围为 [0.1]。采用相干系数法进行两幅影像之间的匹配就是基于相干系数 ρ，在主影像中以待匹配点为中心取一定范围大小的窗口，然后在相应的辅影像的一定搜索窗口范围中，逐行、逐点移动并计算窗口中的相干系数，相干系数最大处则为最佳匹配点。

2）相关系数法

幅度是 SAR 影像中包含的一项非常重要的信息，相关系数法则是基于幅度信息的图像配准的基本方法。在 InSAR 中，相关系数可以用来选取适合于干涉处理影像对的，也可以作为评价影像是否配准的指标[138,139]。

该方法是通过计算两幅图像在不同方位向和距离向偏移的相关系数，通过寻求最大相关系数来完成影像的配准。

3）平均波动函数法

该方法最早由 Qian Lin 于 1992 年提出来，它是基于两幅图像配准精度越高时，图像之间的干涉条纹越清晰这一思想来实现的。干涉图质量的好坏是最终处理结果的基础，是影响 DEM 精度的关键因素，主要表现在条纹的清晰程度上。因此，该方法是通过相位差构成平均波动函数，并以其作为配准的主要标准。

4. 基线估计方法

在卫星重复轨道雷达遥感中，基线被定义为卫星在两次飞行中雷达天线的相对位置和时间的关系。基线由两部分组成的，时间上的相对关系称为时间基线，而空间上的相对位置关系称为空间基线。对于选取的 SAR 影像，时间基线通常是知道的，而空间基线则是未知的。基线误差对高程精度的影响很大，要获得高精度的高程数据，必须要有高精度的有效基线数据。因此，在 D-InSAR 处理中，空间基线估计在很大程度上影响着 D-InSAR 处理的最终结果及精度，是干涉雷达数据处理中的关键环节[140~142]。目前，D-InSAR 处理中常用的基线估计方法是利用轨道参数进行基线估计。

5. 相位解缠方法

在干涉图中，需将干涉相位按周期分离出来以达到求解解缠相位的目的。目前，相位解缠的基本方法有四类[143~145]：①基于路径跟踪，即枝切法、掩模割线法、区域生成法等；②基于最小范数法，即快速傅里叶变换（FFT）的最小二乘法、最小范数法、高斯-赛德尔迭代法、多级格网法等；③基于最优估计的方法，即网络规划法、Kalman 滤波法、遗传算法等；④基于特征提取的方法，即条纹检测法、区域分割法等。

基于快速傅里叶变换（FFT）的最小二乘法是相位解缠的主要方法，它是基于解缠相位和缠绕相位之差的平方和最小准则得到解缠相位。

8.3.3　应用 D-InSAR 技术监测彬长矿区地表沉陷的实验研究

1. 实验区概况

彬长矿区是国家规划的 13 个煤炭基地之一的黄陇基地的主要矿区，属于黄陇侏罗纪煤田的中段，位于陕西省长武和彬县境内，规划面积 978km²，煤炭地质储量 89 亿 t，主采煤层平均厚度 10.6m。矿区地处中纬带高原区，位于渭北黄土高原过渡地带，总体上属于梁、峁交错的黄土沟壑区。该区塬梁破碎，沟壑纵横，地势从黄土塬梁向中间泾河谷地倾斜。地表黄土层厚度超过100m。矿区地处泾河流域，地表水与地下水资源较丰富，地表植被较少，自然村落大部分处在开采沉陷区域以外的保护煤柱范围，这一特征有利于 SAR 影像的数据处理。

根据矿区内煤层赋存条件、资源储量、地形地貌、地面运输条件等，将彬长矿区划分为 13 个井田进行开发，各井田开发建设情况如表 8.2 所示。

表 8.2　彬长矿区井田划分

序号	名称	井田尺寸			储量/Mt		设计生产能力/(Mt/a)	服务年限/a	开发现状
		长/km	宽/km	面积/km²	地质	可采			
1	大佛寺井田	15.1	5.8	86.3	1215.42	765.68	3/8	76.0	生产阶段
2	小庄井田	9.0	6.8	50.0	1161.08	751.20	6	89.4	建井阶段
3	文家坡井田	10.7	9.5	79.5	819.27	507.83	4	90.7	建井阶段

续表

序号	名称	井田尺寸			储量/Mt		设计生产能力/(Mt/a)	服务年限/a	开发现状
		长/km	宽/km	面积/km²	地质	可采			
4	胡家河井田	8.5	7.2	54.7	819.75	473.02	5	69.0	建井阶段
5	孟村井田	10.5	6.5	61.2	1017.49	601.00	6	71.5	建井阶段
6	雅店井田	19.0	3.0	78.11	636.74	445.72	4	79.6	设计阶段
7	亭南井田	10.1	4.5	36.0	402.17	212.11	3	50.5	生产阶段
8	官牌井田	70	53	35.1	232.58	129.78	3	30.9	生产阶段
9	蒋家河井田	6.5	4.5	23.0	103.27	48.60	0.9	41.5	生产阶段
10	下沟井田	4.0	4.2	14.1	176.54	72.44	3	17.2	生产阶段
11	水帘洞井田	4.5	1.3	5.37	56.40	34.08	0.9	27.0	生产阶段
12	杨家坪井田	174	9.1	146.12	1264.22	695.32	5	92.7	设计阶段
13	高家堡井田	25.7	16.6	216.05	1073.90	625.31	5	83.4	设计阶段
合计				885.55	8978.83	5362.09	53.8		

2. InSAR 处理前的准备工作

1）干涉处理软件

用于 D-InSAR 影像处理的软件较多，主要有瑞士 Gamma Remote Sensing 公司的基于 Windows 操作系统的 GAMMA-SAR 软件、加拿大 Atlantis 公司的 Earthview-InSAR、荷兰 Delft 科技大学推出的 DORIS 等。

DORIS 软件是使用面向对象的 C++ 语言编写的，以若干公共开源软件（如 FFT，GETORB，SNAPHU，GMT 等）为辅助，主要运行环境为 Unix 操作系统。DORIS 为完全免费软件，其源代码是开放的。目前，DORIS 可以处理绝大部分星载雷达数据，如欧空局的 ERS～1/2、ENVISAT 数据、日本的 JERS 数据及加拿大的 RADARSAT 数据等。

GAMMA 软件使用 C 语言开发，利用标准二进制分发，同时开放源代码，主要运行环境为 Unix 操作系统和 Linux 操作系统，通常推荐使用 Linux 系统。Gamma 软件包括了整个雷达处理过程的全功能模块：从 SAR 原始信号处理到 SLC 成像、单视/多视处理、基于雷达信号滤波、影像配准、DEM 提取（干涉处理）、形变分析（差分干涉、点目标干涉）、土地利用等，可以处理各类地面、航空及航天数据（包括 Cosmos、TerraSAR、ERS-1/2、Envisat ASAR、JERS、Alos、RadarSat-1/2 等）。

本次实验采用 Gamma 软件作为彬长矿区 D-InSAR 影像处理软件。

2）SAR 影像的选取

对于合成孔径雷达干涉测量来说，InSAR 技术最终能否取得良好的结果，取决于所进行干涉的两幅影像的质量好坏,该两幅影像必须具备很好的相干性。合理地控制时间基线和空间基线是获取高质量影像的基础。由于季节、气候和植被等的变化都会造成时间去相干,因此时间基线应该尽量缩短。同时,应根据实际应用情况选择合适的空间基线。实验研究区域彬长矿区处于黄土高原过渡地带,具有土壤含水量小、气候条件干燥、植被较为稀疏等特征。因此,结合黄土地区特点来合理选取干涉影像,将为后续处理工作提供很好的数据基础。西部黄土覆盖矿区的开采沉陷具有其自身的特点,往往具有沉陷时间长,沉陷量大,地面沉陷与地下开采一致性好,沉陷规律明显等特征,其形变往往在时间域上表现出较强的不连续性。实验选取不同时间段内的 SAR 影像进行差分处理,购买日本的 ALOS(advanced land observing satellite)影像数据。影像的选取采用 AUIG 软件,首先给定选取的中心点,然后确定扩展半径,以确保整个研究区域包含在内,软件将自动计算出符合要求的影像数据。研究区域彬长矿区的中心位置为 $N=34°20'46.75''$;$E=107°44'33.72''$。

将研究区域所有影像数据的详细信息输出文本文件,根据时间基线(控制在矿区发生沉陷的前后时间中)和垂直基线(控制在 800m 以下)进行影像选取。虽然垂直基线越长越有利于提高精度,但垂直基线越大时,容易造成两幅影像不相关。按上述要求得到符合条件的 3 幅影像数据,如表 8.3 所示。

表 8.3　彬长矿区的 ALOS 影像数据

编　号	Track	Frame	卫　星	获取日期/(年-月-日)
1	465	690	ALOS	2007-07-04
2	465	690	ALOS	2007-08-19
3	465	690	ALOS	2007-10-04

3)DEM 数据的获取

实验采用二轨法进行影像数据处理,其外部 DEM 采用美国宇航局的 SRTM 数据。SRTM DEM 数据可以在网站 http://www2.jpl.nasa.gov/srtm/上根据研究区域的位置进行下载。实验区域纬度在 34°~36°之间,经度在 107°~109°之间,需要下载 N34E107.hgt.zip、N34E108.hgt.zip、N35E107.hgt.zip、N35E108.hgt.zip 四个经纬度方格数据进行 DEM 的拼接。在通常情况下,DEM 的拼接采用 Global Mapper 软件,图 8.22 为拼接的区域 SRTM DEM 数据。

4)SLC 影像的转换

所购买的 ALOS 数据是最初的原始数据,主要包括一个数据文件和三个信息文件。在进行干涉处理前,需采用 SAR 成像算法对原始数据做成像处理,生成 SLC 影像。其作用是实现距离向和方位向的二维成像,并得到图中各点的相位信息。

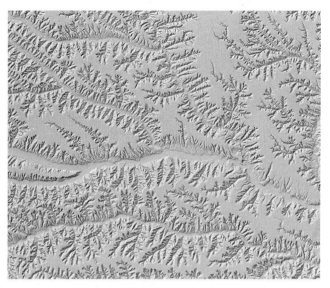

图 8.22　拼接后的区域 DEM 数据

以 20070819 获取的影像为例，购买的 ALOS 原始数据格式如下：

IMG-HH-ALPSRP056680690-H1.0 ____ A

LED -ALPSRP056680690-H1.0 ____ A

TRL-ALPSRP056680690-H1.0 ____ A

VOL-ALPSRP056680690-H1.0 ____ A

在 GAMMA 软件中对原始影像数据进行处理得到相应的 SLC 影像。本次实验研究的三景影像分别为 20070704. slc、20070819. slc、20071004. slc，如图 8.23 所示。

图 8.23　处理后的 SLC 影像

5）方案 1 的 InSAR 数据处理结果

为了对彬长矿区 2007 年的地面沉陷区域进行监测，将获取的三幅 SAR 影像进行两两组合，形成三个不同的干涉对进行数据处理，经过影像配准、重采样、生成干涉图、SAR 图像与干涉图的滤波、去平地效应、相位解缠、地理编码到最后生成 DEM 与获取形变信息。实验研究的影像干涉对选取如表 8.4 所示。

表 8.4　彬长矿区 SAR 影像的干涉对

编　　号	主影像/(年-月-日)	辅影像/(年-月-日)	时间间隔/d	垂直基线/m
方案 1	2007-07-04	2007-08-19	46	67
方案 2	2007-08-19	2007-10-04	45	195
方案 3	2007-07-04	2007-10-04	91	262

方案 1 中，2007-07-04. SLC 与 2007-08-19. SLC 的时间基线为 46 天，垂直基线 67m。主影像为 2007-07-04. SLC，辅影像为 2007-08-19. SLC。对上述 2007-07-04-2007-08-19 影像对进行干涉处理后，发现在 2007 年 7 月 14 日到 8 月 19 日期间，实验区域发生了明显的沉陷变形。提取处理结果中的相干图和形变图，分别如图 8.24 和图 8.25 所示。

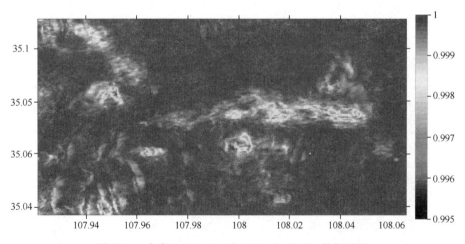

图 8.24　方案 1（2007-07-04～2007-08-19）的相干图

在处理过程中生成了一个 dat 文件，该文件以地理坐标表示沉降区域内各地面点的沉降量。根据文件中的形变量生成形变区域的等值线图，如图 8.26 所示。

为了更好地确定处理结果中沉陷区域的分布情况，将该研究区域的强度图与形变图进行叠加，其结果如图 8.27 所示。

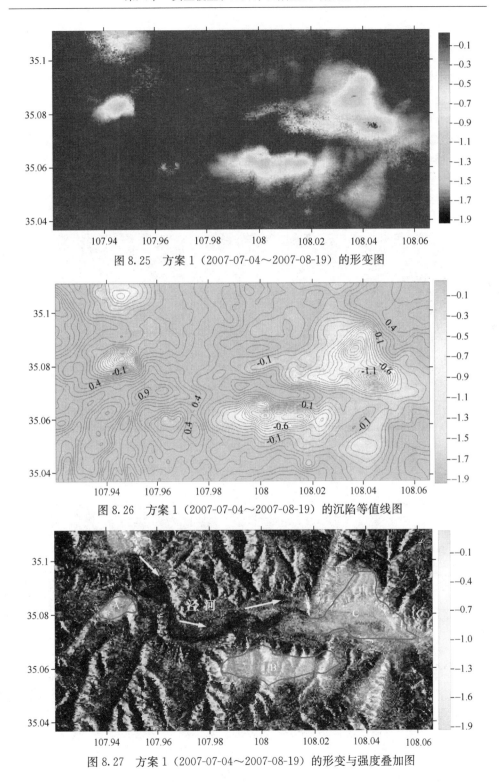

图 8.25 方案 1（2007-07-04～2007-08-19）的形变图

图 8.26 方案 1（2007-07-04～2007-08-19）的沉陷等值线图

图 8.27 方案 1（2007-07-04～2007-08-19）的形变与强度叠加图

由叠加图 8.27 可知，对干涉方案 1（2007-07-04～2007-08-19）进行处理后，监测到 2007 年 7 月 14 日到 8 月 19 日的 46 天内，研究区域地面发生了明显的沉陷，沉陷区域主要分布在泾河两侧的 A、B 和 C 三个区域内，根据图 8.27 上的地理坐标确定，上述三个区域处于彬长矿区采动范围内。

6) 方案 2 的 InSAR 数据处理结果

该方案中主影像为 2007-08-19.SLC，辅影像为 2007-10-04.SLC，时间基线为 45 天，垂直基线为 195m。将 2007-08-19～2007-10-04 影像对进行干涉处理后发现，在 2007 年 8 月 19 日到 10 月 4 日的 45 天内，彬长矿区在三个区域发生了明显的沉陷变形。提取处理结果中的相干图和形变图，分别如图 8.28 和图 8.29 所示。

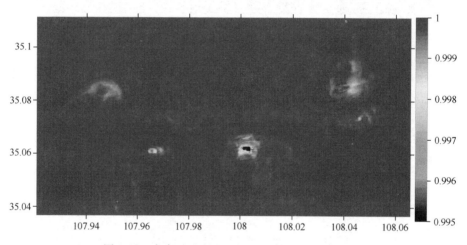

图 8.28　方案 2（2007-08-19～2007-10-04）相干图

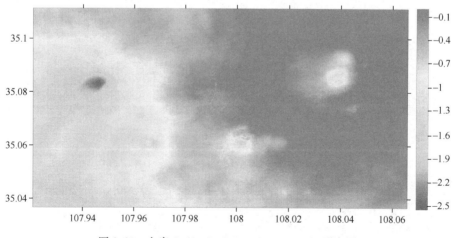

图 8.29　方案 2（2007-08-19～2007-10-04）形变图

根据形变量结果文件生成形变区域等值线图，如图 8.30 所示。

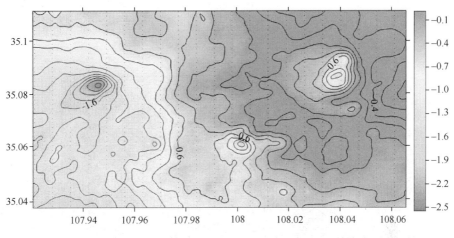

图 8.30　方案 2（2007-08-19～2007-10-04）的沉陷等值线图

　　上述等值线图可直观地反应实验区域的形变范围及形变量。为了直观地反映彬长矿区在 2007 年 8 月 19 日～10 月 4 日期间的地面沉陷情况，将实验区域的强度图与形变图进行叠加，其结果如图 8.31 所示。

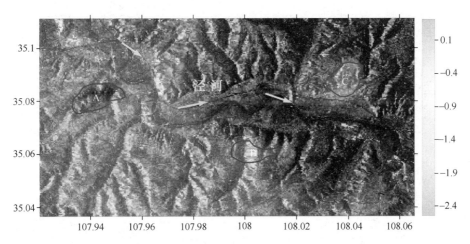

图 8.31　方案 2（2007-08-19～2007-10-04）形变图与强度图的叠加

　　图 8.31 中 A 点附近出现大范围的深色（沉降）区域，实际上在短时间内实验区域出现如此大范围的开采沉陷变形是不太可能的，该实验方案之所以出现这种异常情况，与所选干涉对的匹配性有关，这表明选择合适的影像配在 D-InSAR 数据处理中非常重要。

　　7）方案 3 的 InSAR 数据处理结果

　　该方案中主影像为 2007-07-04. SLC，辅影像为 2007-10-04. SLC，时间基线

为 91 天，垂直基线为 262m。该方案将前面的两个观测时段合并成一个时间段进行干涉处理，对 2007-07-04～2007-10-04 影像对进行干涉处理，得出在这段时间内彬长矿区的形变情况，提取出相干图和形变图，分别如图 8.32 和图 8.33 所示。

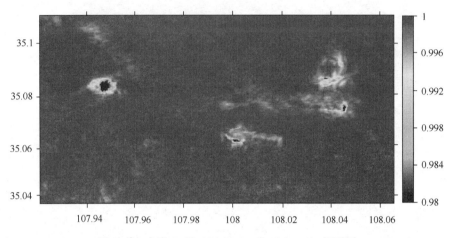

图 8.32　方案 3（2007-07-04～2007-10-04）相干图

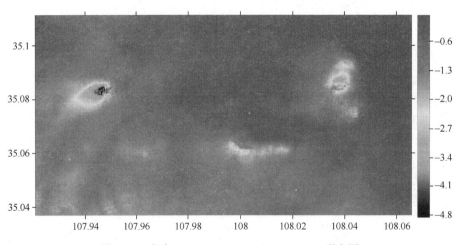

图 8.33　方案 3（2007-07-04～2007-10-04）形变图

根据所得到的沉降量文件生成 2007 年 7 月 4 日到 10 月 4 日期间的区域沉降等值线图，如图 8.34 所示。

将该区域的强度图与形变图进行叠加，其结果如图 8.35 所示。

由叠加图 8.35 可知，在 2007 年 7 月 4 日到 10 月 4 日的 91 天内，彬长矿区在 A、B、C 三个区域均发生了明显的沉陷变形。方案 3 的实验结果也是对方案 1 和方案 2 结果的进一步验证。三个方案实验结果均显示，在 2007 年 7 月 4 日至 8

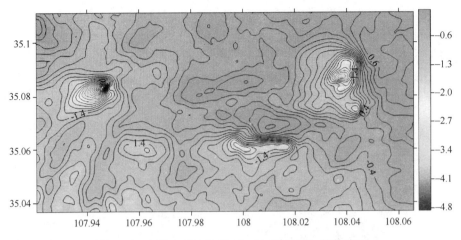

图 8.34　方案 3（2007-07-04～2007-10-04）等值线图

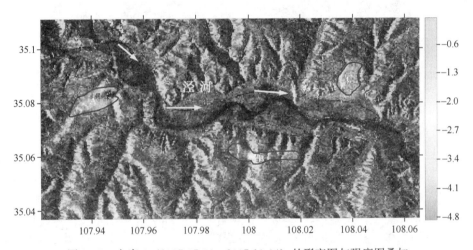

图 8.35　方案 3（2007-07-04～2007-10-04）的形变图与强度图叠加

月 19 日以及 8 月 19 日至 10 月 4 日期间，彬长矿区的 ABC 三个区域内都发生了明显的形变。其中 8 月 19 日至 10 月 4 日（方案 2）这段时间内，形变区域的范围比 7 月 4 日至 8 月 19 日（方案 1）要小一些，这说明该段时间的变形增量小于前一个时间段，反映了开采沉陷的阶段性特征。

方案 3 将方案 1 和方案 2 两个观测时段合并为一个时段进行差分干涉处理，不仅验证了前两次处理结果的可靠性，也说明将时间基线适当增大后，所选定的干涉像对同样可以取得较好的差分干涉结果。在不考虑 D-InSAR 误差影响的情况下，方案 3 的结果是方案 1 和方案 2 形变量的叠加。

8）实验结果分析

三个实验方案的结果均显示，在 SAR 影像监测时段内，彬长矿区在相同的

A、B、C 三个区域内发生了沉陷变形。将彬长矿区煤矿位置分布与 SAR 处理的沉陷分布图（图 8.36）进行对比，由泾河的走向及局部地形特征确定，沉降区 A 位于大佛寺煤矿井田范围，处在大佛寺煤矿工业广场附近；沉降区 B 位于泾河南边及大佛寺井田东边的下沟煤矿，而沉降区 C 则位于泾河北侧的官牌井田范围内。

图 8.36　D-InSAR 处理的沉陷区域分布图

利用实测资料及地理坐标数据对变形区域进行定位。以沉降区域 A 为例，地表移动观测资料显示，大佛寺煤矿 B40301 工作面停采时间为 2007 年 7 月 10 日，而方案 3 影像对所监测的时间范围为 2007 年 7 月 10 日到 10 月 4 日，说明 B40301 工作面的停采时间处于实验时间段内。由于煤矿开采沉陷是一个动态过程，开采引起的地表沉陷影响具有滞后特征，在工作面停采后一定时间内（一般为 3~6 个月），地表沉陷变形还将持续发展，最后趋于稳定。因此，在 2007 年 7 月 4 日到 10 月 4 日这段时间内，大佛寺煤矿 B40301 工作面上方地表发生了一定的沉降变形。由于西部黄土覆盖矿区的开采沉陷具有发展快稳定也快的特征，当工作面停止开采后，地表沉陷将在短时间内进入移动衰退阶段，这种形变增量较小。

实地监测数据显示，在 2007 年 7 月 10 日之前的 8 个月内，大佛寺煤矿 B40301 工作面开采地表最大下沉量达到 2.20m，最大沉陷位置坐标为（N35°04.9′，E107°56.7′），该最大沉陷位置在 D-InSAR 干涉处理结果的形变图中恰好处于 A 区域的中央，这验证了 D-InSAR 干涉处理结果中的沉陷区域 A 就是大佛寺煤矿开采 B40301 工作面引起的地面沉降区。

根据方案 3 生成的以地理坐标表示形变量的 DAT 文件数据，可确定 B40301 工作面上方的最大形变位置为（N35°04.9′，E107°56.7′），其最大沉降量为 10.8cm。这表明在 2007 年 7 月 4 日至 10 月 4 日期间，B40301 工作面上方地表产生了较大的沉降形变。由于该工作面地表沉降的最后一次观测时间为 2007 年 7 月 10 日，无法用实际沉降量来验证 7 月 10 日以后的实验结果。

通过实地 GPS RTK 定位确定，沉陷区域 B 位于大佛寺煤矿东边的下沟煤矿开采影响范围内，沉陷区域 C 位于官牌煤矿开采影响范围内。在实验时间段内，上述两个煤矿都在进行正常的长壁工作面采煤作业，势必造成了采动影响区的地表沉陷变形。

上述实验结果确定了实验区域内地表沉陷的分布范围及其下沉量。应该指出，在开采沉陷的活跃阶段，由于地表沉降速度较快，而 SAR 影像获取时段内地表的最大下沉增量往往达到分米级甚至米级，超出了 D-InSAR 的最大形变监测梯度。可见，对于开采沉陷活跃阶段所发生的短周期、大沉降的现象，在目前的时间基线条件下还难以做到定量监测。

9）相干图特征分析

在合成孔径雷达干涉测量中，相干图用来表示两幅影像的相关性，并以相关系数来描述，它是 SAR 图像相似程度和干涉条纹质量的评价指标，其大小表明了图像在不同区域的相干性。

实验区域地处西北黄土覆盖地区，具有土壤含水量小、气候干燥、植被稀疏等特征，三个实验方案的时间基线都很短，最长为三个月。在正常情况下，时间基线很短的两幅 SAR 影像会保持很高的相干性。由于矿区的地下开采使得地表出现大面积的沉陷变形，而相干图所反映的正是地物地貌的相干性，大范围的地面开采沉陷将导致 SAR 影像的相干性大大降低。因此，通过相干图的分析可以探测出开采沉陷变形区域的位置及分布特征。

本实验用于 D-InSAR 处理的三个影像对的相干性总体来说都比较高，通过对各方案的相干图与实际开采沉陷区域进行对比分析可知，在形变图中开采沉陷区域内的相干系数都较小。通过对比发现，在方案 1（2007-07-04～2007-08-19）影像对的干涉实验中，其相干图中相关系数较小的区域分布在 A、B、C、D 四个区域，如图 8.37 所示，而在形变图中 A、B、C 三个区域发生了明显的形变（图 8.38），但 D 区域未发生明显的形变，其相干关系数较低可能是因为植被变化或其他原因造成的。

在相干图和形变图中，A、B、C 三个区域的分布特征基本相同。在方案 2 和方案 3 中，相干图中的相关系数较小区域与形变图中的形变区域基本一致。由于相干图的生成主要涉及大气延迟与卫星轨道误差等因素的影响，而形变图则引入了 DEM 误差及相位解缠等多项误差，显然相干图的可靠性高于形变图。因此，对于变形梯度特别大的开采沉陷问题，研究相干图中相关系数与开采沉陷变形值之间的量化关系，通过分析相关系数来探测开采沉陷区域，是一个值得探索的技术途径。

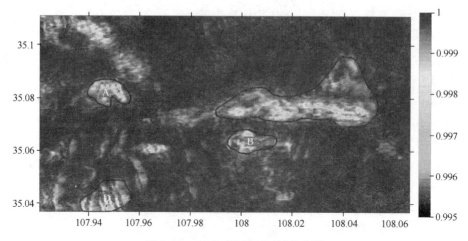

图 8.37　相干系数较低区域分布图

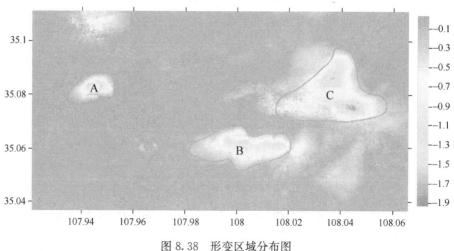

图 8.38　形变区域分布图

　　通过上述实验研究初步建立了黄土沟壑区开采条件下的 D-InSAR 形变监测的数据处理实用流程，为西部矿区开采沉陷的雷达遥感监测打下了基础。应该指出，对于西部黄土覆盖矿区开采沉陷的 D-InSAR 监测，其难度远大于地壳形变或城市地面沉降等微小形变对象的监测，也比东部平原矿区的开采沉陷监测更为复杂，许多技术难题还有待于遥感理论技术的进一步发展及以后的深入研究来解决。

第九章　黄土覆盖矿区开采沉陷控制与保护煤柱留设

　　黄土覆盖矿区"三下"压煤量很大。以陕西铜川矿区为例，现有生产矿井"三下"压煤量占保有地质储量的 21.8%。其中，建筑物下压煤占总压煤量的 89.8%，而建筑物下压煤中又以村庄下压煤为主，占其总量的 74.1%。实现"三下"压煤安全开采的关键是控制或减缓地表沉陷。多年来，一些矿区应用条带开采技术解决了部分村镇下的压煤开采，但该方法存在回采率低和作业效率低的不足。本章探讨了一种采用非连续推进的长壁工作面来控制地表沉陷的开采工艺，即通过在工作面推进方向上留设合理的间隔煤柱，并适当调整工作面开采宽度，以使地表形成双向极不充分采动，从而达到控制地表沉陷的目的。上述方法称之为非连续长壁开采技术，本章利用实际资料和数值模拟分析了该技术的可行性，为解决黄土覆盖矿区"三下"压煤开采、延长老矿井的生产周期提供了一种技术途径。

9.1　非连续长壁工作面开采地表沉陷的基本特征

9.1.1　特殊工作面开采实例分析

　　自 20 世纪 80 年代以来，渭北黄土覆盖矿区先后布设了二十多个地表移动观测站，得到了不同工作面开采条件下的地表移动结果。这些观测站中有 6 个工作面开采后地表沉陷变形量很小，其破坏等级小于 I 级，将其视为特殊工作面，列出其地质采矿参数及最大下沉值，如表 9.1 所示。

表 9.1　6 个特殊工作面的地质采矿参数与地表最大下沉量

观测站	最大下沉量 W_m/mm	下沉系数 q	覆岩厚度/m			土岩比 $H_土$/$H_岩$	倾角 α/(°)	采厚 M/mm	工作面尺寸/m		基岩/采高比 $H_岩$/M	基岩/采宽比 $H_岩$/D_1	开采面积 S/m²
			采深 H_0	土层 $H_土$	岩层 $H_岩$				倾向 D_1	走向 D_2			
Y618	192	0.099	370	130	240	0.54	6	1940	95	315	123.71	2.53	29 925
T2200	157	0.131	300	90	210	0.43	3	1200	82	218	175.00	2.56	17 876
Y636	55	0.028	356	86	270	0.32	8	2000	80	250	135.00	3.37	20 000
W2103 Ⅶ	77	0.039	450	60	390	0.15	5	2000	110	160	195.00	3.54	17 600
S4342	40	0.033	258	30	228	0.13	8	1200	60	350	190.00	3.80	21 000
Y2205	41	0.020	495	125	370	0.34	5	2000	85	220	185.00	4.35	18 700

表 9.1 中各工作面开采有如下特点：①地表下沉系数（定义为最大下沉量与采厚之比）均小于 0.15；②采深 H_0 较大，采厚 M 较小，基岩采厚比均大于 120；③采宽 D_1 和采长 D_2 较小，开采面积均小于 30 000m²。上述特点可概括为大采深、小采高、小开采面积。实际资料表明，各工作面开采后地表最大下沉量在 0.3m 以内，所造成的地表变形损害均在一级以内。因此，将满足上述条件的工作面定义为特殊开采工作面，而不满足上述条件的工作面则称为一般工作面。这种特殊工作面仍属于长壁工作面，但开采长度较小。如果在一般工作面推进方向上留设适当的间隔煤柱，使之成为满足上述条件的特殊工作面，则可能极大地减缓地表沉陷，实现建筑物下安全开采。

9.1.2 特殊工作面开采地表最大下沉值计算

地表最大下沉值直接反映开采沉陷的强度并控制着其他各个移动变形值的大小，是衡量开采沉陷的主要指标。地表最大下沉量与开采厚度、覆岩性质及开采充分程度有关。下面讨论黄土覆盖矿区特殊工作面开采条件下地表最大下沉量的计算方法。

由于特殊工作面开采沉陷模式及下沉机理不同于一般开采条件，现有的预计模型不适用于特殊工作面开采条件。通过分析已有观测站实测资料及现有预计模型的特点，认为黄土覆盖矿区地表最大下沉量除了与采厚、倾角、充分采动下沉系数及采动程度系数相关外，还与下沉模式及采深等因素相关，据此构建特殊工作面开采条件下的地表最大下沉值计算公式

$$W_{max} = M \times q \times \cos\alpha \times n_1 \times n_2 \times F(\lambda_1) \times F(\lambda_2) \tag{9.1}$$

式中：M——开采厚度（或称为采高）；

q——充分开采的下沉系数；

α——煤层倾角；

n_1、n_2——倾向、走向采动程度系数，按下式确定

$$\begin{cases} n_1 = \sqrt{D_1/H_0} \times \sqrt{(K_1 \cdot H_\pm + K_2 \cdot H_岩)/H_0} \\ n_2 = \sqrt{D_2/H_0} \times \sqrt{(K_1 \cdot H_\pm + K_2 \cdot H_岩)/H_岩} \end{cases} \tag{9.2}$$

其中：H_0、$H_\pm$、$H_岩$——开采深度、土层厚度、基岩厚度；

D_1、D_2——工作面倾向宽度、走向长度；

K_1、K_2——与土层厚度、岩层厚度及采深等相关的特征参数。根据实测资料分析，当采深较小（$H_0 \leqslant 350m$）时，可取 $K_1 = 1.0$、$K_2 = 0.8$；当采深较大（$H_0 > 350m$）时，其值按式 $K_1 = (H_0/350)^2$、$K_2 = 0.8 \cdot (H_0/350)^2$ 来确定。

式中：n_1 或 n_2 大于 1 时取为 1.0。$F(\lambda_1)$、$F(\lambda_2)$ 定义为倾向、走向下沉模式影

响参数，其取值与宽深比（$\lambda_1 = D_1/H_0, \lambda_2 = D_2/H_0$）有关，其函数关系由观测站资料确定。为了分析下沉模式参数 $F(\lambda_1)$、$F(\lambda_2)$ 的变化规律，将式（9.1）变换成如下形式

$$F = F(\lambda_1) \cdot F(\lambda_2) = W_{max}/\{q \cdot m \cdot \cos\alpha$$
$$\cdot [(K_1 \cdot H_{\pm} + K_2 \cdot H_{岩})/H_0] \cdot n_1 \cdot n_2\} \tag{9.3}$$

将式（9.3）中 W_{max} 以实测最大下沉值 $\overline{W}_0$ 替代，根据各观测站实际数据按式（9.3）计算出各观测站的下沉模式参数，见表9.2。

表9.2　下沉模式影响参数计算

测站编号	测站名称	倾向宽深比 λ_1	走向宽深比 λ_2	特征参数 K_1	特征参数 K_2	实测最大下沉 $\overline{W}_0$	下沉模式参数 F	采动程度系数		下沉模式参数 $\overline{F}(\overline{\lambda}_1)$
								n_1	n_2	
1	Y905	0.561	1.650	1.00	0.80	1326	1.063	<1	=1	* 1.063
2	W291	0.330	1.495	1.69	1.35	1262	1.173	<1	=1	* 1.173
3	D508	0.756	3.583	1.00	0.80	1645	0.924	<1	=1	* 0.924
4	S262	0.349	0.599	1.00	0.80	451	1.013	<1	<1	1.013
5	L2157	0.315	0.955	1.00	0.80	780	1.069	<1	<1	1.069
6	L2405	0.581	0.645	1.00	0.80	700	0.999	<1	<1	0.999
7	W2502	0.353	1.810	1.60	1.28	1505	1.016	<1	=1	* 1.016
8	H102	0.333	0.963	1.00	0.80	700	1.041	<1	<1	1.041
9	H103	0.299	1.642	1.00	0.80	567	1.025	<1	=1	* 1.025
10	W2103	0.575	1.370	1.09	0.87	1056	0.913	<1	=1	* 0.913
11	T2200	0.273	0.727	1.00	0.80	157	0.409	<1	<1	0.409
12	Y618	0.257	0.851	1.12	0.89	192	0.258	<1	<1	0.258
13	S4342	0.233	1.357	1.00	0.80	40	0.097	<1	=1	* 0.097
14	W2103Ⅶ	0.244	0.356	1.65	1.32	77	0.120	<1	<1	0.120
15	Y636	0.225	0.702	1.04	0.83	55	0.097	<1	<1	0.097
16	Y2205	0.171	0.444	2.0	1.6	40	0.052	<1	<1	0.052

设充分采动的下沉模式影响参数 $F(\lambda_1) = F(\lambda_2) = 1.0$，而 $F(\lambda_1)$、$F(\lambda_2)$ 随宽深比 λ_1、λ_2 变化的规律服从同一函数关系，则表9.2中第1、2、3、7、9、10、13号观测站的 F 值即是单向非充分采动下的 $\overline{F}(\overline{\lambda}_1)$（表中带 * 号的数字）。

分析表9.2可知，$\overline{F}(0.233) = 0.097$，而 $\overline{F}(0.299) = 1.025$，其他的 λ_1 取值在0.30以上时，对应的 $\overline{F}(\overline{\lambda}_1)$ 值均大于或接近于1.0。因此，试将 $\lambda_1 = 0.30$ 视为临界深宽比，当 $\lambda_1 > 0.30$ 时，取 $\overline{F}(\overline{\lambda}_1) = 1.0$。显然，当 $\lambda_2 > 0.30$ 时，也可取 $\overline{F}(\overline{\lambda}_2) =$

1.0，而表 9.2 中所有 λ_2 值均大于 0.30，表明全部观测站 $\overline{F}(\overline{\lambda_2})=1$，由此可得各测站对应的 $\overline{F}(\overline{\lambda_1})$。为了分析 $\overline{F}(\overline{\lambda_1})$ 所服从的分布规律，根据表 9.2 中宽深比 λ_1 和下沉模式参数 $\overline{F}(\overline{\lambda_1})$，绘出 λ_1 和 $\overline{F}(\overline{\lambda_1})$ 的分布散点图，如图 9.1 所示。

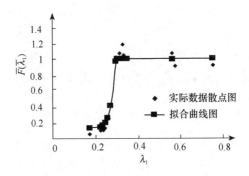

图 9.1　λ_1 和 $\overline{F}(\overline{\lambda_1})$ 的实际下沉模式参数散点分布及拟合曲线图

从图 9.1 看出，当 $\lambda_1 \geqslant 0.3$ 时，$\overline{F}(\overline{\lambda_1})$ 全部接近于 1.0。可见将 $\lambda_1 = 0.30$ 视为临界深宽比是合适的。对于 11～16 号 6 个特殊开采条件的观测站，其宽深比 $\lambda_1 < 0.30$。从图 9.1 可知，其分布为变化很陡的曲线。设非线性回归方程为

$$\overline{F}(\overline{\lambda_1}) = (a \cdot \lambda_1)^n + c \tag{9.4}$$

当宽深比 $\lambda_1 \leqslant 0.15$ 时可视为条带开采，假定条带开采的地表下沉系数为 0.1，相同条件下充分开采下沉系数为 0.83，则可确定条带开采的下沉模式影响参数最小为 0.12，而 $\lambda_1 = 0.30$ 时对应的下沉模式影响参数为 1.0。在此条件下应用最小二乘原理确定系数 $a = 3.3$，$n = 12$，$c = 0.12$。将其代入式（9.4）并整理得

$$F(\lambda_1) = (3.3 \times \lambda_1)^{12} + 0.12 \tag{9.5}$$

$F(\lambda_2)$ 的形式与 $F(\lambda_1)$ 完全相同。因此，当 $\lambda_1 \geqslant 0.3$ 或 $\lambda_2 \geqslant 0.3$ 时，取 $F(\lambda_1) = 1.0$，或 $F(\lambda_2) = 1.0$，此时地表下沉为断裂型下沉模式。

当 $\lambda_1 < 0.3$ 或 $\lambda_2 < 0.3$ 时，$F(\lambda_1)$、$F(\lambda_2)$ 随宽深比 λ_1、λ_2 减小而显著变小，其经验公式见式（9.5）。其值越小，地表越易于形成弯曲型下沉模式。

采用式（9.1）和式（9.5）计算特殊工作面开采条件下的地表最大下沉预计值，结果见表 9.3。

表 9.3　特殊工作面开采地表最大下沉预计值与实测值对比

测站名称	倾向宽深比 λ_1	走向宽深比 λ_2	下沉模式参数 $F(\lambda_1)$	下沉模式参数 $F(\lambda_2)$	预计最大下沉 W_0/mm	实测最大下沉 $\overline{W_0}$/mm	预计偏差 ΔW/mm
T2200	0.273	0.727	0.436	1.0	157	157	0
Y618	0.257	0.851	0.325	1.0	191	192	−1
S4342	0.233	1.357	0.192	1.0	66	40	+26
W2103Ⅶ	0.244	0.356	0.244	1.0	124	77	+49
Y636	0.225	0.702	0.167	1.0	83	55	+28
Y2205	0.171	0.444	0.106	1.0	93	41	+52

表9.3中六个特殊工作面开采中，最大下沉值预计平均误差为43mm，中误差为66mm，这说明式（9.1）适用于特殊工作面开采条件的地表最大下沉量预计。

9.2　非连续长壁开采地表沉陷的数值分析

采用FLAC3D计算机数值模拟软件分析非连续开采条件下地表沉陷及变形破坏的特征。在采厚和基岩综合硬度不变的条件下，分析覆岩中的土岩比、工作面倾斜长度、工作面推进距离与地表移动变形之间的关系；研究地表破坏的临界开采宽度及工作面间隔煤柱宽度与地表移动变形的关系；确定在地表破坏等级不大于Ⅰ级时的最佳工作面长度。

9.2.1　数值计算模型

以铜川矿区某矿下山采区地质采矿条件建立计算模型。据钻孔资料揭露采区范围内黄土层覆盖厚度为60～165m，煤层上覆基岩厚度为254～485m，上覆地层总厚度为314～650m。区内地层岩性及厚度特征概括如表9.4所示。

表9.4　研究区覆岩厚度与岩性特征

地层名称	代号	地层厚度/m		岩性描述
		变化范围	平均	
第四系	Q	60～165		黄土
石千峰组	P_2^2	50～110	60	紫红色砂岩、粉砂岩及泥岩
上石盒子组	P_2^1	97～149	115	灰绿色砂泥岩及粉砂岩互层
下石盒子组	P_1^2	75～118	95	灰色砂、粉砂岩及泥岩互层
山西组	P_1^1	30～70	40	砂、泥岩互层，夹可采煤层
太原组	C_{3t}	2～38		泥岩为主，夹主要可采煤层
主采煤层	5—2#	0.4～5.72	2.2	2m

注：以上资料根据金华山66号钻孔及鸭口872号钻孔数据综合。

针对上述地质采矿条件建模，共构建13个计算模型，见表9.5。

表9.5　计算机数值模拟计算模型

序号	模型代号	H_0/m (300～650)	$h_土$/m (60～165)	$H_岩$/m (235～485)	土岩比 (0.14～0.70)
1	Ⅰ-1	300	60	240	0.25
2	Ⅱ-1		60	340	0.18
3	Ⅱ-2		90	310	0.29
4	Ⅱ-3	400	130	270	0.48
5	Ⅱ-4		165	235	0.70

续表

序号	模型代号	H_0/m (300～650)	$h_土/m$ (60～165)	$H_岩/m$ (235～485)	土岩比 (0.14～0.70)
6	Ⅲ-1		60	440	0.14
7	Ⅲ-2	500	90	410	0.22
8	Ⅲ-3		130	370	0.35
9	Ⅲ-4		165	335	0.49
10	Ⅳ-1	600	130	470	0.28
11	Ⅳ-2		165	435	0.38
12	Ⅴ-1	650	165	485	0.34
13	Ⅵ	450	80	370	0.22

各模型开采厚度为2m、煤层倾角为0°、基岩综合硬度为普氏系数 $f=4.8$，均保持不变。模型变量及其变化范围如下：

模型Ⅰ～Ⅴ：采深 300～650m；黄土层厚度 60～165m；基岩厚度 235～485m；工作面倾斜长度 70～160m；工作面推进距离 200～600m。

模型Ⅵ：采深 450m，黄土层厚度 80m，基岩厚度 370m，工作面倾斜长度 80m 左右，工作面推进距离 300m 左右。该模型为模拟计算重点。

9.2.2　计算结果及其分析

表9.6汇总了模型Ⅰ～Ⅴ的计算机数值模拟成果，反映了不同采深、不同土岩比、不同采空区范围所对应的地表最大下沉值和水平移动值。模型Ⅵ主要模拟具有大采深、小采高、小工作面特征的特殊工作面开采条件。表9.7汇总了该模型在工作面倾斜长度分别为70m、80m、90m，工作面推进距离分别为280m、290m、300m、310m和320m时所对应的地表最大下沉值和水平移动值。

1. 采深与地表最大下沉值的关系

模型Ⅰ～Ⅴ的采深从300m增加到650m。取土岩比大体相当、采空区面积为 100m×300m 的子模型实验数据，得到采深与地表最大下沉值的关系数据见表9.8。据此作采深与地表最大下沉值关系散点图，如图9.2所示。可见，在土岩比、采宽、

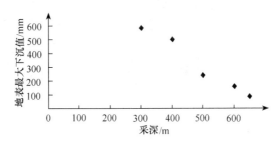

图9.2　开采深度与地表最大下沉值的关系散点图

采长、采高大体相当的情况下，地表最大下沉值与采深近似线性相关，采深愈大时，地表最大下沉值愈小。

表 9.6　计算机数值模拟试验成果汇总表（模型 Ⅰ～Ⅴ）

采厚	2m	工作面推进距离/m									
基岩综合硬度	4.8	200		300		400		500		600	
		地表最大移动值/mm									
模型代号	工作面倾斜长度/m	下沉	水平移动	下沉	水平移动	下沉	水平移动	下沉	水平移动	下沉	水平移动
Ⅰ-1	70	80.7	34.9	440.9	176.4	560.2	212.9	820.7	401.4	875.3	241.4
	100	170.5	63.7	580.4	242.2	714.6	251.5	1158.8	485.2	—	—
	130	220.3	95.2	683.3	273.3	893.7	339.6	—	—	—	—
	160	310.5	124.2	923.3	369.3	—	—	—	—	—	—
Ⅱ-1	70	57.4	24.8	333.6	133.4	393.6	149.6	436.6	190.4	469.2	219.5
	100	75.6	32.7	440.0	206.0	562.0	213.9	636.6	257.6	—	—
	130	112.5	50.6	526.6	210.6	609.2	231.5	—	—	—	—
	160	129.2	55.8	787.4	315.0	—	—	—	—	—	—
Ⅱ-2	70	60.7	26.2	355.0	82.0	425.3	141.6	546.2	228.1	—	—
	100	95.6	31.3	500.2	120.0	638.0	242.4	660.0	287.8	—	—
	130	110.6	37.8	584.8	133.9	635.2	241.4	—	—	—	—
	160	184.4	79.7	866.4	346.6	—	—	—	—	—	—
Ⅱ-3	70	64.2	27.8	399.0	159.6	441.8	167.9	587.2	256.0	—	—
	100	104.4	45.1	473.4	189.4	657.4	249.8	684.6	298.5	—	—
	130	115.0	49.7	601.6	240.6	781.6	297.0	—	—	—	—
	160	208.0	89.9	885.2	354.1	—	—	—	—	—	—
Ⅱ-4	70	70.8	30.6	421.8	168.7	557.8	212.0	605.6	264.0	625.8	241.7
	100	112.2	48.5	521.4	208.6	700.0	266.0	730.6	308.5	—	—
	130	134.4	58.1	610.8	224.3	802.0	304.8	—	—	—	—
	160	212.0	81.6	900.8	370.3	—	—	—	—	—	—
Ⅲ-1	70	12.8	5.5	16.4	6.6	74.4	28.3	196.1	85.7	210.8	83.5
	100	20.4	8.8	218.0	87.2	218.0	82.8	237.4	103.5	—	—
	130	25.2	10.9	222.0	80.8	364.6	138.5	—	—	—	—
	160	228.6	88.8	482.0	192.8	—	—	—	—	—	—

续表

采厚	2m	工作面推进距离/m									
基岩综合硬度	4.8	200		300		400		500		600	
		地表最大移动值/mm									
模型代号	工作面倾斜长度/m	下沉	水平移动	下沉	水平移动	下沉	水平移动	下沉	水平移动	下沉	水平移动
Ⅲ-2	70	16.8	7.3	124.2	49.7	242.6	92.2	323.8	141.2	341.4	147.0
	100	33.4	14.4	238.2	95.3	373.0	141.7	499.6	217.8	—	—
	130	103.4	34.7	410.2	154.1	598.0	227.2	—	—	—	—
	160	309.2	113.7	618.6	247.4	—	—	—	—	—	—
Ⅲ-3	70	18.4	8.0	148.0	59.2	254.4	96.7	378.0	164.8		
	100	83.2	36.0	307.4	123.0	471.0	179.0	663.0	289.1	—	—
	130	137.4	59.4	422.0	168.8	657.2	249.7	—	—	—	—
	160	322.0	139.2	630.2	252.0	—	—	—	—	—	—
Ⅲ-4	70	40.5	12.3	183.8	73.5	299.4	113.8	441.2	172.4	—	—
	100	91.3	38.9	312.0	124.8	383.4	145.7	826.8	360.5	—	—
	130	171.4	74.1	467.2	186.9	784.0	297.9	—	—	—	—
	160	354.0	143.0	625.6	250.2	—	—	—	—	—	—
Ⅳ-1	70	14.6	6.3	49.5	19.8	91.7	34.8	331.9	104.7	352.0	160.5
	100	28.3	12.2	159.5	63.8	232.7	88.4	481.3	209.8	—	—
	130	49.7	21.5	210.6	84.2	350.3	133.0	—	—	—	—
	160	129.9	66.2	419.3	167.7	—	—	—	—	—	—
Ⅳ-2	70	11.9	5.1	42.4	17.0	86.7	32.9	198.0	86.3	203.7	101.1
	100	23.7	10.2	110.1	44.0	142.8	54.3	334.3	105.8	—	—
	130	41.8	18.1	148.0	59.3	214.1	81.4	—	—	—	—
	160	115.1	49.8	375.0	150.5	—	—	—	—	—	—
Ⅴ-1	70	10	4.1	26.6	10.6	61.0	23.2	172.5	75.2	203.7	84.5
	100	11.2	4.8	88.7	35.5	129.3	49.1	295.5	128.8	—	—
	130	39.5	17.1	131.4	52.6	192.4	73.1	—	—	—	—
	160	100.6	43.2	257.9	103.2	—	—	—	—	—	—

表 9.7 计算机数值模拟试验成果汇总表（模型Ⅵ）

采厚	2m	工作面推进距离/m									
基岩综合硬度	4.8	280		290		300		310		320	
		地表最大移动值/mm									
模型代号	工作面倾斜长度/m	下沉	水平移动	下沉	水平移动	下沉	水平移动	下沉	水平移动	下沉	水平移动
Ⅵ	70	75	29	96	31	155	66	178	64	194	69
	80	102	35	161	53	188	67	201	71	228	75
	90	116	36	213	72	289	91	295	94	311	102

表 9.8　采深与地表最大下沉值的关系实验数据

序号	模型代号	H_0/m	$h_土$/m	$H_岩$/m	土岩比	地表最大下沉值/mm
1	Ⅰ-1	300	60	240	0.25	580.4
3	Ⅱ-2	400	90	310	0.29	500.2
7	Ⅲ-2	500	90	410	0.22	238.2
10	Ⅳ-1	600	130	470	0.28	159.5
12	Ⅴ-1	650	165	485	0.34	88.7

2. 采空区宽度与地表最大下沉值的关系

模型Ⅱ-2采深400m，土层厚度90m、基岩层厚度310m。其采空区宽度与地表最大下沉值关系模拟数据见表9.9。从采空区宽度与地表最大下沉值散点图（图9.3）可见，在土层厚度、开采长度和开采厚度一定的情况下，采空区宽度与地表最大下沉值呈明显的正相关关系。

表 9.9　采空区宽度与地表下沉值关系实验数据

模型代号	采空区长度/m	采空区宽度/m	地表最大下沉值/mm
Ⅱ-2 （$H_土$=90m，$H_岩$=310m）	300	70	355.0
		100	500.2
		130	584.8
		160	866.4

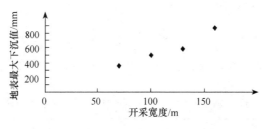

图9.3　采空区宽度与地表最大下沉值关系散点图

3. 采空区长度与地表最大下沉值的关系

仍以模型Ⅱ-2（采深400m，土层厚度90m，基岩层厚度310m）为例，研究采空区宽度为100m时，其采空区长度与地表最大下沉值的关系。模拟计算数据见表9.10。

表 9.10　采空区长度与地表最大下沉值关系实验数据

模 型 代 号	采空区宽度/m	采空区长度/m	地表最大下沉值/mm
II-2 ($H_土 = 90m$, $H_岩 = 310m$)	100	200	95.6
		300	500.2
		400	638.0
		500	660.0

从采空区长度与地表最大下沉值散点图（图 9.4）可见，在土层厚度、开采宽度和开采厚度一定的情况下，采空区长度与地表最大下沉值呈明显的正相关关系。

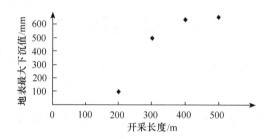

图 9.4　采空区长度与地表最大下沉值关系散点图

尤其值得注意的是，当采空区长度在 200m 左右时，地表下沉很小，最大下沉系数仅为 0.05；当采空区长度达到 300m 以上时，地表最大下沉值突然增大，最大下沉系数达 0.25 以上；当采空区长度为 500m 时，地表最大下沉系数达 0.33。

4. 覆岩土岩比与地表最大下沉值的关系

在采深不变的条件下，随着土层厚度的增加，基岩层厚度减小，煤层覆岩的土岩比增大。模型 III 采空区宽度 100m，长度 300m 时的实验数据见表 9.11。

表 9.11　覆岩土岩比与地表最大下沉值的关系实验数据

序号	模型代号	H_0/m	$h_土$/m	$H_岩$/m	土岩比	地表最大下沉值/mm
6	III-1	500	60	440	0.14	218.0
7	III-2		90	410	0.22	238.2
8	III-3		130	370	0.35	307.4
9	III-4		165	335	0.49	312.0

从覆岩土岩比与地表最大下沉值的关系散点图（图9.5）可见，在采深、采高、采长、采宽一定的情况下，覆岩中土层厚度愈大，基岩层厚度愈小，开采后地表的最大下沉值愈大。

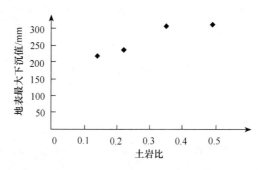

图9.5　覆岩土岩比与地表最大下沉值的关系散点

5. 地表最大下沉系数分析

记 D_1 为采空区宽度，D_2 为采空区长度。在不同地质、开采条件下，地表最大下沉值和下沉系数见表9.12。

表 9.12　各模型在不同开采条件下的地表最大下沉系数数值试验数据

采厚	2m	工作面推进距离 D_2/m									
基岩综合硬度	4.8	200		300		400		500		600	
		地表最大下沉值 W_0 和下沉系数 q									
模型	D_1/m	W_0/mm	q	W_0/mm	q	W_0/mm	q	W_0/mm	q	W_0/mm	q
I-1 (60+240)	70	80.7	0.04	440.9	0.22	560.2	0.28	820.7	0.41	—	—
	100	170.5	0.08	580.4	0.29	714.6	0.36	—	—	—	—
	130	220.3	0.11	683.3	0.34	—	—	—	—	—	—
	160	310.5	0.15	923.3	0.46	—	—	—	—	—	—
II-1 (60+340)	70	57.4	0.03	333.6	0.17	393.6	0.20	436.6	0.22	—	—
	100	75.6	0.04	440.0	0.22	562.0	0.28	636.6	0.32	—	—
	130	112.5	0.05	526.6	0.26	609.2	0.30	—	—	—	—
	160	129.2	0.06	787.4	0.39	—	—	—	—	—	—
II-2 (90+310)	70	60.7	0.03	355.0	0.18	425.3	0.21	546.2	0.27	—	—
	100	95.6	0.05	500.0	0.25	638.0	0.32	—	—	—	—
	130	110.6	0.05	584.8	0.29	—	—	—	—	—	—
	160	184.4	0.09	866.4	0.43	—	—	—	—	—	—

采厚	2m	工作面推进距离 D_2/m									
基岩综 合硬度	4.8	200		300		400		500		600	
模型	D_1/m	W_0/mm	q	W_0/mm	q	W_0/mm	q	W_0/mm	q	W_0/mm	q
Ⅱ-3 (130+270)	70	64.2	0.03	399.0	0.20	441.8	0.22	587.2	0.29	—	
	100	104.4	0.05	473.4	0.24	657.4	0.33	—		—	—
	130	115.0	0.06	601.6	0.30	—		—		—	—
	160	208.0	0.10	885.2	0.44	—		—		—	—
Ⅱ-4 (165+235)	70	70.8	0.03	421.8	0.21	557.8	0.28	605.6	0.30	—	
	100	112.2	0.05	521.4	0.26	700.0	0.35	—		—	—
	130	134.4	0.07	610.8	0.30	—		—		—	—
	160	212.0	0.10	900.8	0.45	—		—		—	—
Ⅲ-1 (60+440)	70	12.8	0.01	16.4	0.01	74.4	0.04	196.6	0.10	210.8	0.105
	100	20.4	0.01	218.0	0.11	218.0	0.11	237.4	0.12	—	—
	130	25.2	0.01	222.0	0.11	364.6	0.17	—		—	—
	160	228.6	0.11	482.0	0.24	—		—		—	—
Ⅲ-2 (90+410)	70	16.8	0.01	124.2	0.06	242.6	0.12	323.8	0.162	341.4	0.17
	100	33.4	0.02	238.2	0.11	373.0	0.19	499.6	0.25	—	—
	130	103.4	0.05	410.2	0.21	598.0	0.30	—		—	—
	160	309.2	0.16	618.6	0.31	—		—		—	—
Ⅲ-3 (130+370)	70	18.4	0.01	148.0	0.07	254.4	0.13	378.0	0.19		
	100	83.2	0.04	307.4	0.15	471.0	0.23	663.0	0.33	—	—
	130	137.4	0.07	422.0	0.21	657.2	0.33	—		—	—
	160	322.0	0.16	630.2	0.32	—		—		—	—
Ⅲ-4 (165+335)	70	40.5	0.02	183.8	0.09	299.4	0.15	441.2	0.22		
	100	91.3	0.05	312.0	0.16	383.4	0.19	826.8	0.41	—	—
	130	171.4	0.08	467.2	0.23	784.0	0.39	—		—	—
	160	354.0	0.17	625.6	0.31	—		—		—	—
Ⅳ-1 (130+470)	70	14.6	0.01	49.5	0.02	91.7	0.046	331.9	0.16	352.0	0.17
	100	28.3	0.01	159.5	0.08	232.7	0.116	481.3	0.24	—	—
	130	49.7	0.02	210.6	0.11	350.3	0.175	—		—	—
	160	129.9	0.06	419.3	0.21	—		—		—	—
Ⅳ-2 (165+435)	70	11.9	0.01	42.4	0.02	86.7	0.043	198.0	0.10	203.7	0.11
	100	23.7	0.01	110.1	0.05	142.8	0.071	334.3	0.17	—	—
	130	41.8	0.02	148.3	0.07	214.1	0.107	—		—	—
	160	115.1	0.06	375.0	0.19	—		—		—	—

采厚	2m	工作面推进距离 D_2/m									
基岩综	4.8	200		300		400		500		600	
合硬度		地表最大下沉值 W_0 和下沉系数 q									
模型	D_1/m	W_0/mm	q	W_0/mm	q	W_0/mm	q	W_0/mm	q	W_0/mm	q
V-1 (165+485)	70	10	0.01	26.6	0.01	61.0	0.030	172.5	0.08	203.7	0.10
	100	11.2	0.01	88.7	0.04	129.3	0.065	295.5	0.15	—	—
	130	39.5	0.02	131.4	0.07	192.4	0.096	—	—	—	—
	160	100.6	0.05	257.9	0.13	—	—	—	—	—	—

注：模型代号（土层厚度＋基岩层厚度）（m）。

从表 9.12 中可发现以下规律：

（1）在土岩比、采宽、采长大体相当的情况下，地表最大下沉系数随着采深的增加而减小，采深愈大，地表下沉系数愈小。

（2）在土层厚度、开采长度相同的情况下，地表下沉系数随着采空区加空而变大，工作面愈宽，地表最大下沉系数愈大。

（3）在土层厚度、开采宽度相同的情况下，地表下沉系数随着随着采空区加长而增加，即工作面推进距离愈长，地表下沉系数愈大。

（4）在其他因素相同的条件下，地表下沉系数随着覆岩中土层的加厚而增大，或者说随着覆岩中基岩层的加厚而减小。

9.3　非连续长壁工作面安全开采尺寸的确定

9.3.1　影响地表变形破坏程度的参数指标

分析陕西黄土覆盖矿区的实际资料表明，决定地表变形破坏程度的主要参数为深厚比 R_0、采动程度系数 n、宽深比 λ_1 和初长比 τ 四个指标，其中：

深厚比

$$R_0 = H_0/M \tag{9.6}$$

采动程度系数

$$n = n_1 \times n_2 \tag{9.7}$$

宽深比

$$\lambda_1 = D_1/H_0 \tag{9.8}$$

式中各符号的含义与式（9.2）相同。初长比 τ 的计算公式如下

$$\tau = S_0/S_1 \tag{9.9}$$

式中 S_0 定义为初始开采面积，即地表开始移动（下沉量等于 10mm）时对应的开采面积；而 S_1 为实际开采面积，$S_1 = D_2 \times D_1$。

各观测站参数与地表破坏等级（J_0）的实测资料列于表 9.13。

表 9.13　各观测站地表破坏等级与相关参数

观测站	最大下沉值 W_0/mm	采深 H_0/m	深厚比 R_0	采动系数 n	宽深比 λ_1	初长比 τ	综合系数 f_0	破坏等级 J_0
Y905	1326	181.8	94	0.72	0.56	0.17	25.2	>Ⅳ级
W291	1262	455	228	0.52	0.33	0.58	1.3	Ⅲ级
D508	1645	180	75	0.83	0.76	0.07	120.2	>Ⅳ级
S262	451	284	206	0.39	0.35	0.72	0.9	>Ⅱ级
L2157	780	314	150	0.45	0.32	0.36	2.7	>Ⅲ级
L2405	700	155	85	0.50	0.58	0.46	7.4	>Ⅳ级
W2502	1505	442	158	0.54	0.35	0.23	5.2	>Ⅳ级
H102	700	135	104	0.55	0.35	0.45	3.9	>Ⅱ级
H103	567	134	122	0.53	0.30	0.32	4.1	Ⅱ级
W2103	1056	365	182.5	0.69	0.58	—	—	
T2200	157	300	250	0.38	0.27	0.82	0.5	Ⅰ级
Y618	192	370	191	0.41	0.26	0.69	0.8	<Ⅰ级
S4342	40	258	215	0.44	0.23	0.58	0.8	<Ⅰ级
W2103Ⅶ	77	450	225	0.24	0.24	1.71	0.1	<Ⅰ级
Y636	55	356	178	0.34	0.23	0.99	0.4	<Ⅰ级
Y2205	40	495	247.5	0.23	0.17	—	—	<Ⅰ级

分析表 9.13 中的数据可见：

（1）地表破坏等级与深厚比反相关。深厚比越小时，地表破坏等级越大。

（2）地表破坏等级与采动程度系数正相关。采动程度越低时，地表破坏越小。

（3）宽深比 λ_1 是控制地表下沉模式和破坏程度的主要参数，λ_1 越小，地表破坏等级越低。表 9.13 中 $\lambda_1 < 0.26$ 的几个站地表破坏等级全部小于Ⅰ级，处于安全开采水平，而 λ_1 较大的破坏等级也高。

（4）初长比 τ 是控制地表最大下沉速度和动态移动量的主要参数，τ 值与地表破坏等级反相关，其值越大表示地表动态变形发展越不充分，破坏等级越低。

根据上述参数与地表破坏程度之间的相关性，定义开采影响综合系数为

$$f_0 = 1000 \cdot n \cdot \lambda_1 / R_0 / \tau \tag{9.10}$$

将上述系数作为衡量地质采矿因素对地表破坏程度的综合指标（见表 9.12）。表中 $f_0 < 0.8$ 的几个观测站地表破坏等级全部小于Ⅰ级。这表明开采影响综合系数 f_0 可近似作为划分地表破坏等级的定量指标。

根据初长比 τ 的计算式（9.9）可知，当实际开采面积 S_1 小于初始面积 S_0（即 $\tau \geqslant 1.0$）时，意味着地表刚形成初始移动盆地即停止工作面开采，此时地表移动不存在活跃期。实测数据显示，τ 略小于 0.9 的观测站地表破坏等级仍然小于Ⅰ级，属于安全开采范围。

表 9.13 中数据显示，当宽深比 $\lambda_1 < 0.26$ 时可保证地表破坏等级小于 I 级，处于安全开采水平。另外，深厚比 R_0 也是控制地表采动破坏的指标。根据开采沉陷理论，只要 $R_0 \geqslant 150$，即可保证采厚因素不致对地表破坏程度起控制作用。

9.3.2 非连续长壁工作面安全开采的必要条件

综上分析，若要保证开采后地表破坏程度小于 I 级，则采厚 M、采空区宽度 D_1、采空区长度 D_2 必须同时满足下列条件

$$\left.\begin{array}{l} M \leqslant H_0/150 \\ D_1 \leqslant 0.26 \times H_0 \\ D_2 \leqslant 1.1 \times S_0/D_1 \end{array}\right\} \tag{9.11}$$

式中初始开采面积的经验公式为 $S_0 = (7.88 \times H_{\pm} + 21.85 \times H_{岩} + 0.104 H_0^2)$。

按建筑物下安全开采的要求，利用式（9.11）对黄土覆盖矿区部分有岩移观测记录的工作面进行反演，得到如表 9.14 所列安全开采尺寸。这表明，如果按表 9.14 中确定的安全开采尺寸进行开采，可使地表移动变形大大减小，地表破坏等级不超过 I 级。

表 9.14 各观测站安全开采尺寸与最大下沉值预计结果

站名	采深/m	采厚/m	安全开采尺寸/m		采动程度系数			预计最大下沉量/m	预计下沉系数	预计破坏等级
			倾向	走向	n_1	n_2	n			
Y905	182	1.94	47	137	0.24	0.69	0.41	199	0.10	
W291	455	2.0	118	285	0.21	0.52	0.33	251	0.13	
D508	180	2.4	47	138	0.24	0.70	0.41	246	0.10	
S262	284	1.38	74	201	0.22	0.61	0.37	117	0.08	
L2157	314	2.1	82	226	0.21	0.59	0.35	162	0.08	
L2405	155	1.83	40	157	0.21	0.82	0.42	165	0.09	
W2502	442	2.8	115	282	0.21	0.52	0.33	326	0.12	
H102	135	1.3	35	104	0.25	0.74	0.43	149	0.11	≤ I 级
H103	134	1.1	35	106	0.25	0.75	0.43	126	0.11	
W2103	365	2.0	95	242	0.22	0.55	0.35	169	0.08	
T2200	300	1.2	78	207	0.22	0.59	0.36	102	0.09	
Y618	370	1.94	96	234	0.23	0.55	0.35	181	0.09	
S4342	258	1.2	67	199	0.21	0.64	0.37	98	0.08	
W2103Ⅶ	450	2.0	117	283	0.21	0.52	0.33	246	0.12	
Y636	356	2.0	93	235	0.22	0.56	0.35	166	0.08	
Y2205	495	2.0	129	295	0.22	0.51	0.33	308	0.15	

从表 9.14 可见，如果满足式（9.11）规定的各项开采条件，各工作面开采后的地表最大下沉值预计在 100～300mm。随着采深的增加，下沉值有所增大，但与此同时地表移动盆地范围也将增大，使地表破坏程度减缓，仍处于安全临界值范围以内。例如，铜川矿区的 6 个特殊开采工作面，其地表观测站实测的下沉系数均不超过 0.131，地表建筑物实际破坏等级全部小于 I 级。这表明在类似地质采矿条件下，采用式（9.11）来确定采空区空间规模的大小，基本可建筑物下安全开采。

应该指出，随着开采深度的增大，开采对地表的影响范围也在增大。即使地表下沉系数超过了 0.13，地表破坏程度仍然可能在 I 级以内。

9.3.3　非连续工作面安全开采长度计算实例

以计算机数值计算模型 Ⅵ 为实例。该模型采深 450m，土层厚度 80m，基岩厚度 370m，采厚 2m，工作面长度为 80m。

按式（9.11）可计算出 $S_0 = 29775\text{m}^2$。要求同时满足公式（9.11）中的三个条件时，工作面推进的安全开采临界长度 $D_2 \leqslant 409\text{m}$。因此，取工作面宽度 $D_1 = 80\text{m}$，工作面长度 $D_2 = 400\text{m}$。

单一工作面尺寸 $400\text{m} \times 80\text{m} \times 2\text{m}$ 属于特殊工作面开采条件，按式（9.1）计算地表最大下沉量 $W_{\max}$

$$W_{\max} = M \times q \times \cos\alpha \times [(K_1 \cdot H_{\pm} + K_2 \cdot H_{岩})/H_0]$$
$$\cdot \sqrt{(D_1/H_0) \cdot (D_2/H_0)} \cdot F(\lambda_1) \cdot F(\lambda_2)$$

式中充分开采下沉系数 $q = 0.81$；特征参数 $K_1 = 1.65$、$K_2 = 1.32$；宽深比 $\lambda_1 = 0.18$，$\lambda_2 = 0.89$，则下沉模式影响参数 $F(\lambda_1) = 0.122$，$F(\lambda_2) = 1.0$。由上式计算得 $W_{\max} = 108\text{mm}$，地表下沉系数的估算值为 0.054。

由于非充分采动条件下最大变形值在倾向方向一般大于走向方向，下面仅预计倾向下山方向的最大变形值。

根据第六章的预计式（6.37）～式（6.40）计算该工作面开采地表最大变形值，列于表 9.15。

表 9.15　特殊工作面开采条件下的地表最大变形值

采深 H_0/m	土层厚度 $H_{\pm}$/m	岩层厚度 $H_{岩}$/m	特性参数		
			V_j	V_t	f_j
450	80	370	9.0	5.0	0.05
水平移动系数 b	最大下沉值 W_0/mm	最大倾斜 i_0/(mm/m)	最大曲率 k_0/($\times 10^{-3}$/m)	最大水平移动 U_0/mm	最大水平变形 ε_0/(mm/m)
0.30	108	0.85	0.0098	35	0.41

表 9.15 中地表最大变形指标均在"三下"开采规程规定的 I 级变形临界值

之内，满足建筑物下安全开采对地表移动变形的要求。

9.4　非连续长壁工作面间隔煤柱宽度的确定

在正常地质采矿条件下，长壁工作面推进距离一般达到 800m 以上。通过设置工作面间隔煤柱（也称为中心煤柱），使之形成非连续长壁工作面开采条件。这样，将长壁工作面一分为几、使连续开采面积不大于安全开采尺寸的限制，保证开采后地表破坏等级不大于 I 级。

留设间隔煤柱的宽度应满足两个条件：一是所留设的煤柱宽度应保证煤柱本身有足够的长期稳定性；二是由煤柱隔开的两相邻工作面开采对于地表移动无明显的叠加影响。

9.4.1　煤柱宽度的理论计算

留设工作面间隔煤柱时，其极限载荷和煤柱实际承受的载荷通常按威尔逊理论计算。由于长方形煤柱两侧采空区尺寸达 400m，大于 $0.3H_0$，极限载荷和煤柱实际承受的载荷采用下式计算

$$P' = 39.2\gamma \cdot H_0 [a \cdot L - 4.92 \cdot (a+L) \cdot M \cdot H_0 \times 10^{-3} + 32.28M^2 H_0^2 \times 10^{-6}]$$

(9.12)

$$P = 9.8\gamma \cdot H_0 \cdot [a + 0.3 \cdot H_0] \cdot L \qquad (9.13)$$

式中：P'——煤柱所能承受的极限载荷；

P——煤柱实际承受的载荷；

H_0——采深，450m；

M——采厚，2.0m；

γ——上覆岩层的平均密度；

a——煤柱宽度；

L——煤柱长度，80m。

设煤柱安全系数为 k，令 $P' = k \cdot P$，即可确定间隔煤柱的安全宽度 a。以计算机数值计算模型为例，分别取 $k = 1.0 \sim 1.5$ 时，工作面间隔煤柱宽度计算结果见表 9.16。

表 9.16　非连续长壁工作面间隔煤柱宽度的理论计算结果

安全系数 k 值	1.0	1.1	1.2	1.3	1.4	1.5
间隔煤柱宽度 a 值/m	54	61	69	77	86	96

从煤柱的长期稳定性考虑，间隔煤柱设计应保留一定的安全系数，若取 $k = 1.2$，则间隔煤柱宽度 a 应为 70m。

9.4.2　间隔煤柱宽度的数值计算

采用数值计算方法来分析具有间隔煤柱的非连续长壁工作面开采后,地表移动变形的叠加影响特征,并验算间隔煤柱的稳定性。

按下列参数建立计算机数值计算模型:采深 450m,土层厚度 80m,基岩厚度 370m,采高 2m,工作面长度 80m,工作面推进距离为 400m。

利用该模型参数进行间隔煤柱宽度数值模拟计算,结果如表 9.17 所示。

表 9.17　间隔煤柱宽度的数值模拟计算结果

采深/m	采厚/m	采宽/m	采长(煤柱)采长/m	最大下沉 W_0/mm	煤柱破坏情况
450	2	80	400(60)400	350	局部
450	2	80	400(70)400	282	局部
450	2	80	400(80)400	198	局部

数值计算表明,当间隔煤柱宽度为 70m 时,相应的地表下沉值为 282mm,其下沉系数为 0.14,基本符合前面的安全开采要求。该条件下地表最大变形值计算结果见表 9.18。

表 9.18　地表主剖面上移动变形值数值计算结果

水平移动系数 b	最大下沉值 W_0/mm	最大倾斜值 i_0/(mm/m)	最大曲率值 k_0/($\times 10^{-3}$/m)	最大水平移动 U_0/mm	最大水平变形 ε_0/(mm/m)
0.30	282	1.4	0.018	94	0.9

表 9.18 中的各项变形值均小于"三下"开采规范中规定的地表建筑物 Ⅰ 级破坏临界值,表明在计算模型的开采条件下,当非连续长壁工作面的开采宽度为 80m、长度为 400m、间隔煤柱为 70m 时,既可保证所留煤柱的长期稳定性,又可控制地表沉陷变形值在建筑物可承受范围内,可实现建筑物下安全开采。

9.5　非连续长壁开采覆岩破坏高度的确定

目前,应用计算机数值模拟技术判断煤层覆岩破坏范围的方法主要有塑性区分析法和应力分析法。前者根据塑性区范围判断煤层覆岩的破坏范围;后者根据覆岩中各点的应力状态判断该点是否发生破坏。这两种方法的实质都是利用数值分析软件计算出覆岩内各点的应力或应变,按一定的强度准则和屈服准则判断其是否达到破坏极限。

数值计算中采用最大拉应力理论和 Mohr-Columb 准则,根据最大主应力、最小主应力、内摩擦角和黏聚力之间的关系确定覆岩发生剪切破坏的范围;根据

拉应力与岩体抗拉强度的关系确定覆岩拉张破坏范围。判断覆岩破坏与否时采用以下 Mohr-Coulomb 破坏准则

$$f_s = \sigma_1 - \sigma_3 N_\varphi + 2C \sqrt{N_\varphi} \tag{9.14}$$

$$f_t = \sigma_3 - \sigma_t \tag{9.15}$$

$$N_\varphi = (1 + \sin\varphi)(1 - \sin\varphi) \tag{9.16}$$

式中：σ_1、σ_3——最大和最小主应力；

c、φ——岩土的黏结力和内摩擦角；

σ_t——抗拉强度。当 $f_s = 0$ 时，材料将发生剪切破坏；当 $f_t = 0$ 时，材料将产生拉伸破坏。

根据上述原理，对模型Ⅵ（采深 450m，土层厚度 80m，基岩厚度 370m，基岩综合硬度 4.8，采厚 2m，煤层倾角 0°，工作面宽度 80m，工作面推进长度 300m）的覆岩破坏高度进行了计算机数值模拟。计算结果见表 9.19。

表 9.19 覆岩破坏高度的计算机数值试验结果

采空区宽度/m	采空区长度/m				
	280	290	300	310	320
	覆岩破坏高度/m				
70	27	34	42	50	61
80	48	54	60	70	72
90	55	62	68	73	75

9.6 黄土覆盖矿区地面保护煤柱留设方法

9.6.1 地表临界变形值与开采影响范围

目前，对于重要的建筑物仍采用留设煤柱的方法加以保护。常用的煤柱留设方法有垂直剖面法、垂线法和数字标高投影法等。这些方法的实质是通过移动角参数来划定保护煤柱边界。地表移动角参数是根据普通砖混结构建筑物所能承受的地表临界变形指标来确定。我国"三下"采煤规程中规定，用于确定移动角参数的一组地表临界变形指标为倾斜变形 $i_0 = 3\text{mm/m}$、曲率变形 $k_0 = 0.2 \times 10^{-3}/\text{m}$、水平变形 $\varepsilon_0 = 2\text{mm/m}$。在常规开采条件下，用本矿区实际资料获得的移动角参数来划定建筑物保护煤柱边界，一般能保证受护区域的开采影响控制在规范要求的临界变形指标之内。由于移动角的大小主要与覆岩特性和开采深度有关，而地表变形值则随煤层开采厚度和土层厚度而变化。因此，在厚煤层综放开采或黄土覆盖矿区的窑洞建筑物下，按常规移动角参数所划定的地表移动边界，其实际变形值可能远

大于受保护对象所能承受的临界变形指标，以至造成保护煤柱失效，类似实例在一些矿井时有发生。因此，在黄土覆盖矿区综放开采条件下，以地表临界变形指标直接作为划定工程保护煤柱边界更为安全[146]。

现有的垂直剖面法要求地面受护区域的边界线平行于煤层走向或倾向；而垂线法和数字标高投影法的原理和计算过程较为复杂，在应用上存在一定的局限

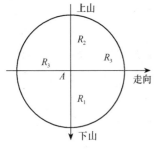

图 9.6　开采影响椭圆

性[146]。根据开采沉陷理论，在倾斜煤层条件下，引起地表点产生移动的地下开采范围可视为椭圆形区域。该椭圆由下山和上山方向两个不同半轴长度的半椭圆组成。因此，对于任意地表点，使该点免受开采有害影响的地下保护煤柱范围，同样可视为椭圆形区域，在椭圆区域以外的煤层开采后，该地表点的变形将在确定的临界变形指标以内，可将此椭圆称为该地表点的影响椭圆，如图 9.6 所示。

在图 9.6 中，任意地表点 A 处的影响椭圆由下山和上山方向两个半椭圆组成，其下山、上山和走向方向的半轴长度为 R_1、R_2、R_3，其取值均不同。

9.6.2　影响椭圆半轴长度的计算方法

1. 几何方法

利用解析几何方法得出影响椭圆半轴长度的计算公式。下面根据地表土层厚度是否均匀分两种情况讨论影响椭圆半轴长度的确定方法。

1）土层厚度均匀的情况

多数情况下的保护煤柱留设并不考虑土层厚度的变化。假定受护区域地势平坦，任意地表点 i 处土层厚度为 h，采深为 H_i。煤层倾角为 α，土层及基岩沿下山、上山和走向方向的移动角分别为 φ、β、γ、δ。该点处影响椭圆沿下山、上山和走向方向的半轴长度分别为 R_1、R_2、R_3。则过该点沿煤层走向和倾向作垂直剖面，如图 9.7 所示。根据图 9.7（a）、(b) 的几何关系确定影响椭圆半轴长度的计算公式

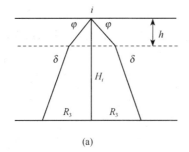
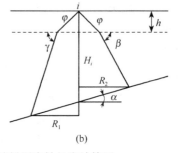

图 9.7　土层厚度均匀时影响椭圆半轴长度计算图

$$\begin{cases} R_1 = \dfrac{[H_i - h(1 - \tan\alpha\cot\varphi)]\cos\gamma\cos\alpha}{\sin(\gamma - \alpha)} + h\cot\varphi \\[2mm] R_2 = \dfrac{[H_i - h(1 + \tan\alpha\cot\varphi)]\cos\beta\cos\alpha}{\sin(\beta + \alpha)} + h\cot\varphi \\[2mm] R_3 = (H_i - h)\cot\delta + h\cot\varphi \end{cases} \quad (9.17)$$

2）表土层厚度变化较大的情况

假定受护区域地势平坦，土层厚度随基岩面起伏而变化。基岩面和煤层倾角均为 α，倾向一致。任意地表点 i 处土层厚度为 h，采深为 H_i。煤层倾角为 α，土层及基岩沿下山、上山和走向方向的移动角分别为 φ、β、γ、δ。该点处影响椭圆沿下山、上山和走向方向的半轴长度分别为 R_1、R_2、R_3。则过该点沿煤层走向和倾向作垂直剖面，见图 9.8。根据图 9.8 确定影响椭圆半轴长度计算公式

$$\begin{cases} R_1 = \dfrac{(H_i - h)\cos\gamma\cos\alpha}{\sin(\gamma - \alpha)} + \dfrac{h\cot\varphi\cos\alpha}{\sin(\varphi - \alpha)} \\[2mm] R_2 = \dfrac{(H_i - h)\cos\beta\cos\alpha}{\sin(\beta + \alpha)} + \dfrac{h\cot\varphi\cos\alpha}{\sin(\varphi + \alpha)} \\[2mm] R_3 = (H_i - h)\cot\delta + h\cot\varphi \end{cases} \quad (9.18)$$

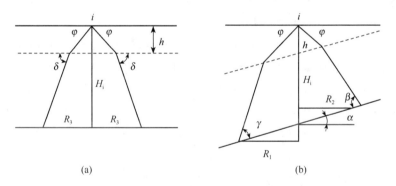

(a)　　　　　　　　　　　　　(b)

图 9.8　土层厚度不均匀时影响椭圆半轴长度计算图

2. 基于临界变形指标的方法

所谓影响椭圆半轴长度，是指半无限开采条件下沿煤层走向和倾向方向上，达到临界变形指标的地表点相对于开采边界的水平距离，用 x_j（$j=1$，2，3）分别表示沿下山、上山和走向上地表点相对于开采边界的位置坐标（在煤柱上方为负）。显然，地表点影响椭圆的下山方向相当于该点相对于开采边界的上山方向。因此，在走向方向上 $R_3 = -x_3$；在倾向方向上 $R_1 = -x_2$、$R_2 = -x_1$。

设地表受护边界点 A 的临界变形指标分别为 i_0、k_0、ε_0。选择合适的开采沉陷预计方法，可计算出对应于临界变形指标的开采边界位置（即确定 A 点的位

置坐标 x_j）。对于厚黄土层矿区，采用第六章建立的概率积分法分层预计模型来确定临界倾斜 i_0、曲率 k_0、水平变形 ε_0 与位置坐标 x_j 之间的数学关系。由于上述预计模型中的变形表达式非常复杂，通常采用计算机迭代法计算临界位置坐标 x_j。对于表土层较薄的一般矿区而言，可采用广泛应用的常规概率积分法建立临界倾斜 i_0、曲率 k_0、水平变形 ε_0 与位置坐标 x_j 之间的关系式

$$\begin{cases} i_0 = (q \cdot m \cdot \cos\alpha/r_j) \cdot \exp(-\pi \cdot z_j^2) \\ k_0 = (2\pi \cdot q \cdot m \cdot \cos\alpha \cdot z_j/r_j^2) \cdot \exp(-\pi \cdot z_j^2) \\ \varepsilon_0 = (2\pi \cdot b \cdot q \cdot m \cdot \cos\alpha \cdot z_j/r_j) \cdot \exp(-\pi \cdot z_j^2) \end{cases} \tag{9.19}$$

式中：m、α——开采厚度和煤层倾角；

　　　　q、b、r、s——概率积分法预计参数，分别为下沉系数、水平移动系数、主要影响半径、拐点偏距；

　　　　z_j——定义为临界无因次坐标，其表达式

$$z_j = (x_j - s_j)/r_j \tag{9.20}$$

式中 r_j 按下式计算

$$r_j = H/\tan\beta_j \tag{9.21}$$

式中：H——开采深度；

　　　　$\tan\beta_j$——主要影响角正切。

　　将确定的临界变形指标和相应的变形预计参数代入非线性方程式（9.19），采用计算机迭代法或查表法求解唯一的未知量 z_j。将其带入式（9.20）求出相应的临界位置坐标 x_j。由于按临界倾斜 i_0、曲率 k_0 和水平变形 ε_0 分别解算的 x_j 值并不会完全相等，按开采沉陷的基本原理，取其中绝对值最大者作为一组临界变形指标对应的临界开采边界位置（等价于 A 点的位置坐标 x_j），从而确定影响椭圆相应方向的半轴长度 R_j。

9.6.3　影响椭圆法留设保护煤柱的原理与步骤

1. 基本原理

　　设地面受保护区域任一边界线 PQ。PQ 与煤层走向斜交，煤层倾角为 a，煤层底板等高线如图 9.9 所示。由于边界 PQ 上采深 H 仅与过 PQ 线的铅垂剖面与煤层或基岩面之交线的伪倾角有关，故 PQ 线上所有点的影响椭圆半轴端点的变化轨迹可视为直线，即在角点 P、Q 处，沿下山、上山和走向方向的 R_j 值均达到最大或最小值。因此，角点 P、Q 处的影响椭圆可描述该边界线上所有点的影响椭圆的变化特征。在受护区域的外侧，作上述两个影响椭圆的公共切线 p_1q_1。由于该切线将两个椭圆均包含在受护区域一侧，则 PQ 线上所有点的影响椭圆均在此切线的右侧。公共外切线 p_1q_1 可作为受护边界 PQ 的保护煤柱边界线。同理，

绘出所有角点的影响椭圆，并在受护区域外侧作相邻两个椭圆的公共外切线，各切线所包围的区域即为受护对象的保护煤柱范围。

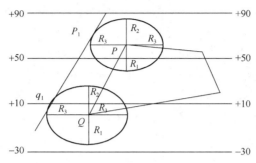

图9.9　保护煤柱留设原理图

2. 保护煤柱留设步骤

以临界变形指标法为例，说明影响椭圆法留设保护煤柱的具体步骤。设地面受护边界（已考虑围护带宽度）为四边形 ABCD，煤层倾角为 $\alpha=20°$，以底板等高线表示，如图9.10所示。受护区地表平坦，地面标高为 $+315$m。按"三下"采煤规程要求，确定受护对象的地表临界变形指标为 $i_0=3.0$mm/m、$k_0=0.2\times10^{-3}$/m、$\varepsilon_0=2.0$mm/m。已知煤层开采厚度6.0m，常规概率积分法预计参数 $q=0.75$、$b=0.30$、$\tan\beta_1=2.3$、$\tan\beta_2=2.0$、$\tan\beta_1=2.2$、$s=0.05\cdot H$。保护煤柱留设的具体步骤如下：

（1）确定各角点处的开采深度 H。将地面高程减去相应角点处的煤层底板高程，得各角点处的采深 H，如表9.20所示。

表9.20　保护煤柱留设参数计算

角点	H/m	S/m	方向	r_j/m	z_i	z_k	z_ε	x_i/m	x_k/m	x_ε/m	R_j/m
A	159	8	下山1	69.1	−0.98	−1.03	−1.16	−60	−63	−72	82
			上山2	79.5	−0.96	−0.98	−1.13	−68	−70	−82	72
			走向3	72.3	−0.97	−1.02	−1.15	−62	−66	−75	75
B	235	12	下山1	102.2	−0.92	−0.90	−1.09	−82	−80	−99	114
			上山2	117.5	−0.89	−0.81	−1.07	−93	−83	−114	99
			走向3	106.8	−0.91	−0.86	−1.09	−85	−80	−103	103
C	235	12	下山1	102.2	−0.92	−0.88	−1.09	−82	−78	−99	114
			上山2	117.5	−0.89	−0.89	−1.07	−93	−93	−114	99
			走向3	106.8	−0.91	−0.85	−1.08	−85	−79	−103	103
D	131	7	下山1	56.9	−1.01	−1.1	−1.18	−51	−56	−60	69
			上山2	65.5	−0.99	−1.05	−1.16	−58	−62	−69	60
			走向3	59.5	−1.00	−1.09	−1.18	−53	−58	−63	63

（2）按式（9.21）计算各角点处沿下山、上山、走向方向的主要影响半径 r_j，如表 9.20 所示。

（3）按式（9.19）分别解算出对应于临界倾斜、曲率、水平变形值的临界无因次坐标 z_i、z_k、z_ε 值，如表 9.20 所示。

（4）按式（9.20）计算各角点沿下山、上山、走向方向，各种临界变形指标所对应的位置坐标 x_i、x_k、x_ε（在煤柱上方为负），如表 9.20 所示。

（5）取下山方向 $R_1 = \max |x_2|$，$R_2 = \max |x_1|$，$R_3 = \max |x_3|$ 得各角点影响椭圆的半轴长度 R_j。如表 9.20 所示。

（6）绘制各角点的影响椭圆。根据表 9.20 中的 R_j 值，采用解析法绘出各角点的影响椭圆。

（7）确定保护煤柱边界。分别作相邻两个椭圆的公共外切线 a_1b_1 和 b_2c_1 及 $c_2 d_1$ 及 d_2a_2。各切线与椭圆弧线 a_1a_2、b_1b_2、c_1c_2、d_1d_2 所围成区域 $a_1b_1b_2c_1c_2d_1d_2 a_2$ 即为保护煤柱范围，如图 9.10 所示。

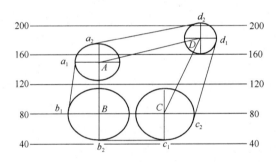

图 9.10　保护煤柱留设实例

以上实例表明，采用影响椭圆法留设保护煤柱具有原理简单、应用方便及适应范围广等特点，便于利用计算机编程实现保护煤柱设计图的自动绘制，是矿区建筑物保护煤柱留设的新方法。

参 考 文 献

[1] 刘宝琛，廖国华. 煤矿地表移动的基本规律 [M]. 北京：中国工业出版社，1965.

[2] Liu Tianquan. Safety mining under thick unconsolidated confined a quifer [J]. Coal Science and Technology, 1999, 13 (2): 14—18.

[3] 钱鸣高，等. 岩层控制的关键层理论 [M]. 徐州：中国矿业大学出版社，2003.

[4] 宋振琪. 实用矿山压力控制 [M]. 徐州：中国矿业大学出版社，1988.

[5] 杨伦，于光明. 采矿下沉的再认识 [A]. 第七届国际矿测学术会文集 [C]. 北京：中国煤炭工业出版社，1987. 46—48.

[6] 李增琪. 用傅氏变换计算开挖引起的地表移动 [J]. 煤炭学报，1982，(2)：20—25.

[7] 张玉卓，仲维林，姚建国. 岩层移动的位错理论解及边界元法计算 [J]. 煤炭学报，1987，(2)：27—33.

[8] 邓喀中. 开采沉陷中的岩体结果效应研究 [D]. 徐州：中国矿业大学，1993.

[9] 吴立新，王金庄. 建（构）筑物下压煤条带开采理论与实践 [M]. 徐州：中国矿业大学出版社，1994.

[10] 康建荣，王金庄. 采动覆岩力学模型及断裂破坏条件分析 [J]. 煤炭学报，2002，27 (1)：16—20.

[11] 吴侃，王悦汉，邓喀中. 采空区上覆岩层移动破坏动态力学模型的应用 [J]. 中国矿业大学学报. 2000，29 (1)：29—36.

[12] 许家林，钱鸣高. 覆岩关键层位置的判别方法 [J]. 中国矿业大学学报. 2000，29 (5)：463—467.

[13] 何国清，杨伦，等. 矿山开采沉陷学 [M]. 徐州：中国矿业大学出版社，1991.

[14] 郝庆旺. 采动岩体的空隙扩散模型及其开采沉陷中的应用 [D]. 徐州：中国矿业大学，1988.

[15] 余学义，张恩强. 开采损害学 [M]. 北京：煤炭工业出版社，2004.

[16] 杨硕，张有祥. 水平移动曲面的力学预测法 [J]. 煤炭学报，1995，20 (2)：214—217.

[17] 颜荣贵. 地基开采沉陷及其地表建筑 [M]. 北京：冶金工业出版社，1995.

[18] 戴华阳，王金庄. 非充分开采地表移动预计模型 [J]. 煤炭学报，2003，28 (6)：583—587.

[19] 郭增长，谢和平. 极不充分开采地表移动和变形预计的概率密度函数法 [J]. 煤炭学报，2004，29 (2)：155—158.

[20] 汤伏全，姚顽强，夏玉成. 薄基岩下浅埋煤层开采地表沉陷预测方法 [J]. 煤炭科学技术，2007，35 (6)：103—105.

[21] 夏玉成，孙学阳，汤伏全. 煤矿区构造控灾机理及地质环境承载能力研究 [M]. 北京：科学出版社，2008.

[22] 于广明，等. 地层沉陷非线性原理、监测与控制 [M]. 长春：吉林大学出版社，2000.

[23] 于广明. 分形及损伤力学在开车沉陷中的应用研究 [D]. 北京：中国矿业大学，1997.

[24] 崔希民，陈至达. 非线性集合场论在开采沉陷预测中的应用 [J]. 岩土力学，1997，18 (4)：530—534.

[25] 许家林，陈稼轩，蒋坤. 松散承压含水层的载荷传递作用对关键层复合破断的影响 [J]. 岩石力学与工程学报，2007，26 (4)：699—704.

[26] Xia Yucheng, Lei Tongwen. Control function of tectonic setting over coal-mining-induced subsidence. Land Subsidence——Proceedings of the Seventh International Symposium on Land Subsidence [J]. Shanghai Science & Technica Publishers, 2005, (1): 172—181.

[27] 夏玉成. 构造环境对煤矿区地表环境灾害的控制作用 [J]. 煤田地质与勘探，2005，33 (2)：

18—20.

[28] 梅松华，盛谦，李文秀. 开采沉陷研究的新进展 [J]. 岩石力学与工程学报，2004，23（1）：4535—4538.

[29] Wang Yuehan. Integral system research of prediction of mining subsidence [A]. 21th APCOM [C]. Beijing：Science and Technology Press，2008：276—280.

[30] H. J. Qian，Z. G. Lin. Engineering problems due to underground mining in China [A]. Proceedings of the International Conference on Engineering Problems of Regional Soils [C]. Beijing：International Academic Publishers，1988：136—153.

[31] 胡友健，吴北平，戴华阳，等. 山区地下开采影响下地表移动规律 [J]. 焦作工学院学报，1999，18（4）：243—247.

[32] Kang Jianrong，WANG Jinzhuang. The mechanical model of the overburden rock under mining and the broken condition analysis [J]. Journal of China Coal Society，2002，27（1）：16—20.

[33] Kang Jianrong，He Wanlong，and Hu Haifeng. Analysis of the mountain surface deformation and slope stability due to underground mining [M]. Beijing：Science and Technology Press，2002. 101—104.

[34] 李文秀，王晶，梁旭黎，等. 山区采矿岩体移动的 Fuzzy 测度分析 [J]. 矿业安全与环保. 2005，32（6）：11—14.

[35] 李增琪，杨硕. 建构筑物下开采集中位移应变漏与大变形 [M]. 北京：科学出版社，2003.

[36] Ghose A K. Green mining-a unifying concept for mining industry [J]. Journal of Mines, Metals & Fuels，2004，52（12）：393—395.

[37] Greco V R. Efficient Monte Carlo Technique for locating critical slip surface [J]. Journal of Geotechnical Engineering，1996，122（7）：517—520.

[38] Homoud A I. Studying theory of displacement and deformation in the mountain areas under the influence of underground exploitation [D]. Krakow in Poland：AGH University of Science and Technology，1999.

[39] Chamine H L，Bravo Silva P. Geological contribution towards the study of mining subsidence at the Germunde coal mine（NW Portugal）[J]. Cudernos do Laboratorio de Laxe，2003，(18)：281—287.

[40] Luo Y，Peng S S. Integrated Approach for Predicting Mining Subsidence in Hilly Terrain [J]. Mining Engineering，1999，51（6）：100—104.

[41] 何万龙. 山区开采沉陷与采动损害 [M]. 北京：中国科学技术出版社，2003.

[42] Yu Xueyi，Majcherczyk T. Prognosing displacement and deformation in the mountainous areas under the influence of underground exploitation [J]. Kwartalnik Gornictwo，2003，22（2）：121—131.

[43] 徐张建，林在贯，张茂省. 中国黄土与黄土滑坡 [J]. 岩石力学与工程学报，2007，26（7）：1297—1312.

[44] Duan Yonghou. Geohazard present situation, Development tendencies and countermeasures in Western China [J]. Review of Economic Research，2005，58（2）：12—18.

[45] 王金庄，李永树，周雄. 巨厚松散层下采煤地表移动规律的研究 [J]. 煤炭学报，1997，22（1）：18—21.

[46] Wu Lixin. A new method for mining influence based on fine geologic model [A]. 21 th APCOM [C]. Beijing：Science and Technology Press，2001，5：273—277.

[47] 余学义，尹士献，赵兵朝. 采动厚湿陷性黄土破坏数值模拟研究 [J]. 西安科技大学学报，2005，25（2）：135—138.

[48] 王贵荣. 厚黄土薄基岩地区开采沉陷规律探讨 [J]. 西安科技大学学报，2006，26（4）：443—445.

[49] 陈祥恩，等. 巨厚松散层下开采及地表移动 [M]. 徐州：中国矿业大学出版社，2001.

[50] 谢洪彬. 厚冲积层薄基岩下采煤地表移动变形规律 [J]. 矿山压力与顶板管理，2001，（1）：57—63.

[51] 余学义. 西部巨厚湿陷性黄土层开采损害程度分析 [J]. 中国矿业大学学报，2008，37（1）：43—47.

[52] 梁明，王成绪. 厚黄土覆盖山区开采沉陷预计 [J]. 煤田地质与勘探，2001，29（2）：44—47.

[53] 汤伏全. 厚黄土层矿区地表移动预计方法 [J]. 西安科技大学学报，2005，25（3）：317—321.

[54] 李德海. 厚松散层下开采地表移动预计及岩移参数分析 [J]. 焦作工学院学报，2002，（1）：90—93.

[55] 王金庄，常占强，陈勇. 厚松散层条件下开采程度及地表下沉模式的研究 [J]. 煤炭学报，2003，28（3）：230—234.

[56] Wu Kan, JIN Jianming, DAI Ziqiang, et al. Experimental study on the transmit of the mining subsidence in soil [J]. Journal of China Coal Society, 2002, 27 (6): 601—603.

[57] Xu Yanchun. The engineering characteristics of deep and thick unconsolidated aquifer and its application to coal mines [M]. Beijing: China Coal Industry Publishing House, 2003.

[58] Li Wenping. Testing research on compressive deformation due to water loss of the bottom aquifer buried by great overburden soils in Xuhuai Mine Area [J]. Journal of China Coal Society, 1999, 24 (3): 231—235.

[59] 高明中，余忠林. 厚冲积层急倾斜煤层群开采重复采动下的开采沉陷 [J]. 煤炭学报，2007，32（4）：347—355.

[60] Dial-Rodriguez J A, Lopez-Flores L. Effect of soil microstructure on the dynamic properties of natural clay [A]. Proceedings of 11th world conference on earthquake engineering [C]. 2004: 139—145.

[61] Ferrari C R. Residual coal mining subsidence-some facts [J]. Mining Technology, 2005, (79): 177—183.

[62] James K M. Fundamentals of Soil Behavior [D]. University of California, Berkeley, USA, 2004.

[63] Bopp K F, Poul V L. Effect of initial density on soil instability at high pressures [J]. Journal of Geotechnicaland Geoenviromental Engineering, ASCE, 2005, 123 (7): 671—677.

[64] 郭惟嘉，陈绍杰. 厚松散层薄基岩条带法开采采留尺度研究 [J]. 煤炭学报，2006，31（6）：747—751.

[65] Lin Z G. Variation in collapsibility and strength of loess with age, genesis and properties of collapsible soils [A]. Proceedings of the NATO Advanced Research Workshop on Genesis and Properties of Collapsible Soils [C]. Southborough, UK: Kluwer Academic Publishers, 2004: 247—263.

[66] 许延春，张玉卓. 应用离散元法分析采矿引起厚松散层变形的特征 [J]. 煤炭学报，2002，27（3）：70—74.

[67] 李文平. 饱水黏性土高压密实过程中孔压及体应变变化试验研究 [J]. 岩土工程学报，2005，21（6）：710—713.

[68] Frredloud D G. Soil mechanics for unsaturated soils [D]. Canada: University of Alberta, 1995.

[69] Fredlund D G. Rahardjo H. Soil Mechanics for unsaturated soils [M]. New York: John Wiley and sons, 2005: 83—89.

[70] 邢义川. 非饱和土的有效应力与变形——强度特性规律的研究 [D]. 西安：西安理工大学，2001.

[71] 王国钦，肖树芳. 土结构本构模型研究现状综述 [J]. 工程地质学报，2006，14（5）：620—626.

[72] 王永炎，林在贯. 中国黄土的结构特征及物理力学性质 [M]. 北京：科学出版社，1990.

[73] 卢全中，彭建兵. 黄土体工程地质的研究体系及若干问题探讨 [J]. 吉林大学学报（地球科学版），2006，36（3）：404—409.

[74] 刘东生. 黄土与环境 [M]. 北京：科学出版社，1985.

[75] 沈珠江. 理论土力学 [M]. 北京：中国水利水电出版社，2000.

[76] 阳军生，刘宝琛，等. 城市隧道施工引起的地表移动及变形 [M]. 北京：中国铁道出版社，2002.

[77] 罗宇生. 湿陷性黄土地基处理 [M]. 北京：中国建筑工业出版社，2008：4—10.

[78] Balasubramanian A S. Behaviour of a normally consolidated clay in stress ratio strain space [J]. Symp. Recent Development in the Analysis of Soil Behaviour and their Application to Geotechnical Sructure, July, 1995：275—287.

[79] Fuquan Tang, Jupeng Dai, Guisheng Wang. Application of Ordinary Digital Photography Technology in Data Collection of Similar Material Model Experiment [A], Proceedings of 2010 International Conference on Measurement and Control Engineering [C]. November 2010, Chengdu, China, New York：IEEE Press, 559—563.

[80] 黄森林，余学义，赵雪，范凯. 湿陷性黄土开采损害规律及控制方法研究 [J]. 矿业安全与环保，2006，33（5）：11—15.

[81] Darve F. An incrementally non-linear constitutive law：Assumption and predictions [J]. Int. Workshop on Constintive Relation for Soils, Grenolbe, 2002：385—404.

[82] 余学义，党天虎. 采动地表动态沉陷的流变特性 [J]. 西安科技学院学报，2003，23（2）：131—134.

[83] Nova R. A model of soil behaviour in plastic and hysteretic range [J]. Int. Workshop on Constitutive Relations for Soils, Grenoble, 2006，（289）：289—330.

[84] Bauer E. Calibration of a comprehensive hypoplasic model for granular materids [J]. Soils and foundations, 1966，36（1）：13—26.

[85] 吴正. 现代地貌学概论 [M]. 北京：科学出版社，2009.

[86] 汤伏全，梁明. 山区开采的环境地质灾害及其评价 [J]. 西安矿业学院学报，1997，（增刊）：35—38

[87] Tang Fuquan. Study on mechanism of mountain landslide due to underground mining [J]. Journal of coal science & engineering, 2009，15（4）：351—354.

[88] 张建全，戴华阳. 采动覆岩应力发展规律的相似模拟实验研究 [J]. 矿山测量，2003，（4）：49—51.

[89] 康建荣，王金庄，温泽民. 采动覆岩动态下沉速度规律的相似模拟研究 [J]. 太原理工大学学报，2000，31（4）：364—371.

[90] 任伟中，白世伟，孙桂凤，葛修润. 厚覆盖岩层条件下地下采矿的地表及围岩变形破坏特性模型试验研究 [J]. 岩石力学与工程学报，2005，21（11）：3935—3941.

[91] Tang Fuquan. Application of close-range photogrammetry to observe strata movement of similar material model [A]. The 18th International Conference on Geoinformatics, Geoinformatics 2010, Jun 2010.

[92] 汤伏全，姚顽强，夏玉成. 测定相似材料模型试验数据的数码照相方法 [J]. 辽宁工程技术大学学报（自然科学版），2008，27（3）：333—336.

[93] 程效军，胡敏捷. 数字相机畸变差的检测 [J]. 测绘学报，2002，31（增）：113—117.

[94] 张剑清，潘励，王树根. 摄影测量学 [M]. 武汉：武汉大学出版社，2003.

[95] 卢秀山，冯尊德，王东，张纯连，等. 数码相机检校中的病态性及其解决措施 [J]. 武汉大学学报，

2003，28（特）：44—47.

［96］汤伏全. 采动滑坡的机理分析 ［J］. 西安矿业学院学报，1990，（3）：21—24.

［97］徐乃忠，戴华阳. 厚松散层条件下开采沉陷规律及控制研究现状 ［J］. 煤矿安全，2008，39（11）：53—55.

［98］Cundall P A. A simple hysteretic damping formulation for dynamic continuum simulations ［A］. 4th International FLAC Symposium on Numerical Modeling in Geomechanics ［C］. Madrid，Spain：Itasca Consulting Group，2006：7—14.

［99］Han Y.，Hart R. Application of a simple hysteretic damping formulation for dynamic continuum simulations ［A］. 4th International FLAC Symposium on Numerical Modeling in Geomechanics ［C］. Madrid，Spain：Itasca Consulting Group，2006：104—110.

［100］汤伏全，原涛. 渭北矿区黄土层采动变形数值模拟研究 ［J］. 西安科技大学学报，2011，31（1）：53—56.

［101］刘波，韩彦辉. FLAC原理、实例与应用指南 ［M］. 北京：人民交通出版社，2005.

［102］杨进良，陈环. 土力学 ［M］. 北京：中国水利水电出版社，2009.

［103］Houlsby G T，et al. Prediction of the results of laboratory tests on a clay using a critical tate model ［M］. Int. Workshop，on Constitutive Relations for Soils，Grenoble，1982：99—122.

［104］李文平. 徐淮矿区深厚表土底含失水压缩变形实验研究 ［J］. 煤炭学报，1999，6（3）：231—235.

［105］Dafalias Y F，Herrmann L. R. A bounding surface soil plasticity model ［J］. Soils under Cyclic and Trainsient Loading，2005，（1）：335—346.

［106］Kabilamany K，Ishihara K. Cyclic behavioar of sand by the multiple shear mechanism model ［J］. Soil dynamics and Earthquake Engineering，2004，10（2）：3—13.

［107］Iai S，Matsungaga Y，Kameoka T. Strain space plasticity model for cyclic mobility ［J］. Soils&Foundations，1998，32（2）：1—15.

［108］卢廷浩，刘祖德，陈国兴. 高等土力学 ［M］. 北京：机械工业出版社，2006.

［109］费雷德隆德. 非饱和土力学 ［M］. 陈仲颐，等译. 北京：中国建筑工业出版社，1997.

［110］Al-shawaf T M，Powell G H. Variable modulus model for nonlinear of soils ［J］. Symp. on Applictation of Computer Methods in Enging，2002，（1）：423.

［111］Desai C S，Shao C，Park I J. Disturbed state modeling of cyclic behavior of soils and interface in dynamic soils structure interaction ［A］. Preeedings of 9th International Conference of Computer Methods and Advances in Geomech ［C］. Wuhan 1997，I：319—322.

［112］Lade P V，Duncan J M. Stress-path dependent behavior of cohesionless soil J. Geot ［J］. Eng. Division. ASCE，1996，102（GT1）：51—68.

［113］Duncan J M，et al. Strength，stress-strain and bulk modlus parameters for FEA of stress and movements in soil masses ［Z］. 2000，Report No. UCB/GT/80—01.

［114］Fredlund D G，et al. The shear strength of unsaturated soil ［J］. Can. Geot. J.，1998，（15）：313—321.

［115］康建荣. 山区采动裂缝对地表移动变形的影响分析 ［J］. 岩石力学与工程学报，2008，1（1）：59—64.

［116］马超，何万龙，康建荣. 山区采动滑移向量模型中参数的多元线性回归分析 ［J］. 矿山测量，2000，（4）：32—36.

［117］马超，康建荣，何万龙. 山区典型地貌表土层采动滑移规律的数值模拟分析 ［J］. 太原理工大学学

报，2001，32（3）：222—226.

[118] 汤伏全，梁明. 地下开采影响下山体的稳定性分析与评价 [J]. 矿山测量，1995，（1）：31—34.

[119] 李水根. 分形 [M]. 北京：高等教育出版社，2003.

[120] Yu Guangming, Sun Hongquan, Zhao Jianfeng. The fractal increment of dynanic subsidence of the ground surface point induced by mining [J]. Journal of Rock Mechanics and Engineering, 2001, 20 (1): 34—37.

[121] Liu Huaiheng. Two dimensional elastic-plastic finite element program of rock mechanics [M]. Xi'an: Xi'an Mining Institute, 1996.

[122] 常占强，王金庄. 厚松散层弯曲下沉空间问题研究 [J]. 矿山测量，2003，（3）：36—38.

[123] 汤伏全. 采煤沉陷区数字地形图更新的一种实现方法 [J]. 西安科技大学学报，2006，26（02）：200—203.

[124] 汤伏全，梁明. 山体下采煤的地面监测与数据分析 [J]. 西安矿业学院学报，1994，（02）：72—75.

[125] Tang Fuquan, Wang Wei, Wang Guisheng. Application of GPS/InSAR Fusion Technology in Dynamic Monitoring of Mining Subsidence in Western Mining Areas [A]. CPGPS 2010 Technical Forum on Satellite Navigation and Positioning [C]. CPGPS2010, August 2010.

[126] 汤伏全，梁明. 山区地表移动观测数据处理模型 [J]. 西安矿业学院学报，1995，（2）：34—37.

[127] 殷作如，邹友峰，邓智毅，等. 开滦矿区岩层与地表移动规律及参数 [M]. 北京：科学出版社，2010.

[128] 姚顽强，汤伏全，胡荣明. 测量学 [M]. 徐州：中国矿业大学出版社，2008.

[129] 汤伏全，汪桂生，代国鹏. Surfer8.0在开采沉陷数据可视化表达与制图中的应用 [J]. 工矿自动化，2010，（10）：67—69.

[130] 刘国林，张连蓬，成枢，江涛. 合成孔径雷达干涉测量与全球定位系统数据融合监测矿区地表沉降的可行性分析 [J]. 测绘通报，2005，（11）：10—13.

[131] 张洁，胡光道. 基于合成孔径雷达干涉测量技术的地面沉降研究综述 [J]. 地质科技情报，2005，24（3）：104—108.

[132] 罗小军. 永久散射体雷达差分干涉理论及在上海地面沉降监测中的应用 [D]. 成都：西南交通大学，2007.

[133] 刘国祥，丁晓利，李志林等. 星载 SAR 复数图像的配准 [J]. 测绘学报，2001，30（1）：60—66.

[134] 云日升，彭海良，王彦平. 干涉合成孔径雷达复图像配准精度分析和方法 [J]. 测试技术学报，2003，17（1）：10—12.

[135] Just D, Bamler R. Phase statistics of interferograms with applications to synthetic aperture radar [J]. Applied Optics, 1994, 33 (20): 4361—4368.

[136] Gabriel A K, Goldstein RM. Crossed orbit interferometry: theory and experimental results from SIB-B [J]. Remote Sensing, 1988, 9 (5): 857—872.

[137] Ferretti A, Prati C, Rocca F. Permanent scatters in SAR interferometry [J]. IEEE Transactions on Geoscience and Remote Sensing, 2001, 39 (1): 8—20.

[138] Alberto Moreira Rolf Scheiber. A newmethod for accurate Co-Registration of Interferometric SAR Images [C]. IEEE, 1998.

[139] Fornaro G, Franceschetti G. Image registration in Interfero-metric SAR processing [J]. IEEE Proc-Radar, Sonar Navig, 1995, 142 (6): 313—320.

[140] 郑芳，马德宝，裴怀宁. 干涉合成孔径雷达基线估计要素分析 [J]. 遥感学报，2005，3（2）：7—8.

[141] 张晓玲，王建国，黄顺吉. 干涉 SAR 成像中地形高度估计及基线估计方法的研究 [J]. 信号处理，1999，15（4）：319—320.

[142] David Small，Charles Werner，Daniel Nuesch. 2003. Baseline Modeling for ERS-1 SAR Interferometry [Z]. Provided by ESA Help Desk.

[143] Bamler R，Adam N，et al. Noise-induced slope disotrion in 2-D phase unwrapping by linear estimators with application to SAR interferometry. IEEE Trans. on GRS，1998，36（3）：913—921.

[144] Pritt M D，Shipman J S. Least-squares two-dimensional phase unwrapping using FFT [J]. IEEE Trans. on GRS，1994，32（3）：706—708.

[145] 许才军，王华，黄劲松. GPS 与 InSAR 数据融合研究展望 [J]. 武汉大学学报，2003，25（特）：58—61.

[146] 汤伏全. 基于地表变形预计的矿区保护煤柱留设方法 [J]. 西安科技大学学报，2009，29（3）：313—316.